新形态教材

人工智能基础与应用

主　　编　平震宇　沈冠林　林伟军
副 主 编　华　驰　杨丽芳　陆红蕾
　　　　　匡　亮　高　云　高　峰
参编单位　北京百度网讯科技有限公司
　　　　　朗新科技集团
　　　　　新大陆科技集团有限公司
　　　　　无锡雪浪数制科技有限公司

苏州大学出版社
Soochow University Press

图书在版编目（CIP）数据

人工智能基础与应用 / 平震宇，沈冠林，林伟军主编. -- 苏州 ：苏州大学出版社，2025. 4. -- ISBN 978-7-5672-5206-6

Ⅰ. TP18

中国国家版本馆 CIP 数据核字第 20251LM720 号

RENGONG ZHINENG JICHU YU YINGYONG

责任编辑：刘荣珍　　**装帧设计**：吴　钰

助理编辑：谢　刚

出版发行：	苏州大学出版社	**网　　址**：	http://www.sudapress.com
社　　址：	苏州市十梓街 1 号	**邮　　箱**：	sdcbs@suda.edu.cn
邮　　编：	215006	**开　　本**：	787 mm×960 mm　1/16
印　　刷：	苏州工业园区美柯乐制版印务有限责任公司	**印　　张**：	18.75
版　　次：	2025 年 4 月第 1 版	**字　　数**：	288 千
印　　次：	2025 年 4 月第 1 次印刷	**定　　价**：	58.00 元

图书若有印装错误，本社负责调换

苏州大学出版社营销部电话　　0512-67481020

苏州大学出版社天猫旗舰店　　https://szdxcbs.tmall.com

Publisher's note 出版说明

人工智能（Artificial Intelligence，AI）是新一轮科技革命和产业变革的重要驱动力量，加快发展新一代人工智能是事关我国能否抓住新一轮科技革命和产业变革机遇的战略问题。本书为针对高职各专业学生开设的“人工智能通识课”用书，希望用通俗易懂的语言，带领不同专业背景的学生由浅入深、有趣轻松地学懂 AI。本书旨在介绍人工智能的核心知识、最新进展、发展方向及其在各行业的典型应用，通过调研学生对人工智能的关切点与技能要求，精心设计适用于各专业学生的体验式实验，让学生掌握一定的人工智能基础知识、了解人工智能的基本原理、学会使用人工智能的基础工具、构建人工智能思维模式，建立起对人工智能的总体认识。

本书可作为高职及继续教育理工类专业的专业基础课教材，同时也可以作为院校各专业人工智能通识课的教材。通过学习本书，学生可以了解人工智能领域中涉及的主要问题和采用的解决方法，以及人工智能的实现途径。

本书配有微课视频，扫描封底二维码即可观看。另外，本书配有电子课件，需要的教师可登录苏州大学出版社教育资源下载与服务平台（http://www.sudajy.com）免费下载。

Preface 序

人工智能（Artificial Intelligence，AI）作为引领新一轮科技革命和产业变革的重要力量，已从学术前沿走向百姓生活。从智能语音助手到智慧医疗，从自动驾驶到工业智能制造，人工智能正在以前所未有的速度融入我们的世界，改变着各行各业的面貌。高职教育作为培养应用型人才的重要基地，必须引导学生牢牢把握人工智能的发展机遇，既夯实理论基础，又锻炼实际动手能力，从而为社会培养高素质技术技能型人才。

为了适应人工智能技术发展的趋势，提升高职学生的人工智能素养和就业竞争力，平震宇、沈冠林、林伟军老师面向高职学生主编了《人工智能基础与应用》教材，从项目角度梳理了人工智能的基本原理、算法与理论、人工智能平台、生成式人工智能、人工智能伦理与安全等。教材紧贴当前人工智能技术的发展脉络，由浅入深、兼顾理论体系的完整性与应用实践的可操作性，力求做到基础扎实、内容先进、案例丰富、注重实操，不仅有利于帮助学生掌握人工智能的基本概念、原理与方法，而且能通过实际项目应用，提升学生的动手能力和创新能力，注重引导学生在“学中做，做中学”，强化知识应用与工程实践能力的融合培养。

本教材适用于高职院校计算机类、电子信息类、智能制造类、金融科技类等专业，也可作为职业培训机构人工智能应用课程的参考教材。希望通过本教材的学习，学生能够提高人工智能素养，掌握扎实的人工智能基础知识，具备基本的智能应用开发与实践能力。

潘　毅
深圳理工大学计算机科学与控制工程学院创院院长、讲席教授
中国科学院深圳先进技术研究院高性能计算中心首席科学家
美国医学与生物工程院院士
欧洲科学与艺术院院士
英国皇家公共卫生院院士

Foreword 前言

党的二十大报告提出，推动战略性新兴产业融合集群发展，构建新一代信息技术、人工智能、生物技术、新能源、新材料、高端装备、绿色环保等一批新的增长引擎。2025 年国务院政府工作报告中提出，要持续推进“人工智能+”行动，打造具有国际竞争力的数字产业集群。“人工智能+”行动是推进数字产业化、产业数字化的重要举措，这要求我们加强人工智能产业中的创新技术、跨界人才等资源的储备。

在我国产业结构转型升级的浪潮中，传统行业在人工智能（AI）等前沿信息技术的推动下正经历着前所未有的变革。这一进程不仅催生了大量融合 AI 技术与行业知识的复合型岗位，也显著提升了企业对现有岗位人员的技能要求，增强了企业对“AI+岗位技能”复合型人才的渴求。培养既掌握专业知识又精通 AI 技术的高素质技术人才，已成为时代发展的迫切需求，职业院校学生了解和学习 AI 技术显得尤为重要。

开设人工智能基础与应用等通识课程，旨在为学生搭建理解 AI 基础知识的桥梁，培养学生利用人工智能解决专业问题的意识和能力，为学生未来的职业生涯及发展打下良好基础，并引导学生结合自身所学专业，深入思考 AI 技术在各领域的应用场景与巨大潜力。江苏信息职业技术学院与北京百度网讯科技有限公司深度合作，共同打造人工智能人才培养高地，创新人才培养模式，以满足产业转型发展和区域经济发展的需求。编者团队深入研究人工智能领域的最新技术进展，广泛探索 DeepSeek、百度、OpenAI、Midjourney、腾讯、科大讯飞等业界巨头主导的开放平台与工具，在内容编排上，紧密结合各专业岗位对人才技能的实际需求，坚持“必需、够用”的实用原则，摒弃冗长复杂的理论分析和深奥难懂的数学公式，精心挑选 AI 行业的典型应用案例，助力学生结合个人专业特色进行职业规划，拓宽国际视野，迎接未来的挑战。

本书共分为 7 个项目，分别为何为人工智能；智识车型：训练第一个神经网络；别具慧眼：电路板缺陷检测实战；匠心独运：自动驾驶实战；生成式人工智能；AI 艺术和创意；人工智能的伦理和治理。编者还精心设计了易于上手的人工智能典型应用项目，希望通过项目实战消除学生对人工智能的陌生感和畏惧感。本书项目内容全面，层次分明，简洁明了且难度适中，其特色可归纳为以下 4 点。

1. 落实立德树人根本任务，将思政元素融入教材。本书以习近平新时代中国特色社会主义思想为指导，坚持“为党育人、为国育才”原则，精选课程思政元素，以强化学生人工智能素养为目标，培养学生良好的职业道德、社会责任感，培养学生精益求精的工匠精神、追求卓越的创新精神，使其积极践行社会主义核心价值观。本书还设置专门的章节探讨 AI 技术的伦理挑战与应对策略，培养学生在 AI 背景下积极正向的人工智能应用价值取向。

2. 教材内容与产业应用相结合，体现产业发展最新动态，校企合作共同开发教材。教材内容紧跟 AI 技术与行业前沿动态，把握最新核心技术，选取最实用的应用案例，应用场景涉及智慧工业、自动驾驶、AI 创作等领域，内容辐射各专业、各项目模块，任务对接生产场景、真实工作任务，促进专业技术与 AI 技术融合，提升学生数字化创新与发展能力。

3. 采用项目导向和任务驱动的方式编写教材，构建人工智能通识体系。内容设计充分考虑到不同专业背景学生的需求，循序渐进地安排教学内容，从认识和体验人工智能开始，逐步过渡到基础知识的普及，再深入分析人工智能的最新理念与关键技术，最终介绍丰富的行业应用项目与案例。项目设计致力于将复杂的定义与术语以通俗易懂、图形化的方式展现出来，确保学生能够理解并掌握所学知识。

4. 持续优化教材配套数字资源，体例新颖，可实时更新与交互。本书提供了丰富的教学资源，包括教学计划、电子教案、项目任务、项目实战的操作视频及源代码等。数字资源以丰富的图片与实例，使学生从视觉形象中获得对知识的感性认知，更好地感受人工智能应用，让学生在学习之余，通过“做中学”加深对人工智能理念、方法、技术的理解。

本书由江苏信息职业技术学院的平震宇、沈冠林、林伟军担任主编，华驰、杨丽芳、陆红蕾、匡亮、高云、高峰担任副主编，并得到了北京百度网讯科技有限公司的计湘婷、赵佳明的支持。各位编者分别负责了不同项目的编写工作，并对全书进行了统稿和科学性把关。同时，也感谢朗新科技集团的孙文荆工程师、新大陆科技集团有限公司的李文亮、无锡雪浪数制科技有限公司的陈芃宇对典型案例部分提出的宝贵修改建议。中国人工智能学会会士王万良、深圳理工大学计算机科学与控制工程学院创院院长潘毅及该院李金艳教授也对本书提出了宝贵建议，在此一并表示感谢。

由于编者水平有限，书中难免存在疏漏和不妥之处，敬请读者批评指正。

编　者

目录 Contents

项目 1
何为人工智能

项目描述

人工智能（Artificial Intelligence，AI）是在当前科学技术迅速发展及新思想、新理论、新技术不断涌现的形势下产生的一门新学科，也是一门涉及数学、计算机科学、哲学、认知心理学、信息论、控制论等学科的交叉学科。人工智能主要研究用人工的方法和技术，模仿、延伸和扩展人的智能，以实现机器智能。人工智能的长期目标是实现人类水平的机器智能。人工智能自诞生以来，取得了许多令人瞩目的成果，并在很多领域得到了广泛的应用。

项目目标

【知识目标】

- 了解什么是人工智能
- 了解人工智能的常识和概念
- 了解人工智能的发展现状、应用与未来

【技能目标】

- 能列举人工智能的应用
- 能理解人工智能的体系结构
- 能领会人工智能的发展方向

【素质目标】

- 培养学生求真务实的钻研精神和科技服务人民的意识
- 鼓励学生设想和设计出更智能、更高效的人工智能应用，培养学生的创新思维和批判性思考能力
- 引导学生思考人工智能应用可能带来的伦理和社会问题，树立伦理意识，增强社会责任感

1.1 现代计算机的基础——冯·诺依曼结构

冯·诺依曼结构也称普林斯顿结构，是一种将程序指令存储器和数据存储器合并在一起的存储器结构。程序指令存储地址和数据存储地址指向同一个存储器的不同物理位置，因此程序指令和数据的位宽相同，如英特尔公司的 8086 中央处理器的程序指令和数据都是 16 位宽。

数学家约翰·冯·诺依曼（John von Neumann）提出了计算机制造的三个基本原则，即采用二进制逻辑、程序存储执行，以及计算机应由五个部分（运算器、控制器、存储器、输入设备、输出设备）组成，这套理论被称为冯·诺依曼体系结构（图 1-1）。

第二次世界大战期间，美军需要得到计算量庞大的弹道计算结果，于是便有了研制电子计算机的设想。面对这种需求，美国立即组建了包括许多工程师与物理学家在内的研发团队，尝试开发全球首台计算机（后称作 ENIAC）。研发团队虽然采用了最先进的电子技术，但缺少原理上的指导，因此研发工作进展缓慢。这时，冯·诺依曼提出了研制电子计算机的关键：计算机的逻辑结构。冯·诺依曼从逻辑入手，带领团队对 ENIAC 进行改进。他的逻辑结构设计具有以下特点：

（1）将电路、逻辑两种设计进行分离，给计算机的研发创造最佳条件。

（2）将个人神经系统、计算机结合在一起，提出全新的计算机理念，即生物计算机。

即便 ENIAC 是通过当时美国乃至全球顶尖技术实现的，但它采用临时存储，将运算器作为根本，故缺点较多，如存储空间有限、程序无法存储、运行速度较慢等，具有先天不合理性。冯·诺

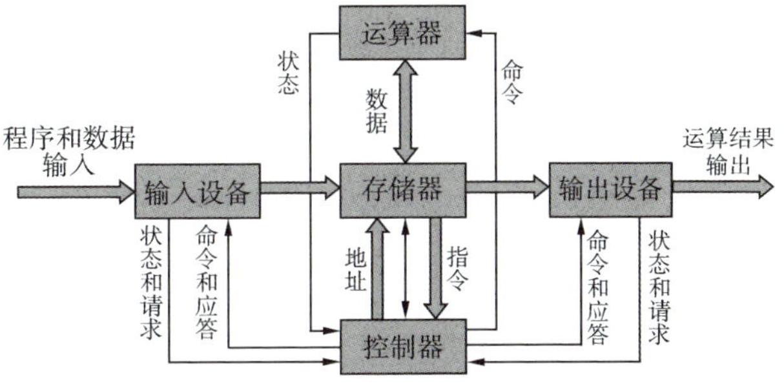

图 1-1 冯·诺依曼体系结构示意图

依曼在此基础上制定了以下优化方案：

（1）用二进制进行运算，大大加快了计算机速度。

（2）存储程序，也就是通过计算机内部存储器存储运算程序。如此一来，程序员只需通过存储器写入相关运算指令，计算机便能立即执行运算操作，大大提高了运算效率。

现代计算机所遵循的基本结构形式依旧是冯·诺依曼结构。这种结构的特点是“程序存储，共享数据，顺序执行”，需要中央处理器（Central Processing Unit，CPU）从存储器中取出指令和数据进行相应的计算。主要特点如下：

（1）单处理机结构，机器以运算器为中心。

（2）采用程序存储运算指令。

（3）指令和数据一样可以参与运算。

（4）数据以二进制表示。

（5）将软件和硬件完全分离。

（6）指令由操作码和操作数组成。

（7）指令按顺序执行。

人工智能正是基于冯·诺依曼体系结构发展壮大的。通用人工智能（Artificial General Intelligence，AGI），又称强人工智能，指能像人类一样思考、学习和解决问题的人工智能。它不仅仅是在某个特定领域，如下棋或者识别图片表现良好，而是在很多领域都能表现得像人类一样好。

1.2 让机器富有智能——图灵测试与人工智能

1.2.1 人工智能的诞生

1956年，4位年轻学者——约翰·麦卡锡（John McCarthy）、马文·明斯基（Marvin Minsky）、纳撒尼尔·罗切斯特（Nathaniel Rochester）、克劳德·香农（Claude Shannon），在美国新罕布什尔州的达特茅斯学院

(Dartmouth college)共同发起和组织了用机器模拟人类智能的夏季专题研讨会。会议邀请了数学、神经生理学、精神病学、心理学、信息论和计算机科学等领域的多名科学家参加，持续时间长达两个月。

在研讨会上，科学家们运用数理逻辑，提供关于形式化计算和处理的理论，模拟人类某些智能行为的基本方法和技术，构造具有一定智能的人工系统，让计算机完成需要人的智力才能胜任的工作。其中，明斯基的神经网络校拟器、麦卡锡的搜索法、赫伯特·西蒙（Herbert Simon）和艾伦·纽厄尔（Allen Newell）的逻辑理论成为研讨会的三大亮点。

在达特茅斯夏季专题研讨会上，麦卡锡提议用AI（Artificial Intelligence）作为这一交叉学科的名称，这标志着人工智能的诞生，具有十分重要的意义。作为人工智能的命名者，麦卡锡也被称为“人工智能之父”。从那以后，研究者们发展了众多理论，人工智能的概念也随之扩展。人工智能的发展虽然已走过了几十年的历程，但是对人工智能的定义至今尚未统一。有一种观点认为人工智能是类人行为系统（Systems That Act Like Human），并给出如下定义：

(1) 人工智能是制造能够完成需要人的智能才能完成的任务的机器的技术。①

(2) 人工智能是研究如何让计算机做现阶段人类才能做得更好的事情。②

以上定义与阿兰·图灵（Alan Turing）的观点相吻合，是一种类人行为定义的方法。1950年，图灵提出了图灵测试，为智能评估提供了一个满足可操作要求的标准。图灵测试用人类的表现来衡量假设的智能机器的表现，这无疑是评估智能行为的最好且唯一的标准。

被称为“模仿游戏”的图灵测试是这样进行的：将两位参与者（一个人和一台机器）置于一间房间，而与另一个人分开，并把后者称为测试

① 原文为：The art of creating machines that perform functions that requires intelligence when performed by people.

② 原文为：The study of how to make computers do things at which, at the moment, people are better.

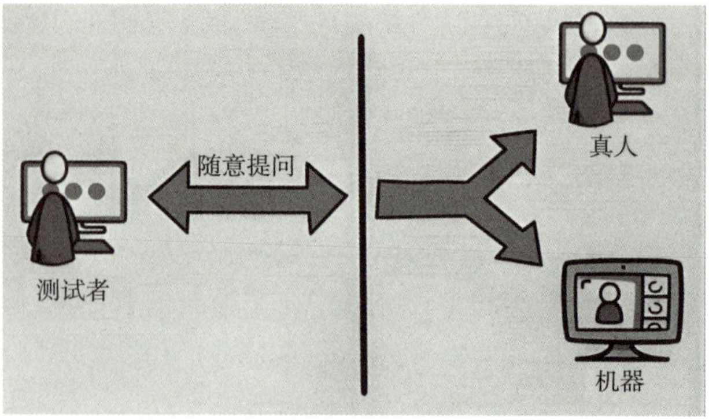

图 1-2　图灵测试

者，如图 1-2 所示。

测试者不能直接看到任何一位参与者，也不能与他们交流，只可以通过一个类似终端的文本设备向参与者提问，因此他不知道到底哪一位参与者是机器；然后，让测试者仅根据通过这个终端收到的答案辨别哪位参与者是机器，哪位是人。如果测试者不能区分出机器和人，那么根据图灵的理论，就可以认为这台机器通过了图灵测试，表明它能够展现出与人类相似的智能水平。

一台机器要通过图灵测试，需要具有如下能力：

（1）自然语言处理：能用自然语言与人类进行交流。

（2）知识表示：能存储知道的、听到的或看到的信息。

（3）自动推理：能根据存储的信息回答问题，并提出新的结论。

（4）机器学习：能适应新的环境，并能检测和推断新的模式。

（5）计算机视觉：可以感知物体。

（6）机器人技术：可以操纵和移动物体。

这 6 个能力正是人工智能的核心能力。

图灵测试是评估人工智能智能程度的一个主要方法，其重要特征如下：

（1）它给出了一个客观的评估智能程度的标准，即根据对一系列特定问题的反应来判定机器是否具有智能行为。这为判断智能提供了一个标准，从而避免了有关人工智能“真正”特征的争论。

（2）这项测试使我们免于陷入诸如“机器使用的内部处理方法是否恰当”“机器是否真正地意识到其动作”等目前无法回答的问题的争论。

（3）它通过使测试者只关注回答问题的内容的方式，消除了有利于生物体的偏置。

因为图灵测试具有以上重要特征，所以它已成为许多现代人工智能程序评价方案的基础。如果一个程序已经有可能在某个专业领域实现智能，那么可以通过把它对一系列给定问题的反应与人类专家的反应进行比较，来对其进行评估。这种评估技术是图灵测试的一个变体，是一种封闭式的比较。

尽管图灵测试具有直观上的吸引力，但是这种测试方法仍然受到了很多批评。其中最重要的质疑是它只测试纯粹的符号问题求解任务，并不测试感知技能或需要实现手工灵活性所需的能力，而这些都是人类智能的重要组成部分。

1.2.2 人工智能的发展历程

1. 人工智能的第一次寒冬（20 世纪 70 年代中期至 80 年代初期）

20 世纪 70 年代中期至 80 年代初期，人工智能进入了艰难的发展阶段。经过深层次的研究，研究者们发现研究人工智能的困难比预想的大得多。如为证明微积分中“连续函数之和仍连续”这一简单事实，人工智能使用 1965 年发明的消解法（归结原理）推理了 10 万步也没有结果。机器翻译方面更为糟糕，采用基于词典的词到词的简单映射方法失败了，以电子线路模控神经元和人脑的方法也失败了。这些翻译器翻译的结果颠三倒四。阿瑟·塞缪尔（Arthur Samuel）设计的“跳棋程序”也止步于战胜康涅狄格州冠军（人类选手）。1966 年，美国公布了一份名为“语言与机器”的报告，全盘否定了机器翻译的可行性。1969 年，马文·明斯基发表言论称，第一代神经网络（感知机，Perceptron）并不能学习任何知识，美国政府和美国国家科学基金会因此大幅削减了人工智能领域的研究经费。1973 年，英国数学家莱特希尔（Lighthill）向政府提交报告，批评当时的人工智能技术（如机器人、语言处理、图像识别）未能兑现承诺，研究“彻底失败”，直接导致英国政府削减经费。在 20 世纪 70 年代，人工智能经历了将近十年的寒冬时期。

2. 人工智能繁荣后再一次寒冬（20 世纪 80 年代末期至 90 年代初期）

20 世纪 80 年代，人工智能进入第二次发展高潮。卡内基梅隆大学为

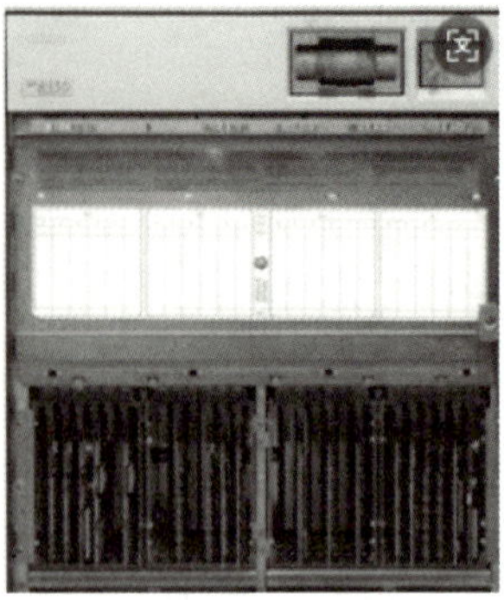

图 1-3 XCON 专家规则系统

美国数字设备公司设计的 XCON 专家规则系统（其具备 2 500 条规则，专门用于选配计算机配件，可以避免常识问题）可以为该公司每年节省数千万美元（图 1-3）。

同期，日本政府拨款 8.5 亿美元支持人工智能领域的科研工作，主要研究为能够与人交流、翻译语言、理解图像、像人一样进行推理演绎的机器。但是，随后人们发现专家规则系统的通用性较差，未与概率论、神经网络进行整合，不具备自学能力，并且维护专家规则系统的规则越来越复杂。1987 年，随着个人电脑（如 IBM PC）的出现，专家系统产业瓦解。日本政府设定的目标并未实现，人工智能研究领域再次遭遇了财政困难，随后人工智能发展进入第二次寒冬。

3. 第一次算力和算法爆发（20 世纪 90 年代初期至 21 世纪初期）

1989 年，贝尔实验室的杨立昆（Yann Lecun）通过卷积神经网络（Convolutional Neural Network，CNN）实现了人工智能识别手写文字编码数字图像。20 世纪 90 年代，计算机算力不断突破，每 18~24 个月，英特尔的处理器晶体管体积就可以缩小一半，集成电路密集度可以增长 1 倍，同体积计算机的处理运算能力可以翻 1 倍。1992 年，苹果公司的李开复利用统计学方法设计了可支持连续语音识别的 Casper 语音助理（Siri 的前身）。1997 年，IBM 的国际象棋机器人“深蓝”战胜国际象棋世界冠军卡斯帕罗夫，这是人工智能第一次真正意义上战胜人类（图 1-4）。同年，两位德国科学家提出了长短期记忆（long short-term memory，LSTM）网络，这是一种可用于语音识别和手写文字识别的递归神经网络。

图 1-4 “深蓝”对战卡斯帕罗夫

4. 三驾马车聚齐——人工智能发展进入快车道（21 世纪初期至今）

2006 年，人工智能进入快速发展阶段。这一年，杰弗里·辛顿（Geoffrey Hinton）发表了论文“Learning of Multiple Layers of Representation”，奠定了当代神经网络的全新架构。2007 年，还在斯坦福大学任教的华裔女科学家李飞飞发起了 ImageNet 项目，开源了世界上最大的图像识别数据集（超过 1 400 万幅图像，2 万多个标注类别的图像数据集）。2006 年，亚马逊的云计算平台 AWS 发布，进一步提升了人工智能网络模型计算所需要的算力。2016 年，阿尔法围棋（AlphaGo）横空出世，战胜了人类顶尖围棋选手李世石（图 1-5）。2018 年，Google 发布 Cloud AutoML，这是一个能自主设计深度神经网络的人工智能网络。同时，随着 5G 时代的到来与智能手机大规模普及，移动互联网极速发展，催生了覆盖人们生活工作方方面面的各种应用，带来了神经网络训练迭代所需的养料——海量的数据。此外，物联网的兴起、支持分布式计算（边缘计算）的传感器的广泛部署，也驱动了数据指数级的增长。

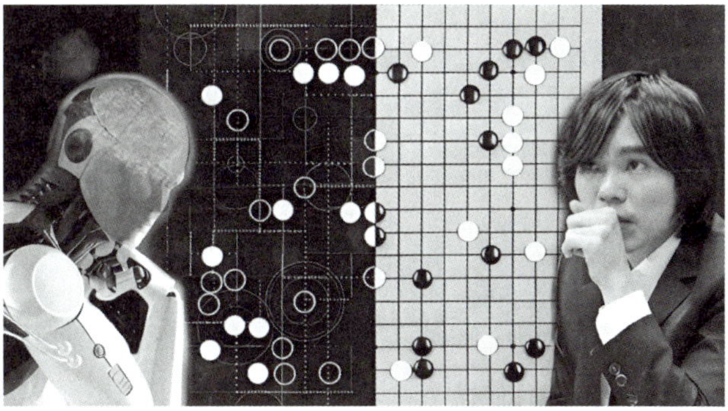
图 1-5 AlphaGo 对战李世石

1.3 人工智能技术的发展现状及未来

近年来，人工智能技术在多个领域取得了显著进展，不仅在模型算法与应用上实现了突破，还通过智能算力的实质提升，推动了人机交互与机器人技术的全面发展。模型算法的进步，如 BERT、GPT 等自然语言处理模型的问世，不仅极大地提升了语义理解的精度和效率，还在搜索引擎、智能客服等领域展现出广泛的应用前景。智能算力的不断提升，则通过硬件和软件创新，实现了对大规模数据的高效处理和对复杂模型的快速训练，从而加速了人工智能技术的落地和应用。同时，人机交互与机器人技术的发展，如自动驾驶、智能家居等，正在改变着人类生活的方方面面。最终形成的完善的产业生态，不仅推动了人工智能技术的商业化进程，还为全球经济带来了新的增长点。这些进展都将深刻地影响我们未来的生活与工作方式。

1.3.1 人工智能技术的发展现状

1. 感知层技术快速发展

脑电监测设备和触觉反馈系统的应用，标志着人工智能正在逐步具备类似人类的感知能力。感知是智能的基础，人工智能通过模拟人类的视觉、听觉、触觉等感觉，能够更准确地理解现实世界，从而做出更精准的决策。这种趋势预示着人工智能将在医疗康复、自动驾驶等领域发挥更大作用。

2. 人工智能领域大模型与小模型并存

大模型，如 DeepSeek、百度的文心、阿里的通义等，因其全面的智能而受到广泛关注。然而，这些大模型可能过于庞大，不一定适合所有场景。相比之下，小模型如法律小模型、医疗小模型等，以其针对性强、成本低廉的特点，在特定领域内展现出了巨大的潜力。这种并存局面反映了人工智能市场的多元化需求，也为未来人工智能的商业化应用提供了多种可能。

3. 人工智能技术逐渐走进人们的日常生活

人工智能在日常生活中的各个领域发挥着重要的作用。在语音识别方面，苹果的 Siri 和亚马逊的 Alexa 等智能助手已经成为人们生活中不可或缺的一部分。在图像识别领域，人工智能技术能够准确地识别物体、人脸，甚至分析图像中的人物情绪和微表情。在自然语言处理方面，机器翻译和智能客服系统已经取得了长足的进步，可以实现准确的翻译和人机对话。在医疗保健领域，人工智能技术被用于辅助诊断、药物开发、疾病预测等。在金融领域，人工智能技术可以进行风险评估、欺诈检测和自动化交易。在教育领域，人工智能技术可以提供个性化学习方案和虚拟助教服务。在交通领域，人工智能技术可用于自动驾驶车辆和交通流控制等。除此之外，人工智能技术还被广泛应用于媒体、零售、制造业等行业。这种跨行业融合应用的趋势，展现了人工智能的广泛应用前景。通过与传统行业的深度融合，人工智能将推动传统行业的智能化升级，提升其运营效率和服务质量。

4. 人工智能推动了个性化服务在多方面的进步和应用

人工智能不仅优化了用户体验，还推动了个性化服务的发展和广泛应用。基于大数据和机器学习算法的个性化推荐系统，能够为用户推荐精准的内容，提升用户的观看体验和平台活跃度。智能客服系统也是个性化服务的典型应用。采用自然语言处理和对话技术，智能客服系统能够理解用户提出的问题，并根据用户的个性化需求提供定制化的解决方案。随着人工智能技术的进一步发展和普及，个性化服务将在未来继续发挥重要作用，并为经济社会带来更大的效益和价值。

5. 硬件优化进一步促进了人工智能技术的发展

随着芯片技术的不断进步，智能终端的算力得到了显著提升，这为人工智能算法的高效运行提供了强大的硬件支持。芯片技术的发展让大模型能够在更短的时间内完成训练和推理，从而加速人工智能技术的应用落地。智能终端的硬件优化不仅仅包括算力的提升，还包括能效的优化和系统集成的创新。总之，硬件优化通过提升算力、改善能效和拓展应用场景，为人工智能技术的发展提供了关键的支持和推动力量。

6. 云计算与边缘计算结合

云计算与边缘计算的结合不仅提升了智能算力的效率和实时性，还推动了人工智能技术在各行各业中的广泛应用和进一步创新。云计算平台作为一个集中的计算和存储资源池，能够为大规模的人工智能模型训练和推理任务提供强大的支持；边缘计算减少了对云端资源的依赖和数据传输的延迟，这种即时的响应能力大大提升了智能应用在现实世界中的实用性和效率。云计算与边缘计算的结合还促进了智能算法在多样化应用场景中的部署和适应，智能算力得以更加高效地分配和利用，满足了各种复杂应用场景的需求。

7. 机器人智能化

随着大模型的引入和机器人技术的不断发展，机器人变得更加智能和灵活。它们不再局限于简单的机械动作，而是能够自主学习和完成任务。这种飞跃不仅提升了机器人的应用价值，也为人工智能在更多领域的应用提供了可能性。通过语音和文字等方式的智能交互，用户能够更便捷地与人工智能系统进行沟通和互动，获得更加个性化和智能化的服务体验。

机器人智能化后在感知、决策和执行能力等方面进步显著。人形机器人通过结合先进的人工智能技术，提升深度学习和感知技能，能够更好地模仿人类和与人类互动。特种机器人的智能化使其能够在复杂和危险环境中执行精细的任务。这不仅推动了机器人技术在多个行业中的应用和发展，还为智能化社会的建设和人类生活带来了更多的可能性和机遇。随着技术的不断演进和应用场景的拓展，未来机器人的智能化将继续深化，为人类创造更安全、更高效的工作和生活环境。

视野拓展

1.3.2 人工智能技术的未来

未来，人工智能技术将拥有更广阔的应用前景，获得更深层次的进化。

首先，人工智能技术将在各行各业得到广泛应用。从医疗保健到金融服务，从交通运输到制造生产，人工智能技术将成为提高效率和改善生活质量的重要工具。例如，自动驾驶技术将逐渐普及，智能医疗设备将助力医疗行业的发展，智能金融系统将提供更加便捷和安全的服务。

其次，人工智能与物联网将相互融合。物联网技术的迅速发展和人工智能技术的进步将构建一个智能化的网络。通过连接和共享大量的传感器和设备，人工智能技术将更好地理解和分析物联网中的海量数据，为人们提供更加智能化和个性化的服务。

再次，人工智能技术的应用将更加注重个人隐私和数据安全。随着社会对个人隐私保护意识的提高，人工智能技术也应该发展出更加安全可靠的算法和模型，以保护用户的数据安全和个人隐私。

最后，人工智能技术将与人类形成合作关系。人工智能技术不仅能够代替人类完成某些重复性的劳动，还能够辅助人类更加高效地完成复杂任务。人工智能技术的发展将促进人类创造力和智慧的发挥，使人机协同成为可能。

从技术层面讲，多模态学习可通过多个感知通道获取信息，并尝试对它们之间的关系进行建模，从而实现更智能化的应用。比如，可以通过图像识别、语义分析、视频解析等技术同时得到一张图片的不同信息，从而实现更丰富的应用场景。深度学习是指通过多层神经网络模型学习输入数据的特征信息从而实现更高层次的抽象概括，这种模型可以逐层逐级提取数据的特征信息，从而获得可以应对更复杂场景的更高级别的处理能力。人机协作将成为人工智能技术的一个重要趋势，人类和机器将共同完成一些任务，从而克服人工智能技术的局限性，比如，在一些需要权衡不同情况、需要灵活处理的任务中，人类可以提供更准确的判断和决策。自动推理是指机器根据已有的信息进行推断，从而生成新的信息。未来，人工智能技术将通过更加智能化的算法来实现自动推理，从而实现更高效的决策和推导。

总的看来，人工智能主要面临以下仍需解决的问题，同时也隐藏着巨大的发展潜力。

（1）AI 在某些领域超过人类，但在复杂任务上仍与人类有差距。

AI 在图像分类、视觉推理和语义理解等任务上的表现已经超过了人类，这凸显了 AI 在处理大数据和识别模式方面的显著优势。但是，在更复杂的任务上，如视觉常识推理和规划等方面，AI 仍然落后于人类。这揭示出 AI 在需要深层次理解和创造能力的领域具有一定的局限性。

（2）行业模型在 AI 领域遥遥领先，但前沿竞争日益激烈。

2024 年，近 90% 的引人注目的 AI 模型来自行业，高于 2023 年的 60%，而学术界仍是高被引研究的主要来源。模型规模继续快速增长——训练计算量每 5 个月翻 1 倍，数据集每 8 个月翻 1 倍，功耗每年翻 1 倍。然而，性能差距正在缩小——排名第一和第十的模型之间的 Elo 技能得分差异在一年内从 11.9%降至 5.4%，排名前两位的模型之间仅相差 0.7%。前沿领域的竞争日益激烈。

（3）AI 日益融入日常生活。

从医疗保健到交通运输，AI 正迅速从实验室走向日常生活。2023 年，美国食品药品监督管理局（US Food and Drug Administration，FDA）批准了 223 种 AI 赋能的医疗设备，而 2015 年仅为 6 种。自动驾驶汽车也不再是实验性项目，美国自动驾驶汽车的研发公司 Waymo 每周提供超过 15 万次自动驾驶服务，而百度经济实惠的 Apollo Go 无人出租车队现已服务于中国众多城市。

（4）美国仍在顶级 AI 模型生产方面领先，但中国正在缩小性能差距。

2024 年，美国机构推出了 40 个引人注目的 AI 模型，而中国为 15 个，欧洲为 3 个。尽管美国在数量上保持领先，但在质量上，中国 AI 模型与美国顶级 AI 模型的差距也在迅速缩小，如在 MMLU 和 HumanEval 等主要基准测试上的性能差异从 2023 年的两位数缩小到 2024 年的几乎持平。中国在 AI 出版物和专利方面继续领先。模型开发日益全球化，中东、拉丁美洲和东南亚也有了引人注目的成果发布。

（5）负责任 AI 生态系统不断发展，但进展不均衡。

与 AI 相关的事件急剧增加，但在主要工业模型开发中，标准化的负责任的 AI（Responsible Artificial Intelligence，RAI）评估仍然很少。然而，像 HELM Safety、AIR-Bench 和 FACTS 等新基准为评估事实性和安全性提供了有前景的工具。在企业中，认识到 RAI 风险与采取有意义行动之间仍存在差距。相比之下，各国政府表现出了更强的紧迫感。2024 年，全球在 AI 治理方面的合作加强，经济合作与发展组织、欧盟、联合国和非洲联盟等组织发布了专注于透明度、可信度和其他核心负责任 AI 原则的框架。

（6）企业全力投入 AI，推动创纪录的投资和使用，研究持续显示其对生产力的强大影响。

2024 年，美国私人 AI 投资增长至 1 091 亿美元——几乎是中国 93 亿美元的 12 倍、英国 45 亿美元的 24 倍。生成式人工智能势头尤为强劲，全球私人投资达到 339 亿美元，较 2023 年增长 18.7%。AI 的商业应用也在加速——2024年有78%的组织报告在使用AI，高于前一年的55%。与此同时，越来越多的研究证实，AI能提高生产力，并且在大多数情况下有助于缩小劳动力技能差距。

（7）AI变得更高效、更实惠且更易获取。

受日益强大的小型模型推动，性能达到GPT-3.5水平的系统的推理成本在2022年11月至2024年10月期间下降了超过280倍。在硬件层面，成本每年下降30%，能效每年提高40%。开源模型正在缩小与闭源模型的差距，在某些基准测试中，性能差异在短短一年内从8%降至仅1.7%。这些趋势共同迅速降低了先进AI的使用门槛。

（8）AI因其对科学的影响而获殊荣。

AI的重要性日益凸显，这在重大科学奖项中得到了体现：2024年诺贝尔三大科学奖中，两大奖项与AI有关，即物理学奖和化学奖，分别表彰了推动深度学习及AI在蛋白质折叠应用方面的工作。

（9）政府加大对AI的监管和投资力度。

2024年，美国联邦机构推出了59项与AI相关的法规——数量是2023年的两倍多，且发布法规的机构数量也翻了一番。全球范围内，自2023年以来，75个国家在立法中提及AI的次数增加了21.3%，较2016年增长了九倍。随着关注度的提高，各国政府也在AI相关领域加大投资规模：加拿大承诺投入24亿美元，中国启动了475亿美元的半导体基金，法国承诺投入1 090亿欧元，印度承诺投入12.5亿美元，沙特阿拉伯的“超越计划”是一项规模达1 000亿美元的举措。

（10）全球对AI潜在影响的认识加深，但担忧情绪也在上升。

根据市场研究公司益普索（Ipsos）发布的《2024年人工智能全球认知调查报告》，认为AI将在未来3~5年内极大影响生活的人的比例从2023年的60%上升到了66%；同时，对AI产品和服务表示担忧的人的比例也较2023年上升了13个百分点，达到了52%。美国皮尤研究中心的数据显示，对AI感到担忧的人超过了感到兴奋的人，其比例从2022年的38%上升到了2023年的52%。这些数据表明，全球公众对AI的潜在影响有了更深刻的认识，但同时也有了更多的担忧和不安。此外，很多人还担心人工智能技术的发展可能导致智能机器人与人类就业的竞争，从而带来一定的社会问题。

除了以上问题和发展方向外，人工智能技术的发展也面临着一些质疑：一个是随着人工智能技术的应用范围不断扩大，个人信息的泄露和滥用成了一种可能；另一个是人工智能技术还面临着伦理和道德问题。例如，面部识别技术在公共场所的应用引发了关于个人权利和自由的争议。

大国工匠

1.4　人工智能典型应用

1. 智能家居与个人助理

智能家居主要是指基于物联网技术，通过智能硬件、软件系统、云计算平台构成的一套完整的家居生态圈。用户可以远程控制设备，设备间可以互联互通，并通过自我学习来整体优化家居环境的安全性、节能性、便捷性。近几年，随着智能语音技术的发展，智能音箱成为一个爆发点。小米、天猫等品牌纷纷推出自己的智能音箱（图 1-6），不仅成功打入了智能家居市场，还为未来更多的智能家居用品培养了潜在用户。

图 1-6　智能音箱

2. 智能安防

近年来，中国安防监控行业发展迅速，视频监控设备安装数量不断增长。2023 年，在公共场所和个人场所，监控摄像头安装总数已经超过了 1.75 亿台。在部分一线城市，视频监控系统已经实现了全覆盖。利用智能视频分析技术可以随时从监控视频中检测出行人和车辆，如能自动找到监控视频中醉酒的行人和逆向运行的车辆等，及时发出带有具体地点信息的警报；能从监控视频中自动判断人群的密度和人流的方向，提前发现过密人群带来的潜在危险，帮助工作人员引导和管理人流（图 1-7）。

图 1-7　马路行人检测

3. 电商零售

人工智能在电商零售行业的应用已经十分广泛，无人便利店、智慧供应链、客流统计、无人仓等都是当前的应用热点。京东自主研发的无人仓使用大量智能物流机器人，通过人工智能、深度学习、图像智能识别、大数据应用等技术，让智能物流机器人可以进行自主的判断和行动，完成各种复杂的任务，在商品分拣、运输、出库等环节实现自动化。通过人脸识别客流统计功能（图 1-8），零售门店可以从性别、年龄、表情、新老顾客、滞留时长等维度建立到店客流的用户画像，为门店调整运营策略提供数据基础，帮助门店运营人员提升下单转化率，即提高到店客户发生购买行为的比例。

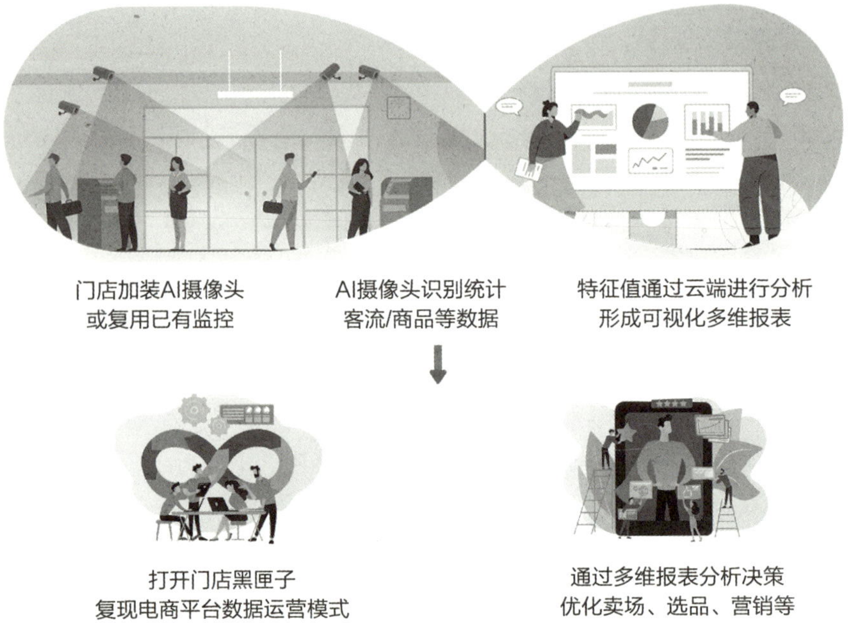

图 1-8　智慧门店

4. 智慧医疗

人工智能在医疗中的应用为解决“看病难”问题提供了新思路。目前，世界各国的诸多研究机构都投入了大量精力来研发医学影像自动分析技术。这种技术可以自动找到医学影像中的重点部位，并进行分析。人工智能分析的结果可以为医生诊断提供参考信息，从而有效减少误诊或漏诊，也可以通过分析医学图像和数据预测疾病发展趋势（图 1-9）。在医疗行业，人工智能的典型应用场景包括药物研发、医学影像、辅助治疗、健康管理、基因检测、智慧医院

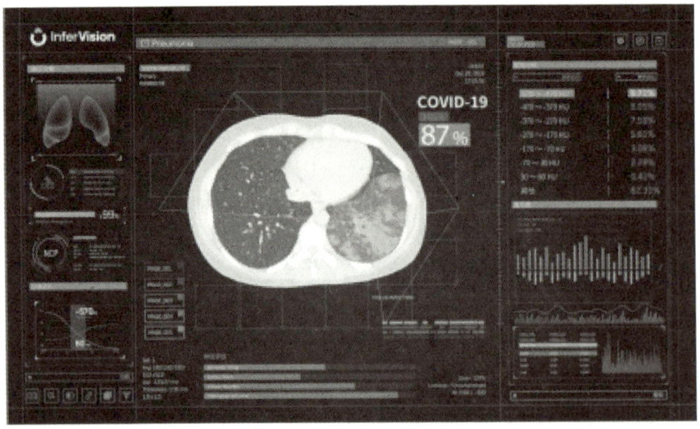

图 1-9　人工智能辅助诊断

等。除此之外，有些新技术还能够通过多份医疗影像重建出人体内器官的三维模型，帮助医生设计手术，确保手术更加精准。

5. 智能金融

人工智能在金融行业的主要应用场景有身份识别、大数据风控、智能投顾等。

（1）身份识别：以人工智能为内核，通过活体识别、图像识别、声纹识别、光学字符识别等技术手段，对用户身份进行验证，大幅降低核验成本。

（2）大数据风控：通过大数据、算力、算法的结合，搭建反欺诈、信用风险等模型，多维度监控金融机构的信用风险和操作风险，以避免资产损失。

（3）智能投顾：智能投顾是人工智能和投资顾问的结合体，可以基于客户自身的理财需求、资产状况、风险承受能力、风险偏好等因素，运用投资组合理论，通过算法搭建数据模型，利用人工智能技术和网络平台提供理财顾问服务（图 1-10）。

图 1-10　智能投顾

6. 智慧教育

科大讯飞、乂学教育等企业早已开始探索人工智能在教育行业的应用：通过图像识别可以利用机器批改试卷、识题/答题；通过语音识别可以纠正、改进发音；通过人机交互技术可以进行在线答疑解惑等。通过分析学习数据，人工智能还可以制订个性化学习计划和化身智能教学助手，根据学生的学习速度和风格调整教学内容。人工智能和教育的结合在一定程度上可以改善教育行业师资分布不均衡、学费高昂等问题。智慧教育的典型应用包括智能测评、儿童陪伴、个性化辅导等。（图 1-11）

图 1-11　AI 学习机

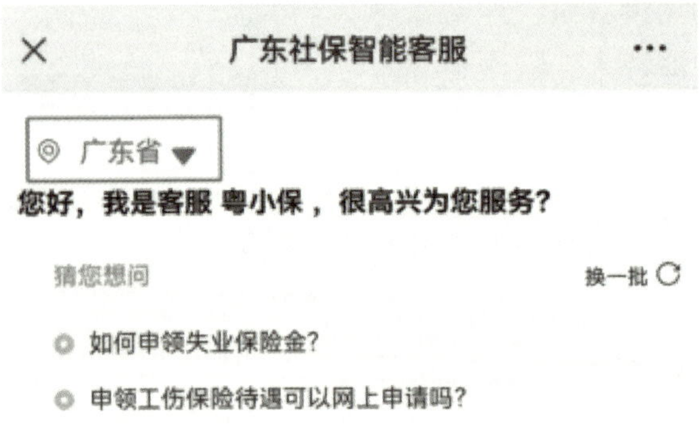

图 1-12　广东社保智能客服

7. 智能客服

智能客服能够降低人工成本，全天候、高效率地应对客户的咨询。目前，智能客服已经在电子商务、金融、通信、物流和旅游等多个行业中得到应用，如支付宝智能客服的自助率已经达到 97%，智能客服的问题解决率达到 78%，优于人工客服。（图 1-12）智能客服技术的快速发展将使简单的话务工作被智能机器取代，人工客服向高端化、专业化转变，并以顾问的身份帮助客户解决业务问题，维护客户关系。

8. 智能制造

我国是工业大国，随着各种产品的快速迭代，以及用户对定制化产品的强烈需求，工业制造系统正变得越来越“聪明”，而人工智能则为工业“智”造系统提供了强有力的支撑。质量监控是生产过程中的重要环节，传统生产线上要安排大量的检测工人进行质量检测，这种人工检测方式不仅容易出现漏检和误判，还可能给检测工人造成伤害。很多工业产品生产企业开发并使用基于人工智能的视觉工具，以自动检测出形态各异的缺陷产品。（图 1-13）此外，在生产过程中，利用高级传感器、数据分析和人工智能等先进技术，可实现对设备状态的实时监测和分析，从而预测设备可能出现的故障，并在故障发生之前进行预测性维护。

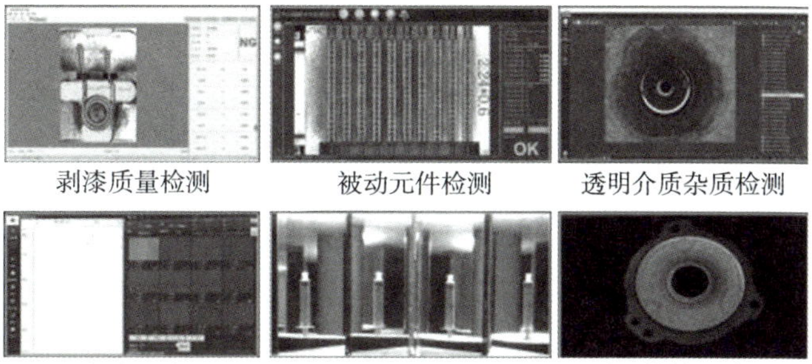
剥漆质量检测　被动元件检测　透明介质杂质检测
卷材外观检测　医疗耗材检测　零配件外观检测

图 1-13　产品缺陷检测

9. 自动驾驶

自动驾驶（又称无人驾驶）通过多种传感器，包括视频摄像头、激光雷达、卫星定位系统（北斗卫星导航系统、全球定位系统）等，利用智能算法，使汽车能够自主感知和决策，实现无人驾驶。智能驾驶系统可以对多种感知信号进行综合分析，结合地图、交通信号灯和路牌等指示标志，实时规划驾驶路径，发出指令控制车辆运行，如“萝卜快跑”自动驾驶网约车已在多个城市上线（图 1-14）。物流行业利用智能搜索、推理规划、计算机视觉及智能机器人等技术，在运输、仓储、配送、装卸等流程上进行自动化改造，基本上能够实现无人操作。

图 1-14　“萝卜快跑”自动驾驶网约车

1.5　人工智能相关法律

1. 人工智能技术带来的法律问题

交流讨论

人工智能技术的发展也带来了一系列的法律问题，主要包括以下几个方面。

（1）隐私和数据保护问题：人工智能技术需要大量的数据来进行训练，从而提高其准确性和自主性。这些数据往往包含了个人敏感信息，而如何保护这些个人隐私及数据的安全性成为一个非常重要的问题。

（2）智能合同问题：随着区块链技术的应用，智能合同已经成为一种新型的合同方式。当出现智能合同纠纷时，如何对其进行判定，以及是否应该赋予智能合同相应的法律效力等问题，也需要进行深入研究。

（3）人工智能责任问题：由于人工智能系统具有一定的自主性、智能性和判断性，当其决策失误导致意外事件时，责任归属问题也成为一大难题。

2. 人工智能法律法规的制定

随着人工智能技术的快速发展，各个国家也都开始意识到其对法律产生的冲击和影响。因此，各国也都开始制定相应的法律法规来规范人工智能技术的发展和运用，如欧盟于 2018 年 5 月 25 日出台《通用数据保护条例》（General Data Protection Regulation，GDPR），以加强对个人数据的保护；2021 年欧盟又提出了适用于人工智能系统的产品或服务的法案《人工智能法案》，全面监管人工智能技术；中国也于 2020 年发布了《人工智能治理白皮书》，提出了一系列规范和举措，以促进人工智能发展的科学性、可靠性和安全性等。

我国目前关于人工智能的法律法规主要有以下几个方面。

（1）数据保护：《中华人民共和国网络安全法》对个人信息的保护作出了规定，其中包括对个人数据的收集、使用和处理等方面的规范。

（2）大数据：《网络数据安全管理条例》对涉及大数据的各方面行为

作出了相应规范，以确保数据的规范化和安全性。

（3）人工智能标准：国家市场监督管理总局、国家标准化管理委员会联合发布了《信息技术 人工智能 术语》（GB/T 41867—2022），其中规定了人工智能相关的术语和定义等内容。

（4）生成式人工智能管理：2023 年 7 月，国家网信办联合国家发展改革委、教育部、科技部、工业和信息化部、公安部、广电总局公布了《生成式人工智能服务管理暂行办法》（以下简称《办法》）。《办法》旨在促进生成式人工智能的健康发展和规范应用，维护国家安全和社会公共利益，保护公民、法人和其他组织的合法权益。《办法》的出台既促进了生成式人工智能的健康发展，也防范了生成式人工智能服务可能出现的风险。

需要注意的是，随着人工智能技术的不断发展和应用，相关法律法规也在不断完善和更新。因此，在人工智能领域从事相关活动的企业和个人应密切关注法律法规的变化，确保自身行为的合法性。

项目拓展

随着近 20 年来机器学习技术的成熟，人工智能不再局限于传统的逻辑推断，而是能够从大量的数据之中挖掘出数据的内在联系，在数学、物理、化学、天文、生物等学科中取得了重要应用成果。现在，科学智能（AI for Science）已经成为全球人工智能的新前沿。

AI for Science 是一种新兴的科学研究手段，是经验科学、理论科学、计算科学、数据科学四种科学研究方法的有机结合。它使用已知的科学规律进行建模，同时挖掘海量数据的规律，在计算机的强大算力的加持下，进行科学问题的研究。

机器化学家就是 AI for Science 的应用之一。2022 年，中国科学技术大学的研究人员开发了全球首个集阅读文献、设计实验、自主优化等功能于一体，覆盖化学品开发全流程的 AI 平台，它被科研人员形象地称为“机器化学家”。在高熵化合物催化剂材料研究中，机器化学家展现出了 AI for Science 的极大潜力。机器化学家发挥其数据驱动和智能优化的优势，智能阅读 16 000 篇论文并自主遴选出 5 种非贵金属元素，融合 2 万组理论计算数据和 207 组全流程机器实验数据，建立了理实交融的智能模型，指导贝叶斯优化程序从 55 万种可能的金属配比中找出最优的高熵化合物催化剂，将传统遍历搜索所需的 1 400 年缩短为 5 周。

机器化学家首先从文献数据库中阅读相关论文，总结规律，然后挑选出可能满足要求的材料组合，使用计算机进行模拟计算。它将模拟计算后挑选出的材料组合进行自动化实验以验证材料的真实性能。它可以根据预先设定好的流程利用自动化技术自动完成从材料合成到性能测试的全流程实验，并对实验数据进行处理与分析，最终挑选出合适的材料组合。

机器化学家的优势在于它将大数据与人工智能相结合，利用人工智能进行人类难以完成的海量文献阅读，并从中获取经验。在获取经验的基础上，机器化学家自主提出可能的方案并进行实验验证，从而代替了先前需要大量人工的试错过程，加速了科学研究的进展。

未来，随着人工智能的发展，AI for Science 将在科学领域产出更多成果，促进人类的科技进步。

项目 2
智识车型：训练第一个神经网络

项目描述

人工神经网络（Artificial Neural Network，ANN）作为机器学习领域的一个重要分支，是一种模仿人脑神经元结构和信息处理方式的计算模型。神经网络由大量的处理单元（通常称为神经元）相互连接而成，每个处理单元接收来自其他处理单元的输入信号，并通过激活函数处理这些信号以产生输出。这种结构赋予了神经网络强大的学习能力，使其能够从大量数据中发现规律和特征，从而解决复杂的问题。在图像识别、语音识别、自然语言处理等众多领域，神经网络都展现出了卓越的性能和广泛的应用前景。

在本项目中，我们将亲手训练一个能够识别汽车类型的神经网络。为了实现这一目标，我们将借助百度 EasyDL 这一零门槛 AI 开发平台。EasyDL 提供了从数据标注、模型训练到模型部署的一站式解决方案，极大地降低了 AI 开发的门槛。具体而言，我们首先收集或使用现有的汽车图像数据集，利用 EasyDL 的标注工具对数据进行标注，为模型训练提供准确的“教材”，然后，我们将配置并启动一个针对汽车类型识别的神经网络训练任务，EasyDL 会自动选择合适的网络结构和超参数进行训练。

机器学习和深度学习作为人工智能的核心技术，正悄然改变着我们的社会和生活。它们像一把双刃剑，一方面能够推动科技进步，提高生产效率，解决许多复杂问题；另一方面也引发了数据安全、隐私保护、就业结构变化等问题。因此，在学习如何构建和优化模型的同时，我们必须树立正确的科技伦理观和社会责任感。

项目目标

【知识目标】

- 理解机器学习与深度学习的基本概念及区别
- 熟悉常见的深度学习框架
- 了解数据标注与模型训练的基本流程

【技能目标】

- 能够独立完成数据标注工作
- 能够配置并启动神经网络模型训练任务
- 能够通过实验分析数据集特性对模型性能的影响

【素质目标】

- 通过神经网络概念的启发，形成“分解—连接—迭代”的解决问题思维
- 能结合专业背景畅想 AI 赋能本领域的创新场景
- 关注 AI 发展对就业、伦理等方面的影响，形成持续跟踪科技动态的意识

2.1 机器学习与深度学习

机器学习是一种让计算机系统能够根据数据学习并自我改进的技术。它通过分析大量数据，识别数据的模式和规律，从而实现对新数据的预测或分类等任务。常见的机器学习模型有感知机（Perceptron）、K 近邻（K-Nearest Neighbor，KNN）、决策树（Decision Tree，DT）、支持向量机（Support Vector Machine，SVM）、神经网络（Neural Network，NN）等。其中，随着现代计算机性能的提高，对包含较多隐含层的大规模深度神经网络的训练变得可行，这种使用深度神经网络进行机器学习的方法也被称为深度学习。人工智能、机器学习与深度学习之间的关系如图 2-1 所示。

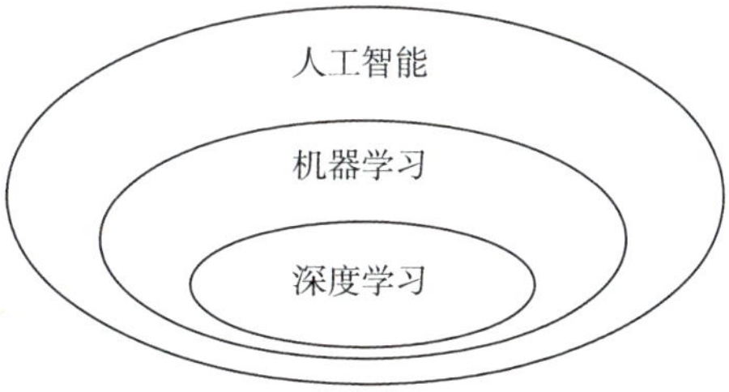

图 2-1 人工智能、机器学习与深度学习之间的关系

2.1.1 机器学习的发展历程

1950 年，人工智能先驱阿兰·图灵在 *Mind* 杂志上发表了一篇名为“Computing Machinery and Intelligence”的论文。图灵在论文中认真讨论了创造“智能机器”的可能性，并提出了著名的图灵测试。

1957 年，美国心理学家弗兰克·罗森布拉特（Frank Rosenblatt）提出了一个由两层神经元组成的神经网络，并将其称为“感知机”，这被认为是神经网络的雏形。感知机的理论与实践效果引起了第一次神经网络的浪潮。

1959 年，美国计算机科学家阿瑟·萨缪尔编写出了具有学习能力的西洋跳棋程序，并在其发表的一篇名为“Some Studies in Machine Learning Using the Game of Checkers”的论文中，定义并解释了一个新的术语——机器学习（Machine Learning）。论文将机器学习非正式定义为“在不直接针对问题进行编程的情况下，赋予计算机学习能力的一个研究领域”。

1974 年，保罗·J. 韦博斯（Paul J. Werbos）在其博士论文中首次提出了将反向传播算法（Backpropagation）应用于训练人工神经网络，促成了第二次神经网络大发展。

1995 年，万普尼克（Vapnik）和科尔特斯（Cortes）提出了支持向量机的概念，其主要思想是用一个分类超平面将样本分开从而达到分类效果，具有很强的理论性能和较好的实验结果。自此，机器学习分为了神经网络和支持向量机两个流派。

2006 年，多伦多大学的杰弗里·辛顿在 *Science* 期刊上发表了重要论文“Reducing the dimensionality of data with neural networks”，提出了深度置信网络（Deep Belief Network，DBN），这标志着深度学习（Deeping Learning）的诞生，杰弗里·辛顿也因此被称为“深度学习之父”。

2016 年，由谷歌旗下 DeepMind 公司开发的人工智能程序 AlphaGo 与围棋世界冠军李世石进行人机大战，并以 4：1 的总比分获胜。这一消息震惊世界，人工智能的发展也开始进入大众视野。AlphaGo 通过神经网络对围棋局面进行状态估计和动作价值函数估计，利用强化学习不断优化策略，并通过蒙特卡罗树搜索在模拟对局中预测下一步最优决策，最终实现高水平的围棋对弈。

2022 年，由微软投资的人工智能研究公司 OpenAI 发布了全新聊天机器人程序 ChatGPT，这款产品上线仅 5 天用户数量便突破 100 万人次，并凭借强大的自然语言处理能力和高度的智能化，在全球范围内产生了广泛的影响。ChatGPT 主要依赖于 Transformer 神经网络架构，通过在大规模语料库上的预训练，学习对自然语言的理解和生成，实现与人类进行流畅、自然的对话，并可应用于写作辅助、编程帮助、学习辅导、语言翻译等多个领域。其发布不仅推动了人工智能技术的发展，也引发了关于 AI 伦理、隐私保护等社会议题的深入讨论。

2.1.2 机器学习基础

机器学习往往用于处理难以通过直接编程来解决的问题。机器学习算法是一种能够从训练数据中学习的算法。这里的“学习”是指通过对数据的处理，算法可以提高解决某类任务的性能。以图像识别为例，假设任务为“识别图中的动物是猫还是狗”，训练数据为若干张包含猫或狗的图片，机器学习算法可以通过对这些图片的学习，提升对猫或狗进行识别的准确性。并且，随着训练数据的增多，算法的准确性往往也越来越高。

机器学习并不局限于解决特定问题，而是解决一类问题。例如，用于识别猫和狗的模型也可以用于识别其他内容，只要我们将训练数据改为带有苹果或橘子的图片，就可以使用该算法训练出可以识别苹果或橘子的模型。同样，如果将训练数据改为若干张“戴口罩的人”和“不戴口罩的人”，就可以训练出检测图中人员是否佩戴口罩的模型。

机器学习主要可以分为监督学习（Supervised Learning）和无监督学习（Unsupervised Learning）两类。

监督学习是指利用一组已知类别的数据来调整模型的参数，使其达到所要求性能的过程。在这个过程中，每个训练数据都包含了一个输入对象（如特征向量）和一个期望的输出值（标签或类别）。监督学习算法通过分析这些训练数据，学习如何从输入数据中预测输出值。通俗地来说，监督学习就是使用带有标签的数据进行训练，这些标签就是数据对应的输出结果。以识别包含猫和狗的图片为例，我们为训练数据打上标签，把所有包含猫的图片都标注为“猫”，并把所有包含狗的图片都标注为“狗”，使用机器学习来学习图片内容与标签之间的联系，并得到一个识别图片的模型。当我们输入一张包含猫或狗的新图片时，模型可以识别出图片中的动物，并给出识别结果。

无监督学习则是在没有类别信息的情况下，通过对所研究对象的大量样本数据进行分析来实现对样本的分类或发现数据中的内在结构。无监督学习不需要事先标注数据集，算法能够自动地从数据中学习并发现隐藏的模式或结构。例如，训练数据为若干张未进行标注的包含动物的图片，此时就可以通过无监督学习的形式对数据进行处理，获取图片中隐含的信息。聚类分析是无监督学习的一个典型应用，它将数据样本划分为不同的组别，使得同一组内的样本具有更高的相似度。无监督学习在探索性数据分析、异常检测和降维等领域发挥着重要作用。

2.1.3 分类与回归

监督学习的预测任务主要可以分为分类（Classification）和回归（Regression）两类。

分类是根据给定的输入数据（特征）将每个样本分配给预定义的类别或标签中的一个。分类的结果是预定义且离散的，表示样本所属的类别，例如，识别包含猫和狗的图片是一个二分类任务，对图片的预测结果只有两种：猫或者狗。识别手写阿拉伯数字则是一个多分类任务，识别结果为0~9中的一个数字，即一共有十种分类结果。

分类技术广泛应用于各种领域，包括图像识别——将图像分为不同的类别，如猫、狗、汽车等；文本分类——将文本数据（如新闻、邮件）分为不同的主题或情感倾向（正面、负面）等。

回归同样是机器学习中的一类重要的监督学习任务，但其目标是根据已知的输入和输出（目标变量）的关系，预测未知的目标变量的值。与分类不同，回归的输出是连续的数值，而不是离散的类别。例如，在房价预测中，算法需要根据房屋的面积、位置、房龄等特征预测房屋的售价；在股票价格预测中，算法需要根据历史交易数据预测未来某个时间点的股票价格。

回归的核心在于找到一种函数关系（模型），该函数能够最好地拟合训练数据中的输入与输出之间的关系。通过最小化预测值与实际值之间的误差（如均方误差），来优化模型的参数。一旦模型训练完成，就可以利用它来对新的输入的目标变量进行预测。

2.1.4 评价指标

评价指标是针对输入相同数据的不同算法模型，或输入不同参数的同一种算法模型，给出的关于算法或参数好坏的定量指标。在模型评估过程中，通常需要使用多种不同的评价指标进行评估，以全面反映模型的性能。

这里我们以邮件分类为例，探讨几种常用评价指标的计算方式。假设邮件分类的结果有两种：正常邮件和垃圾邮件。我们将正常邮件定义为正类（Positive），垃圾邮件定义为负类（Negative），则邮件分类可能出现以下四种情况：

TP（真正类，True Positive）——将正常邮件识别成了正类；

FP（假正类，False Positive）——将垃圾邮件识别成了正类；

TN（真负类，True Negative）——将垃圾邮件识别成了负类；

FN（假负类，False Negative）——将正常邮件识别成了负类。

如表 2-1 所示，不难看出，TP 和 TN 是正确的分类，而 FP 和 FN 是错误的分类。

表 2-1　分类结果

预测结果	实际情况	
	正常邮件	垃圾邮件
正类	TP	FP
负类	FN	TN

假设某次邮件分类结果中，TP、FP、TN、FN 的数量分别为 Z_{TP}、Z_{FP}、Z_{TN}、Z_{FN}，则我们可以定义分类准确率（Accuracy），即预测正确的结果占总样本的百分比，计算公式为

$$准确率=\frac{Z_{TP}+Z_{TN}}{Z_{TP}+Z_{TN}+Z_{FP}+Z_{FN}}$$

虽然准确率能够判断总的正确率，但是在样本不均衡的情况下，它并不能作为很好的指标来衡量结果。比如正类有 90 个，负类有 10 个，样本严重不均衡的情况下，我们只需要将全部样本预测为正类，就能得到 90% 的准确率，但是这种预测完全没有意义。因此，在样本不均衡的情况下，得到的高准确率没有任何意义，此时准确率就会失效。所以，我们需要寻找新的指标来评价模型的优劣。

精确率（Precision）是针对预测结果而言的评价指标，其含义是在所有预测为正的样本中实际为正样本的概率，针对上述结果其计算公式为

$$精确率=\frac{Z_{TP}}{Z_{TP}+Z_{FP}}$$

精确率反映了对正样本结果的预测准确程度，也就是模型识别出的正类中，真正的正类所占的比例。在邮件分类的例子中，精确率反映了模型预测的正类中正常邮件的比例，这体现了模型给出的正类的准确程度，因此，精确率又称查准率。

观察公式可以发现，精确率只与 TP 和 FP 的数量有关，想要提高精确率就要降低 FP 的数量，也就是要避免误将负类识别为正类，这对于某些系统来说至关重要。例如，使用人脸识别来区分合法用户和非法用户的系统，假设合法用户为正类、非法用户为负类。出现 FP 意味着模型将非法用户识别成了合法用户，就好比手机上的人脸识别系统可以被陌生人解锁，这对系统安全性来说无疑是灾难性的，也就是说，这类系统需要重点关注精确率这一指标。

召回率（Recall）是针对原样本而言的指标，其含义是在实际为正的样本中被预测为正样本的概率，针对上述结果，其计算公式为

$$召回率=\frac{Z_{TP}}{Z_{TP}+Z_{FN}}$$

上式中，Z_{TP} 表示被模型找出的正类的数量，Z_{FN} 表示实际是正类但被模型误判为负类的数量，所以 $Z_{TP}+Z_{FN}$ 表示总体样本中实际正类的数量，

也就是说召回率反映的是模型在全体样本中找出所有实际正类的能力，因此召回率又称查全率。

要提高召回率就要降低 FN 的数量，也就是要避免误将正类当作负类。对于某些系统，如垃圾邮件过滤系统来说，召回率是一个需要重点关注的指标，因为出现 FN 意味着系统将正常邮件视为垃圾邮件过滤掉了，而用户一般可以容忍系统误将垃圾邮件视为正常邮件进行显示，但不能容忍系统将正常邮件当作垃圾邮件过滤掉，因为这可能会给用户造成难以预料的损失。

F1 值是用于综合评估分类模型性能的指标，它结合了精确率和召回率。F1 值是精确率和召回率的调和平均数，可以用来衡量模型在保持精确率和召回率之间的平衡时的性能。F1 值可以用以下公式计算：

$$\text{F1 值}=\frac{2\times\text{精确率}\times\text{召回率}}{\text{精确率}+\text{召回率}}$$

2.2　人工神经网络

人工神经网络是一种受人脑神经系统启发的机器学习模型，它通过模拟人脑神经元之间的连接和信息处理方式，实现对复杂数据的分析和预测。人工神经网络由大量互连的处理单元（人工神经元）组成，这些单元通过不同的连接方式形成网络，从而实现对输入数据的非线性变换和输出。

2.2.1　神经网络关键组件

（1）神经元（Node/Neuron）：人工神经网络的基本处理单元，每个神经元接收来自其他神经元的输入信号，经过加权求和与激活函数处理后输出信号。

（2）连接（Connection）：神经元之间的连接代表了信号传递的路径，每个连接都有权重（Weight），用来表示该连接的强度或重要性。

（3）激活函数（Activation Function）：用于引入非线性因素，将神经元的输入映射到输出。常见的激活函数包括 Sigmoid、ReLU 等。

（4）网络层（Layer）：人工神经网络通常由多层组成，包括输入层、隐藏层和输出层。输入层接收外部数据，隐藏层对数据进行非线性变换，输出层输出最终结果。

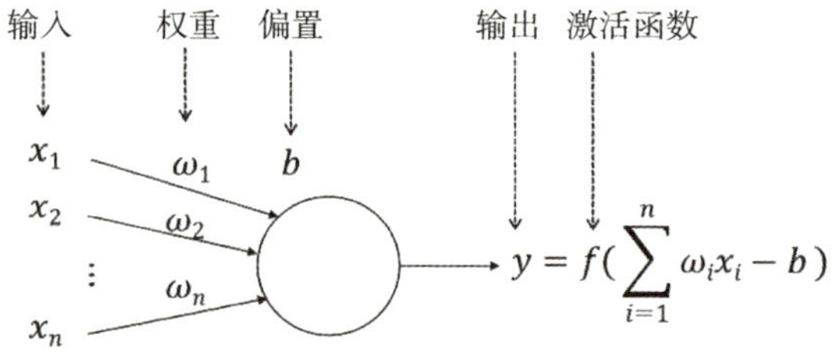

图 2-2　MP 神经元模型

图 2-2 为麦卡洛克（McCullough）和皮茨（Pitts）于 1943 年提出的 MP 神经元模型，该模型是基于生物神经元的结构和工作原理构建的抽象和简化模型，用于模拟神经元的信息处理过程。生物神经元主要由细胞体、树突和轴突三部分组成。神经元通过树突接收来自其他神经元的输入信号，这些信号在细胞体内进行整合，当整合后的信号强度超过一定阈值时，神经元会通过轴突输出信号。MP 神经元模型是人工神经网络早期发展的重要成果之一，它为后续更复杂的神经元模型和神经网络结构的发展奠定了基础。

MP 神经元模型接受来自其他神经元的 n 个输入信号 x_1，x_2，…，x_n。这些输入信号对应于生物神经元的树突接收的电刺激信号。每个输入信号都对应一个权重 ω_i（i=1，2，…，n），权重的大小表示了对应输入信号对神经元影响的重要性。所有输入信号与其权重的乘积之和构成了神经元的净输入（net input）。激活函数用于将净输入转换为输出信号，常用的激活函数包括 Sigmoid 函数和 ReLU 函数等。在 MP 神经元模型中，通常使用阶跃函数作为激活函数，它将输入值映射为输出值“0”或“1”，分别对应生物神经元的抑制状态和兴奋状态。

Sigmoid 函数，也称为 S 型生长曲线或逻辑函数（Logistic Function），是一种在生物学和信息科学中广泛使用的 S 型函数。它的数学表达式通常为

$$Sigmoid\,(x) = \frac{1}{1+e^{-x}}$$

对于任何输入的实数 x，Sigmoid 函数都会输出一个介于 0 和 1 之间的值。如图 2-3 所示，当输入值 x 趋近于负无穷时，输出值趋近于 0；当输入值 x 趋近于正无穷时，输出值趋近于 1。这种性质使得 Sigmoid 函数在用作激活函数时能够引入非线性因素，同时保持输出的稳定性。然而，Sigmoid 函数也有一些缺点。首先，当输入值远离 0 时，函数的梯度会变得非常小，这可能导致梯度消失问题，使得神经网络在训练过程中难以更新权重。其次，Sigmoid 函数的输出不是以 0 为中心的，这可能会导致神经网络的收敛速度变慢。

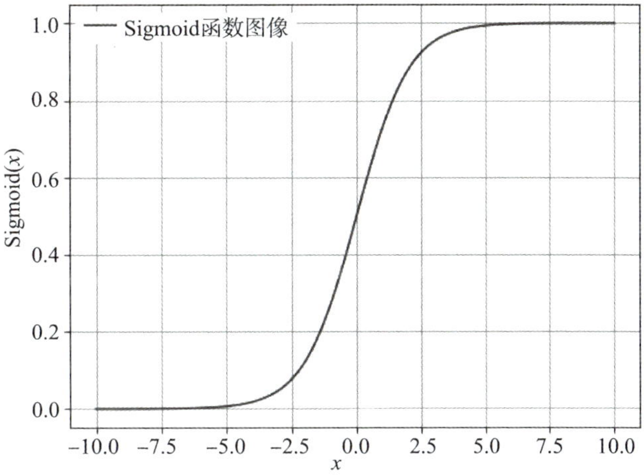

图 2-3　Sigmoid 函数图像

ReLU（Rectified Linear Unit）函数是另一种在深度学习中广泛使用的激活函数。与 Sigmoid 函数相比，ReLU 函数更加简单和高效。其定义如下：对于任何输入的实数 x，如果 x 大于等于 0，则输出 x；否则输出 0。如图 2-4 所示，它的表达式为

$$\text{ReLU}(x)=\begin{cases}x, & \text{当 } x\geqslant 0 \text{ 时}\\ 0, & \text{当 } x<0 \text{ 时}\end{cases}$$

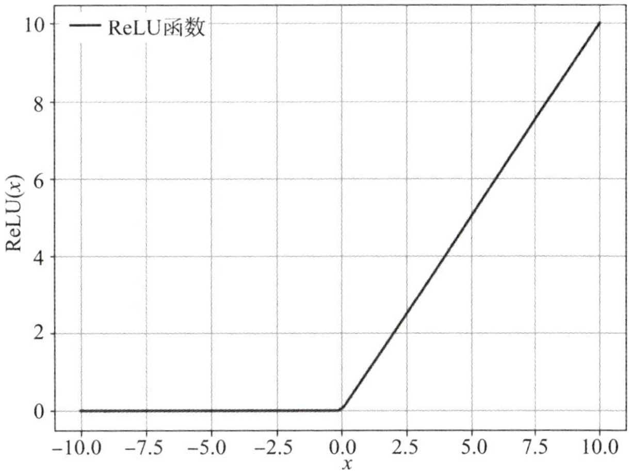

图 2-4　ReLU 函数图像

ReLU 函数的优点在于它的计算非常简单和高效，这使得 ReLU 函数在深度神经网络的训练过程中能够显著提高计算效率。另一个重要优点是 ReLU 函数

在正区间上的梯度为常数 1，这有助于避免梯度消失问题，并使得神经网络更容易训练。此外，ReLU 函数能够引入稀疏性。当输入小于 0 时，ReLU 函数的输出为 0，这意味着神经网络中的部分神经元在给定输入下不会被激活。这种稀疏性有助于提高模型的泛化能力，并减少过拟合的风险。总的来说，Sigmoid 函数和 ReLU 函数都是机器学习和深度学习中常用的激活函数。它们各自具有不同的优点和缺点，并在不同的应用场景中发挥着重要作用。在选择激活函数时，需要根据具体任务的需求和神经网络的架构来做出合适的选择。

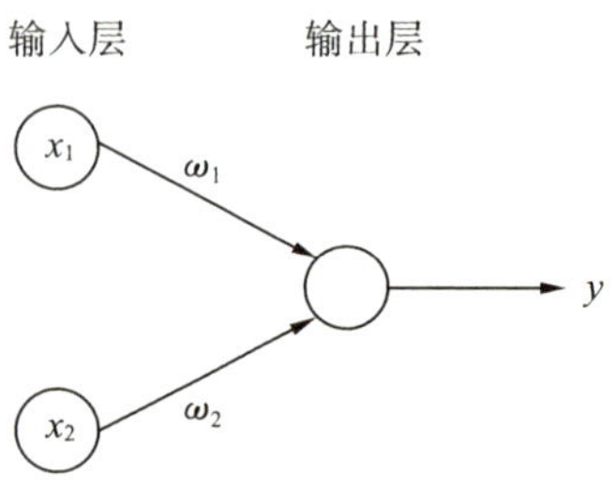

图 2-5　感知机结构图

2.2.2　感知机

感知机（Perceptron）是神经网络的基础结构之一，它最早由弗兰克·罗森布拉特在 1957 年提出，作为线性二分类模型，它为后来更复杂的神经网络模型奠定了基础。感知机由两层神经元组成，如图 2-5 所示。

具体来看，感知机主要由以下几部分组成：

（1）输入层：接收输入特征。在感知机中，输入层通常包含多个输入节点，每个节点对应一个输入特征。这些输入特征可以是连续的数值，也可以是离散的符号。

（2）权重：每个输入特征都对应一个权重。权重表示输入特征对输出结果的重要性或影响力。在感知机的学习过程中，权重的值会根据训练数据进行调整。

（3）激活函数：激活函数用于对输入特征及其对应权重乘积的加权和进行变换，以产生最终的输出结果。在感知机中，常用的激活函数是符号函数（sign 函数），它根据输入值是否大于等于 0 将输入值映射为+1 或 -1。

（4）输出层：输出层接收激活函数的输出，并作为感知机的最终输出结果。在二分类问题中，输出通常为+1 或-1，分别代表两个不同的类别。

感知机的基本原理是通过学习一个超平面来对样本进行二分类。这个超平面由权值向量和偏置决定，在输入空间中起到划分不同类别的作用。感知机的学习算法基于误分类的损失函数，通过梯度下降法来优化权值向量和偏置，使得超平面能够正确分类所有训练样本或达到某种停止条件。

感知机的工作原理可以概括为以下几个步骤：

（1）加权求和：将输入层的每个输入特征与其对应的权重相乘，然后将所有乘积相加得到加权和。

（2）激活函数处理：将加权和传递给激活函数（如 sign 函数）进行处理，得到最终的输出结果。

（3）结果判断：根据输出结果判断输入数据属于哪个类别。在二分类问题中，如果输出结果为+1，则输入数据属于正类；如果输出结果为-1，则输入数据属于负类。

感知机具有结构简单、易于理解和实现、计算效率高等优点，但只能处理线性可分问题，对噪声和异常值敏感，且泛化能力有限。

2.2.3 多层前馈神经网络

多层前馈神经网络（Multilayer Feedforward Neural Network，MFNN）是一种基础且应用广泛的人工神经网络模型，在机器学习和深度学习中占据重要地位。

多层前馈神经网络由多个神经元层组成，信息在网络中单向传播，从输入层流向隐藏层，最终到达输出层，不形成循环。这种网络结构使得多层前馈神经网络能够处理复杂的非线性问题。

多层前馈神经网络通常包括三种类型的层次结构，如图 2-6 所示。

（1）输入层：接收外部输入信号，即待处理的数据或特征。输入层的神经元数量通常与输入数据的特征维度相对应。

（2）隐藏层：位于输入层和输出层之间，是多层前馈神经网络进行特征提取和变换的关键部分。隐藏层可以有一层或多层，每一层都包含一定数量的神经元。这些神经元通过权重和激活函数对输入信号进行非线性变换，从而提取出对任务有用的特征。

（3）输出层：生成网络的最终输出结果。输出层的神经元数量取决于任务的需求，如在分类任务中，输出层的神经元数量可能等于类别的数量。

多层前馈神经网络的工作原理可以概括为前向传播和反向传播两个过程。

前向传播：在训练或测试阶段，输入数据首先进入输入层，然后逐层向前传播到隐藏层和输出层。在每一层中，神经元接收来自前一层神经元的加权输入，并通过激活函数进行非线性变换。最终，在输出层产生输出结果。

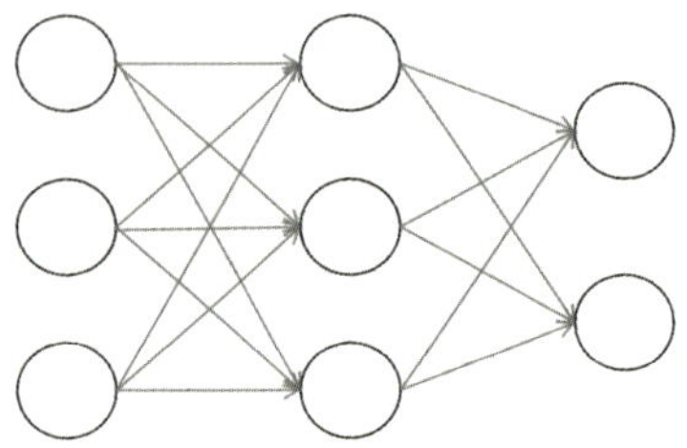

图 2-6　多层前馈网络

反向传播：在训练阶段，多层前馈神经网络通过比较输出层的实际输出与期望输出（标签或真实值）来计算误差。然后，使用反向传播算法将误差信号从输出层传回隐藏层，并根据梯度下降法或其变体算法更新权重和偏置参数，以最小化损失函数。这个过程会重复进行，直到满足停止条件（如达到最大迭代次数或损失值足够小）。

2.2.4　深度神经网络

深度神经网络（Deep Neural Network，DNN）的发展历程可以追溯到 20 世纪 40 年代。早期的神经网络研究主要集中在模拟人脑神经系统的行为，直到 1958 年，弗兰克·罗森布拉特提出了感知机，这是第一个能够学习权重并进行简单分类的人工神经网络，标志着神经网络研究的正式起步。然而，由于感知机只能解决线性可分问题，其发展在 1969 年遇到瓶颈，神经网络研究进入第一个寒冬。

1986 年，反向传播算法和激活函数（如 Sigmoid 函数）的引入，使得多层神经网络的训练成为可能，神经网络研究开始复兴。1998 年，LeNet-5 卷积神经网络实现了手写数字识别，进一步推动了神经网络的发展。进入 21 世纪，随着图形处理器（Graphics Process Unit，GPU）和分布式计算技术的发展，计算机算力显著提升，为深度学习的兴起奠定了基础。2006年，深度置信网络的提出标志着深度学习时代的来临。此后，深度学习在图像识别、语音识别等领域取得了显著突破。

深度神经网络由多个层级的神经元组成，模拟人脑的工作方式。典型的 DNNs 包括输入层、多个隐藏层和输出层。每层神经元接收来自前一层神经元的输入信号，对这些信号加权求和后，加上一个偏置项，然后通过一个激活函数（如 ReLU 函数、Sigmoid 函数等）产生输出信号，作为下一层神经元的输入信号。这一过程在网络中逐层进行，直至最后一层输出层给出最终结果。

深度神经网络中的前向传播是指数据从输入层开始，逐层向输出层传递，每层神经元根据上一层的输出及本层的权重和偏置计算本层的输出。反向传播则用于训练 DNNs，通过计算期望输出与实际输出之间的误差，并将误差逐层反向传播回去，同时更新每一层的权重和偏置，以最小化损失函数。

深度神经网络在多个领域都有广泛的应用，包括但不限于：

（1）计算机视觉：在图像识别、物体检测、图像分割等方面取得了巨大成功。例如，DNNs 在 ImageNet 大规模图像识别挑战赛中取得了超越人类水平的成绩。

（2）自然语言处理：在机器翻译、文本摘要、情感分析等任务中表现出色。例如，Google 的神经机器翻译系统就使用了深度学习技术。

（3）语音识别：在语音识别系统中得到广泛应用，显著提高了语音到文本的转换准确率。

（4）医疗影像分析：在医疗领域，DNNs 被用来分析医学影像，如 X 光片、CT 扫描和核磁共振成像，辅助医生进行疾病诊断。

（5）人工智能：如 DeepMind 的 AlphaGo 在围棋领域取得了重大成就。

（6）自动驾驶：在自动驾驶汽车的感知、决策和控制系统中扮演着关键角色。

2.3 深度学习框架

深度学习框架是一种用于构建、训练和部署深度神经网络模型的工具集合。它提供了丰富的函数和工具，使开发者能够方便地创建、调整和优化神经网络模型。

深度学习框架通过定义神经网络的结构、前向传播算法和反向传播算法来训练和优化模型。前向传播算法用于计算模型输出，而反向传播算法则用于根据输出误差调整模型参数。这些框架通常还支持自动求导功能，能够自动计算梯度并应用于参数更新。

常见的深度学习框架有 PaddlePaddle（飞桨）、TensorFlow、PyTorch、Caffe 和 MXNet 等。这些框架封装了底层计算细节，通过丰富的函数和工具支持，使得开发者能够方便地创建、调整和优化神经网络模型，进而推动深度学习技术在各个领域的应用与发展。

2.3.1 PaddlePaddle

2016 年 8 月底，百度在 GitHub 上开源了内部使用多年的深度学习平台 PaddlePaddle。PaddlePaddle 能够应用于自然语言处理、图像识别、推荐系统等多个领域，其优势在于开放的多个领先的预训练中文模型。PaddlePaddle 的 2013 年版本是由当时百度杰出科学家徐伟主导设计和开发的，其设计思路是每一个模型的表示方式都是“一串 Layers（层级）”。百度 AI 团队对其进行了两次升级。2017 年 4 月，推出 PaddlePaddle v2。PaddlePaddle v2 参考 TensorFlow 增加了 Operator（实现逻辑计算的最小单元）的概念，把 Layers 打碎成更细粒度的 Operator，同时支持更复杂的网络拓扑图而不只是“串”。2017 年底，推出 PaddlePaddle Fluid。PaddlePaddle Fluid 类似于 PyTorch，提供自带的解释器甚至编译器，所以不受限于 Python 的执行速度问题。

PaddlePaddle 同时支持动态图和静态图，能方便地调试、部署模型，非常适合业务应用的落地实现，它也支持数百个节点的高效并行训练。百度的 PaddlePaddle 是深度学习领域大规模落地应用阶段发展较快的框架，甚至很快发展出了自己的 AI 开发生态。

2.3.2 TensorFlow

TensorFlow 起源于谷歌的 DistBelief 系统，它是谷歌内部的一个项目，旨在解决大规模分布式深度学习的问题。经过不断研发与优化，最终在 2015 年 11 月以 Apache 2.0 开源许可证的形式向全球发布。这一里程碑式的发布，使得 TensorFlow 迅速获得了广泛的关注与应用。随后，TensorFlow 不断迎来新的技术突破和版本更新。其中，TensorFlow 2.x 版本的发布尤为引人注目，它引入了 Eager Execution（动态图执行模式），极大地简化了模型的构建和调试过程。

TensorFlow 之所以能在众多深度学习框架中脱颖而出，得益于其突出的特点和优势。首先，TensorFlow 具有高效性，它使用高效的 C++后端进行计算，能够充分利用 GPU 等硬件加速器加速模型的训练和推理过程。其次，TensorFlow 具有极高的灵活性，它支持多种类型的神经网络和机器学习模型，使得开发者可以根据自己的需求选择合适的模型架构和参数设置。此外，TensorFlow 还提供了丰富的高级应用程序编程接口（Application programming Interface，API）和工具（如 Keras、TensorBoard 可视化工具等），极大地降低了深度学习的门槛，使得更多的开发者能够轻松地构建和部署深度学习模型。

目前，TensorFlow 在计算机领域的应用非常广泛，几乎覆盖了所有主流的应用场景，如计算机视觉、自然语言处理、推荐系统等。它的性能表现也备受赞誉，特别是在大规模数据集和复杂模型上，TensorFlow 展现出了卓越的训练和推理能力。同时，TensorFlow 还拥有庞大的用户和开发者社区，这为 TensorFlow 的持续发展提供了强有力的支持。社区中的成员不断完善代码和资源，使得 TensorFlow 的功能和适用性不断得到增强。此外，许多知名企业和研究机构也纷纷采用 TensorFlow 作为深度学习框架，进一步推动了 TensorFlow 在计算机领域的应用和发展。

2.3.3 PyTorch

PyTorch 是一个由 Facebook（现 Meta）人工智能研究院开发的开源深度学习框架。自 2016 年发布以来，它凭借独特的功能和强大的性能，在深度学习领域迅速崛起并占据了重要地位。

PyTorch 的发展可以追溯到其前身 Torch——一个较早的科学计算框架。在 Torch 的基础上，PyTorch 引入了动态计算图机制和自动微分系统，使得深度学习模型的构建和训练变得更加灵活和高效。从最初的 Alpha 版本到现在的稳定版本，PyTorch 经历了不断迭代和更新，每个版本都带来了新的特性和性能提升。例如，PyTorch 1.0 引入了 TorchScript 等特性，并加强了分布式训练能力；而 PyTorch 2.0 则进一步引入了 torch.compile，支持对训练过程的加速，使得深度学习模型的训练更加高效。

PyTorch 之所以能在深度学习领域脱颖而出，得益于其几个显著特点。首先，它采用动态计算图机制，即计算图是在运行时构建的，这种机制使得模型的构建更加灵活，用户可以在运行时动态地修改和调整计算图，便于实验和调试。其次，PyTorch 的 API 设计简洁直观，类似于 NumPy 的张量操作语法，使得用户可以快速上手并进行深度学习任务。此外，PyTorch 还提供了丰富的文档、教程和示例代码，方便用户学习和使用。再次，PyTorch 内置了自动微分系统，能够自动计算张量的梯度，并在反向传播过程中更新计算图中张量的值，这一特性极大地简化了深度学习模型的训练过程。最后，PyTorch 提供了自定义选项，用户可以轻松地定义自己的神经网络模型、训练流程和调试工具，这种灵活性使得 PyTorch 非常适合用于科研和实验场景。

目前，PyTorch 已经成为在科研领域市场占有率最高的开源深度学习框架之一。它在 AI 顶会上的占比持续上升，广泛应用于计算机视觉、自然语言处理、语音识别等多个领域。许多知名的深度学习模型和算法都在 PyTorch 上得到了实现和优化。此外，PyTorch 还拥有一个活跃的社区和丰富的生态系统。社区中汇聚了大量的深度学习爱好者和专家，他们分享经验、交流心得、共同推动 PyTorch 的发展。同时，PyTorch 还与许多工具和库进行了集成和协作，为用户提供了更加全面和便捷的深度学习解决方案。

PyTorch 凭借其显著的特点和强大的功能在深度学习领域取得了巨大的成就，并持续引领着行业的发展。随着技术的不断进步和应用场景的不断拓展，PyTorch 的未来发展前景将更加广阔。

2. 3. 4 Caffe

Caffe，全称 Convolution Architecture for Fast Feature Embedding，是一个由加州大学伯克利分校的视觉计算与成像实验室（Berkeley Vision and Learning Center，BVLC）和社区贡献者共同开发的开源深度学习框架。它以高效、灵活和易用的特点，在深度学习领域，特别是图像处理、计算机视觉和自然语言处理等领域得到了广泛应用。

Caffe 框架的前身是 decaf，最初是一个用于深度卷积神经网络的 Python 框架，后来发展为纯 C++/CUDA 构建的框架，支持 GPU 加速，大大提高了深度学习模型的训练速度。在单个 GPU 上，Caffe 能够快速处理大量图片，训练一张图片通常只需几毫秒，这使得它非常适合用于大规模数据集的训练和实时应用。

Caffe 提供了清晰的模块化设计，用户可以自定义网络结构、损失函数和优化算法等。同时，它支持插件式扩展，可以方便地集成其他深度学习库和工具箱，满足不同的研究和应用需求。模型的定义和优化策略都是通过文本配置文件来完成的，而不是硬编码在代码中，这使得模型的修改和调试变得更加简单和直观。此外，Caffe 还提供了命令行、Python 和 MATLAB 接口，方便用户在不同环境下进行开发和测试。

在计算机视觉领域，Caffe 被用于图像分类、目标检测、人脸识别等任务，并取得了显著的效果。例如，使用 Caffe 训练的 ImageNet 模型在图像分类任务上达到了很高的准确率。在自然语言处理领域，Caffe 也被用于文本分类、情感分析、机器翻译等任务，展现了其跨领域的适用性。

Caffe 拥有一个活跃的开源社区，提供了大量的模型示例、教程和文档资源。这些资源不仅能帮助新手快速入门 Caffe 框架，还为有经验的开发者提供了深入学习和交流的机会。此外，社区还不断贡献新的算法、模型和工具，推动 Caffe 框架的持续发展和完善。

展望未来，随着深度学习技术的不断发展，Caffe 框架也将不断进步和完善。它可能会支持更多类型的硬件加速技术，以进一步提高模型训练和推理的效率。同时，Caffe 还可能扩展更多的模型类型和算法库，以支持更多的深度学习应用场景。通过对 Caffe 框架的深入了解和应用实践，我们可以更好地利用这一强大的工具来解决各种复杂的深度学习问题。

2.4 任务 1：使用 EasyDL 完成数据标注与模型训练

百度 EasyDL 是基于 PaddlePaddle 开源深度学习平台，面向企业 AI 应用开发者的零门槛 AI 开发平台，可以实现零算法基础定制高精度 AI 模型。EasyDL 提供一站式的智能标注、模型训练、服务部署等全流程功能，内置丰富的预训练模型，支持公有云、设备端、私有服务器、软硬一体方案等灵活的部署方式，访问地址为 https://ai.baidu.com/easydl/。（图 2-7）

图 2-7　百度 EasyDL 开发平台

2.4.1　EasyDL 简介

EasyDL 从 2017 年 11 月中旬起在国内率先推出针对零算法基础或者追求高效率开发的企业用户的零门槛 AI 开发平台，提供从数据采集、标注、清洗到模型训练、部署的一站式 AI 开发能力。对于各行各业有定制 AI 需求的企业用户来说，无论他们是否具备 AI 基础，EasyDL 都可以帮助他们完成 AI 开发任务，用户最快 5 分钟即可上手学会，15 分钟完成模型训练。

用户采集的原始图片、文本、音频、视频、光学字符、表格等数据，经过 EasyDL 加工、学习、部署后，可通过公有云 API 调用或部署在本地服务器、小型设备、软硬一体方案的专项适配硬件上，通过离线软件开发工具包（Software Development Kit，SDK）或私有 API 进一步集成。流程如图 2-8 所示。

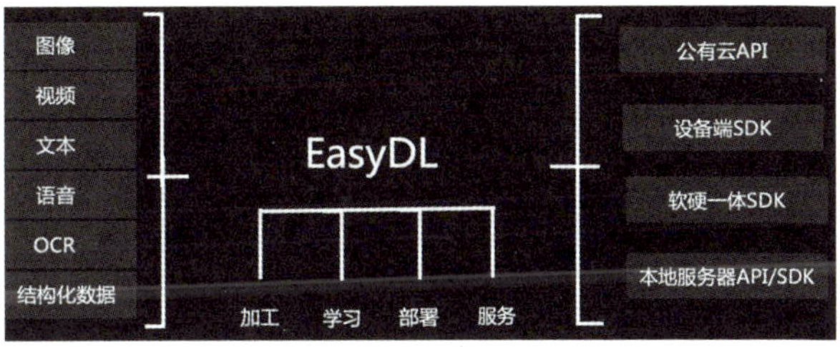

图 2-8 EasyDL 处理流程

根据企业用户的应用场景及深度学习的技术方向，EasyDL 共推出 6 大通用产品及 1 个行业产品。

（1）EasyDL 图像：定制基于图像进行多样化分析的 AI 模型，实现图像内容理解分类、图中物体检测定位等，适用于图片内容检索、安防监控、工业质检等场景。

（2）EasyDL 文本：定制基于文心大模型的语义理解 AI 模型，提供一整套文本定制与应用能力，适用于文本内容审核、文本自动生成、留言分类、电商评价打分等场景。

（3）EasyDL 语音：定制语音识别模型，精准识别业务专有名词，适用于数据采集录入、语音指令、呼叫中心等场景；定制声音分类模型，适用于区分不同声音类别等场景。

（4）EasyDL OCR（光学字符识别）：定制文字识别模型，结构化输出关键字段内容，满足个性化卡证票据识别需求，适用于证照电子化审批、财税报销电子化等场景。

（5）EasyDL 视频：定制基于视频片段内容进行分类的 AI 模型，适用于区分不同短视频类别等场景；定制目标追踪 AI 模型，实现跟踪视频中特定目标对象及轨迹，适用于视频内容审核、人流/车流统计、养殖场牲畜移动轨迹分析等场景。

（6）EasyDL 结构化数据：挖掘数据中隐藏的模式，解决二分类、多分类、回归等问题，适用于客户流失预测、欺诈检测、价格预测等场景。

（7）EasyDL 零售行业版：面向零售场景的独立软件开发商、零售行业服务商等企业用户，提供基于商品识别场景的 AI 服务解决方案，适用于货架巡检、自助结算台、无人零售柜等场景。

2.4.2 AI 开发流程

AI 开发流程是一个系统且复杂的过程，如图 2-9 所示，它涵盖了从分析业务需求、采集/收集数据、标注数据、训练模型、评估模型效果到最终部署模型的全生命周期。

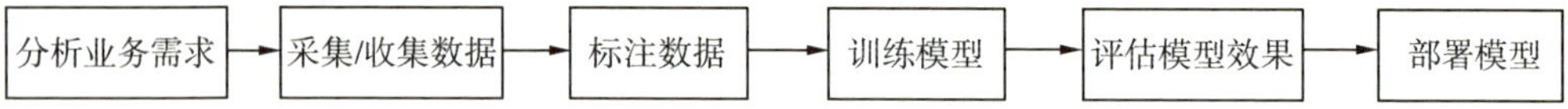

图 2-9　AI 开发流程

在正式启动模型训练之前，需要分析和拆解业务需求，明确模型类型。这里我们以实际业务场景为例进行分析。

原始业务需求为某企业希望为某个高端小区物业做一套智能监控系统，对多种现象进行智能监控并及时预警，包括保安是否在岗、小区是否有异常噪声、小区内各个区域的垃圾桶是否已满等。

针对这个原始业务需求，我们可以分析出，不同的监控对象所在的位置不同、要监控的数据类型不同（有的针对图片进行识别、有的针对声音进行判断），这就需要综合应用多个模型。

监控保安是否在岗——通过图像分类模型进行判断。

监控小区是否有异常噪声——定时收集声音片段，通过声音分类模型进行判断。

监控小区内各个区域的垃圾桶是否已满——由于监控区域采集的画面可能会存在多个垃圾桶，此处需要通过物体检测模型进行判断。

在通过上述步骤分析出基本的模型类型后，需要进行相应的数据采集工作，主要原则为尽可能采集与真实业务场景一致的数据，并覆盖可能存在的各种情况。

采集数据后，可以通过 EasyDL 在线标注工具或其他线下标注工具对已有的数据进行标注。如上述监控保安是否在岗的图像分类模型，需要将监控视频抽帧后的图片按照“在岗”及“未在岗”两类进行整理；监控小区内各个区域的垃圾桶是否已满的物体检测模型，需要将监控视频抽帧后的图片中的每个垃圾桶按“空”“满”两种状态进行标注。

训练模型阶段可以将已标注好的数据基于已经初步确定的模型类型，选择算法进行训练。通过 EasyDL 平台，可以可视化在线操作训练任务的启停、训练任务的配置，可以大幅减少线下搭建训练环境、自主编写算法代码的相关成本。

训练后的模型在正式部署之前，需要评估模型效果。在这个环节上，EasyDL 提供了详细的模型评估报告，以及在线可视化上传数据测试模型效果的功能。

当确认模型可用后，可以将模型部署至生产环境中。传统的方式需要将训练出的模型文件进行工程化相关处理，而使用 EasyDL，可以便捷地将模型部署在公有云服务器或本地设备上，通过 API 或 SDK 集成应用或直接购买软硬一体产品，有效应对各种业务场景所需，搭建完成效果与性能兼具的智能监控系统。

2.4.3 模型选择

EasyDL 提供了多种可选择的模型，如要创建可以进行汽车类型识别的模型，可在 EasyDL 主页点击“立即使用”按钮，并在弹出的菜单中选择“图像分类”，如图 2-10 所示。

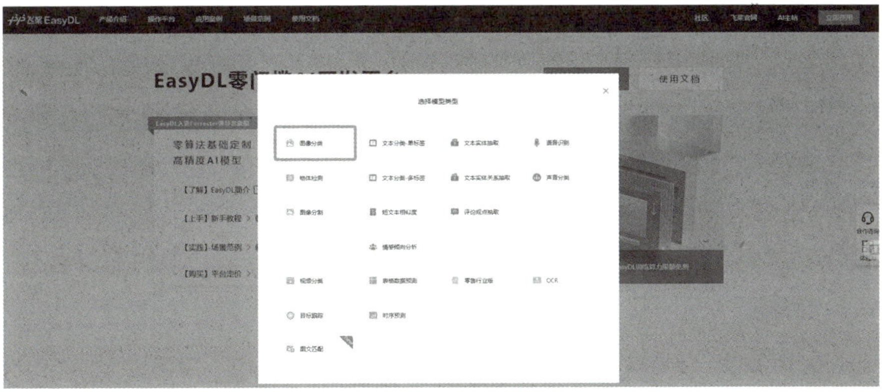

图 2-10 在菜单中选择“图像分类”

模型选择完成后即可进入 EasyDL 开发平台，该开发平台提供了包括数据处理、模型训练、服务管理、模型部署在内的多个功能模块，如图 2-11 所示。

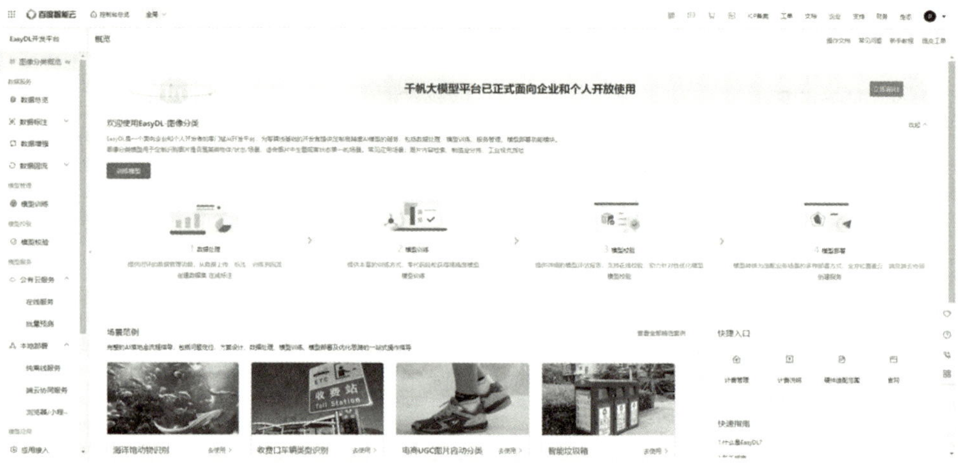

图 2-11　EasyDL 开发平台

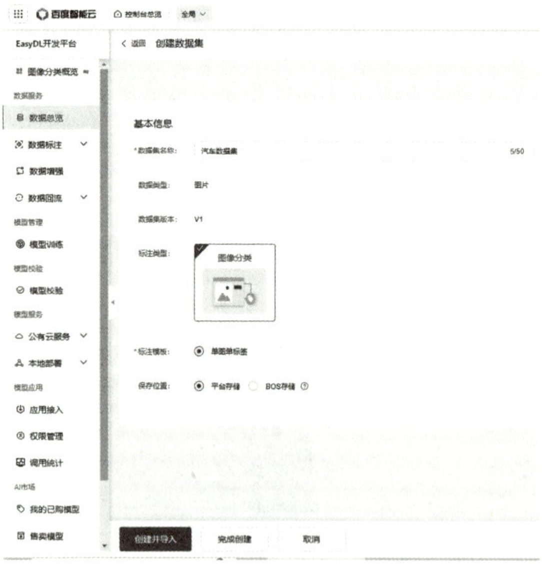

图 2-12　数据集创建界面

接下来准备训练模型所需的数据，点击左侧菜单中的“数据总览”管理数据集。平台支持统一管理自训练模型的数据集，并支持自主版本迭代、数据查看、导入导出和删除等操作。点击右侧“创建数据集”按钮进入数据集创建界面，如图 2-12 所示，点击“创建并导入”完成创建。

创建完成后开始导入数据，既可以使用本地数据集，也可以使用平台提供的数据集，这里我们选择使用平台提供的数据集。在“导入方式”一栏选择“公开数据集”，并在“选择数据集”一栏选择“汽车类型分类/V1”，点击“确认并返回”，如图 2-13 所示。

图 2-13　导入配置

导入完成后即可在“数据总览”界面看到所创建的数据集。此时的数据集还未进行标注，即图像没有对应的标签，暂时无法用于监督学习。点击右侧的“查看”按钮可以看到数据集中的图片，以及可选的标签。用户可以对标签进行编辑，如新增、修改、删除标签，标签名称应避免使用中文。可以发现此时的数据集中的图片都是“无标签”状态，如图 2-14 所示。

图 2-14　数据集标签界面

在“数据总览”页面，点击右侧的“标注”按钮进行数据标注。根据图中汽车的类型，在右侧的标签列表中选择对应的标签，并点击“保存当前标注”，如图 2-15 所示。

图 2-15　数据标注

当前数据集中有 840 张汽车图片，这意味着需要进行 840 次标注。为了提高工作效率，EasyDL 平台提供了智能标注功能，只需要为每个标签标注至少 10 张图片，即可开启智能标注。智能标注流程为启动智能标注、系统筛选难例、用户标注难例、完成标注，启动训练，如图 2-16 所示。

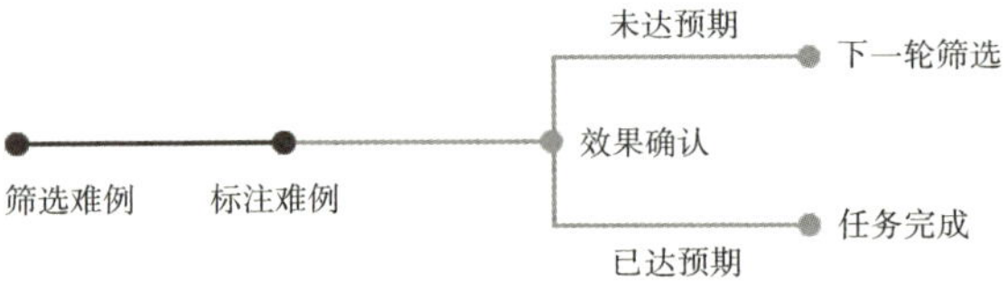

图 2-16　智能标注流程

点击数据标注页面右上角的“开启智能标注”按钮，开启智能标注。开启后，系统将根据数据集情况自动筛选出数据集中的难例图片（需优先标注的关键图片），进行自动预标注。针对预标注结果中的难例，用户可通过两种方式完成标注：第一，基于单张图片进行手动标注；第二，在预标注效果符合预期的基础上，进行一键标注。用户可以根据实际情况，选择进行下一轮难例筛选（系统最多支持 4 轮难例筛选）或对当前预标注效果表示满意选择进入模型训练。标注完成后即可开始模型训练。(图 2-17)

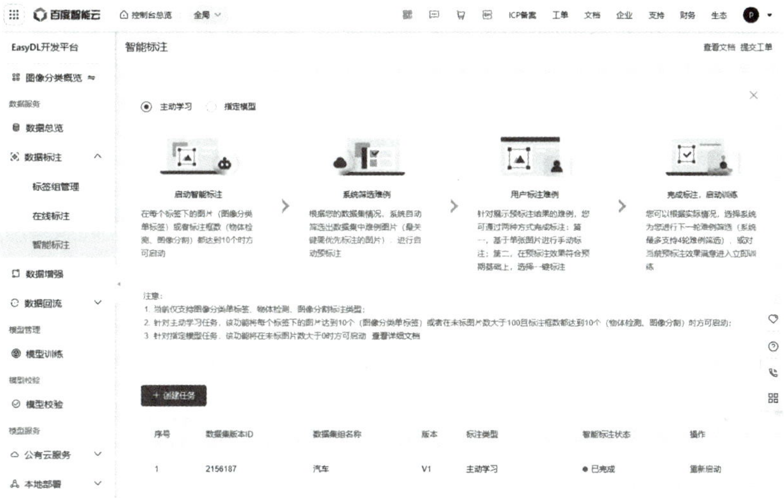

图 2-17　智能标注页面

点击左侧菜单中的“模型训练”按钮进入训练界面，并点击右侧的“创建任务”按钮，创建训练任务。设置模型名称和描述后点击“下一步”，如图 2-18 所示。

图 2-18　模型准备

在数据准备阶段，选择要使用的数据集，此时可以自定义验证集和训练集，配置完成后点击“下一步”，如图 2-19 所示。

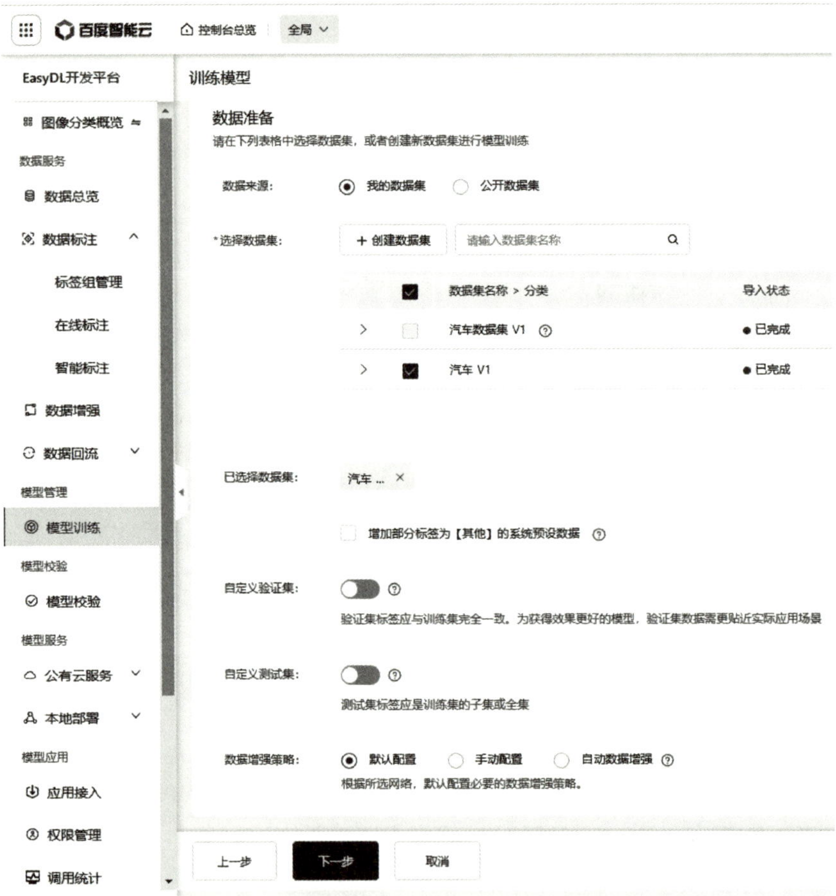

图 2-19 数据准备

在训练配置阶段，部署方式选择“公有云部署”，训练方式选择“常规训练”。算法部分有高精度和高性能等多个选项。高精度训练速度慢，但准确率更高；高性能训练速度更快但准确率比高精度算法要低 3%～5%。为加快训练速度，本次训练我们选择“超高性能”。训练环境选择“GPU P4”，点击“开始训练”，如图 2-20 所示。

图 2-20　训练配置

训练开始后可在模型训练页面查看训练进度，如图 2-21 所示。

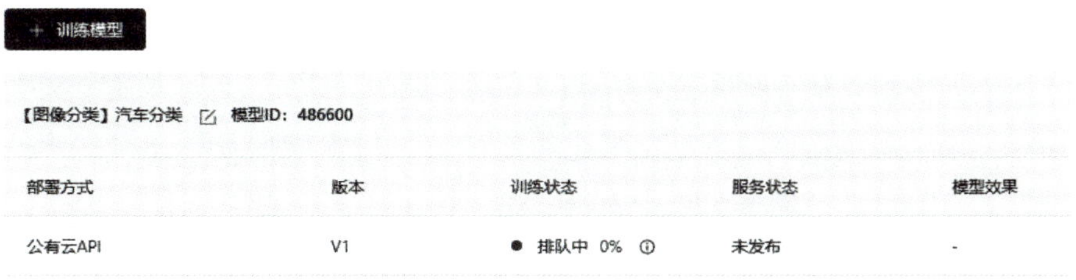

图 2-21　查看训练进度

模型训练完成后，点击右侧“完整评估结果”可查看模型评估报告，如图 2-22 所示。

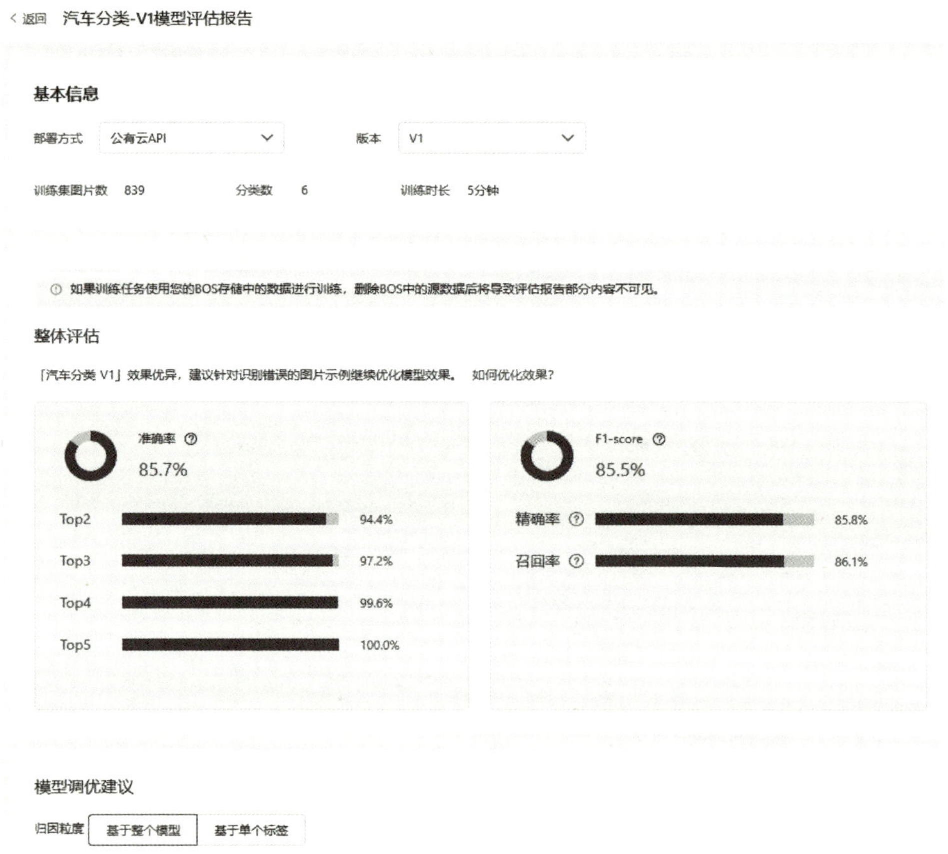

图 2-22　模型评估报告

模型评估报告包含准确率（Top1 ~ Top5）、精确率、召回率、F1 值等性能指标。用户可以根据评估报告的内容选择模型优化方案。

模型校验是确保模型正确性和准确性的重要环节，主要涉及将模型的输出结果与观测结果或预期结果进行比较，以检验模型及其建模过程的合理性和有效性。在左侧菜单中选择“模型校验”，在右侧选择要校验的模型后点击“启动模型校验服务”，进入模型校验页面，如图 2-23 所示。

图 2-23　模型校验页面

点击添加图片，上传一张事先准备好的汽车图片，查看识别结果。选择上传一张吉普车图片，可以观察到模型正确识别出了该汽车类型为“jeep”，如图 2-24 所示。

图 2-24　识别结果

通过本次使用百度 EasyDL 的实践，我们全面体验了从数据标注到模型训练的全过程，并成功训练出了一个能够准确识别汽车类型的模型。EasyDL 以其用户友好的界面和强大的功能，极大地简化了机器学习模型的构建流程，即便是非专业背景的用户也能轻松上手，快速定制个性化 AI 应用。

交流讨论

项目拓展

在实践项目中，不仅仅要关注模型的构建，更要对数据集进行深入的分析和评估，同时对训练好的模型进行全面的评价和测试，来更深刻地理解数据集质量和模型性能对最终结果的重要影响。

对于数据集的分析和评估，可以使用数据可视化工具，如 Matplotlib 或 Seaborn 来绘制数据的分布图、散点图或箱形图，从而直观地观察数据的特征和异常值。为了更深入地了解数据的统计特性，还可以计算数据的均值、中位数、标准差等指标，并进行数据的归一化或标准化处理，以确保数据的一致性和可比性。此外，对于分类问题，可以使用混淆矩阵来评估不同类别的数据分布情况，从而发现可能存在的类别不均衡问题。

在模型的评估和测试方面，需要选择合适的性能评估指标，并根据具体任务进行量化评估。对于分类问题，可以使用准确率、召回率、F1 值等指标来评估模型的性能。而对于回归问题，可以选择均方误差、绝对误差等指标来衡量模型的预测能力。为了更全面地评估模型的性能，还可以采用交叉验证的方法，如 k 折交叉验证或留一法交叉验证，来确保评估结果的稳定性和可靠性。通过这样的验证过程，可以更好地了解模型的泛化能力，并发现可能存在的过拟合或欠拟合问题。

需要意识到数据集质量和模型性能对最终结果的重要影响，并采取相应的措施对其进行优化和改进。对于数据集质量的问题，可以通过数据清洗、特征选择、样本平衡等方法来提高数据的质量。例如，可以使用数据过滤、平滑或插值等方法来处理缺失值或异常值；通过特征选择来降低数据的维度和复杂性；或者采用过采样、欠采样等技术来处理类别不均衡问题。对于模型性能的优化，可以尝试不同的算法和模型架构，并调整模型的参数和超参数，以达到最佳的性能表现；还可以使用模型融合、集成学习等方法来综合多个模型的优点，进一步提高模型的准确性和鲁棒性。

迁移学习是一种重要的机器学习方法，它允许我们将从一个或多个源领域学习到的知识转移到目标领域中，从而在目标领域上实现良好的流化性能。随着深度学习的快速发展，大量的深度学习模型被广泛应用于各种任务。然而，这些模型通常需要大量的数据和计算资源来进行训练。迁移学习通过利用已有的模型和数据，显著降低了新任务的学习成本和时间。在自然语言处理、计算机视觉和语音识别等领域，迁移学习都发挥着重要作用。例如，在文本分类或情感分析任务中，可以使用预训练的语言模型进行迁移学习，以提高模型的性能。同样，在计算机视觉任务中，如目标检测或图像识别任务，可以利用在大规模图像数据集上预训练的卷积神经网络进行迁移学习。

模型优化主要关注如何在有限的计算资源和时间内，使深度学习模型的性能达到最高水平。这包括提高模型的准确率、减少过拟合、加速训练过程等方面。为了实现模型优化，可以采用多种方法。权重裁剪是一种有效的方法，它通过裁剪模型的权重来降低模型的复杂度，从而减少计算资源的消耗。量化也是一种常用的优化技术，它将模型的参数从浮点数转换为整数，以减小模型，进而降低存储和传输的占用。知识蒸馏是一种将大型模型的知识转移到小型模型中的方法，它可以实现模型的压缩和优化，同时保持较高的性能。通过调整学习率、批大小、正则化系数等超参数，我们也可以对模型的训练过程进行优化。可以调整学习率以加快模型的收敛速度，使用批量标准化来提高模型的性能和稳定性，并选择合适的优化算法。此外，早停法可以避免模型的过拟合，数据增强可以增加训练样本的多样性，从而提高模型的泛化能力。

模型部署是将训练好的模型应用到实际生产环境中的关键步骤。它通常包括模型转换、环境配置、性能优化及集成与测试等流程。在模型部署之前，我们需要将训练好的模型转换为适合部署的格式，如 PMMI、ONNX、TensorFlow Lite 等，以确保跨平台兼容性和性能。然后，在部署环境中配置必要的软件和硬件资源，如 GPU、CPU 和推理引擎。为了提高部署后的模型性能，我们可以使用量化、剪枝等技术来减小模型大小并提高推理速度。最后，将模型集成到实际的应用程序中，并进行全面的测试，以确保其稳定性和可靠性。此外，建立监控和反馈机制、确保安全性和完善隐私保护功能也是模型部署时需要考虑的重要因素。

项目3

别具慧眼：电路板缺陷检测实战

项目描述

人工智能在智能制造中的应用日益广泛，正在深刻改变制造业的面貌。随着电子产品的小型化、高密度化，印刷电路板（Printed Circuit Board，PCB）上的元器件布局越来越紧凑，线路越来越复杂，这给PCB的缺陷检测带来了巨大挑战。传统的人工检测方法存在易疲劳、易漏检、检测速度慢、成本高等问题，已经无法满足现代化生产的需求。因此，引入人工智能技术进行PCB缺陷检测，成为提高生产效率和产品质量的重要手段。

PCB是电子元器件电气连接的载体，是电子设备的核心部件。PCB广泛地应用于制造业，特别是那些拥有高功率机械设备的行业；这些设备高功率运行且需要高电流的电路驱动。PCB的主要功能是为电子元器件提供稳定可靠的电气连接。通过在板上印制导线，PCB能够将各种元器件连接起来，形成一个完整的工作电路。PCB板作为元器件的支撑体，能够确保元器件在设备中的稳定性和可靠性。元器件通过焊接或插接等方式固定在PCB上，从而形成一个紧凑、牢固的整体。PCB的设计可以优化元器件的布局，实现空间的最优化利用。这有助于减小设备的体积和重量，提高产品的便携性和可靠性。PCB作为现代电子设备的基础组件，几乎被用于所有行业。PCB在通信设备、医疗设备、工业控制与自动化、汽车电子、家用电器、计算机、服务器、物联网等设备中都有广泛的应用。通过自动化生产线，可以大批量、快速地生产PCB，从而降低生产成本并提高生产效率。同时，实现自动化生产线上的PCB缺陷智能检测也是一项十分重要的工作。

项目目标

【知识目标】

- 了解典型智能制造中人工智能应用场景
- 了解基于机器视觉的缺陷检测方法

- 了解使用 EasyDL 平台进行电路板缺陷检测的流程
- 了解计算机视觉算法发展趋势

【技能目标】

- 能开发典型智能制造人工智能应用场景
- 能使用基于机器视觉的缺陷检测方法
- 能够使用 EasyDL 平台进行简单的 AI 应用开发

【素质目标】

- 培养学生的质量意识，理解产品质量对客户、对公司的重要性，树立“质量第一”的观念
- 培养学生敏锐的观察力和细心的态度，培养学生独立分析问题、拆解问题、解决问题的能力和团队合作精神
- 培养学生工匠精神、诚信精神和科技责任感

3.1 典型智能制造中人工智能应用场景

我国高度重视人工智能发展，为贯彻落实《中华人民共和国国民经济和社会发展第十三个五年规划纲要》和《中国制造 2025》，工业和信息化部、财政部联合组织相关单位和专家，通过大量的研究和调研，发布了《智能制造发展规划（2016—2020 年）》，该发展规划作为“十三五”时期指导智能制造发展的纲领性文件，旨在统筹国内智能制造发展，加快形成全面推进制造业智能转型的工作格局。

2016 年 7 月，国务院发布了《“十三五”国家科技创新规划》，明确将人工智能列为国家战略科技项目。2017 年，国务院发布的《新一代人工智能发展规划》，明确了到 2025 年、2030 年人工智能发展的指导思想、战略目标、重要任务和保障措施，明确提出到 2030 年我国成为世界主要人工智能创新中心的目标，并规划了三步走的战略部署，涵盖了科研投入、人

才培养、产业应用等多个方面。

自“十三五”规划以来，我国人工智能产业在政策的扶持下，关键技术发展迅速并逐渐渗透入各行各业。2017 年 12 月，工业和信息化部针对人工智能产业发布《促进新一代人工智能产业发展三年行动计划（2018—2020 年）》，该行动计划以信息技术与制造技术深度融合为主线，以新一代人工智能技术的产业化和集成应用为重点，推动人工智能和实体经济深度融合。此外，还有《中国制造 2025》《扩大内需战略规划纲要（2022—2035 年）》等政策文件，都对工业人工智能的发展提供了有力的支持。

“十四五”规划提出聚焦高端芯片、操作系统、人工智能关键算法、传感器等关键领域，加快推进基础理论、基础算法、装备材料等研发突破与迭代应用。2024 年的政府工作报告首次引入了“人工智能+”的概念，强调推动人工智能与经济社会各领域的全面融合创新，这标志着我国将进一步深化人工智能技术的研发应用，特别是在工业领域。2025 年的政府工作报告又提出“持续推进‘人工智能+’”行动，还将“支持大模型广泛应用”首次写进了报告。

智能制造领域中典型的人工智能应用场景包括产品全生命周期管理、智能分拣、基于视觉的表面缺陷检测、基于声纹的产品质量检测与故障判断、预测性维护、数字孪生、设备健康管理、创成式设计以及需求预测与供应链优化等。

3.1.1 产品全生命周期管理

产品全生命周期管理是指从产品构思、设计、生产、销售、使用、维护直至退役的全过程管理。它涵盖了产品生命周期的各个环节，确保产品在各个阶段的性能、成本和质量都能得到最优控制。通过全生命周期管理，企业能够最大限度地提高产品价值，加速产品上市速度，降低成本，同时满足市场和用户的需求。在产品全生命周期管理中，人工智能的应用日益广泛，为企业的产品设计、生产、销售、服务及退役等各个环节带来了显著的优化和提升。

在产品设计阶段，人工智能可以通过分析大量设计数据和用户需求，快速生成多种产品设计方案，并通过模拟仿真评估其性能，从而帮助设计师快速找到最优设计。例如，生成式人工智能技术能够基于给定的约束条件自动生成设计图纸，极大地提高了设计效率。另外，人工智能还可以提供创新设计支持，通过提供个性化的设计建议，辅助设计师进行创新设计。例如，基于知识图谱的智能设计模块可以帮助设计人员快速识别设计错误和失误，提高审图效率。

在产品生产阶段，人工智能通过分析历史数据和实时信息，可以预测生产过程中的瓶颈和关键风险点，从而帮助企业制订更合理的生产计划，提高生产效率。利用计算机视觉技术和人工智能算法，企业可以实时监控生产过程，自动检测产品缺陷，并及时做出调整，减少次品率，进行智能质量控制。此外，人工智能通过分析设备运行数据，可以发现设备故障的早期迹象，从而提前安排维护，降低设备故障率，提高生产效率。

在产品销售阶段，人工智能可以通过分析历史销售数据和市场趋势，预测未来市场需求，为企业制定更精准的销售策略提供依据。人工智能还可以根据用户行为数据和反馈，分析用户的喜好和需求，从而提供个性化的营销方案，提高销售转化率。(图 3-1)

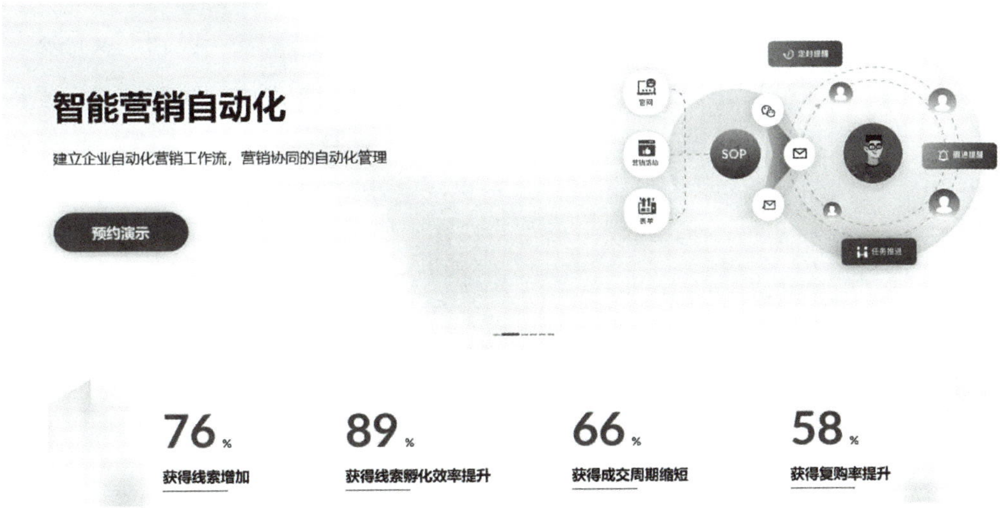

图 3-1 “有赞”微营销系统

在产品服务阶段，利用自然语言处理技术，企业可以构建智能客服系统，为客户提供更加高效和个性化的服务，提升客户满意度。(图 3-2) 同时，人工智能可以通过文本分析技术，从客户反馈中提取有用信息，帮助企业改进产品和服务。

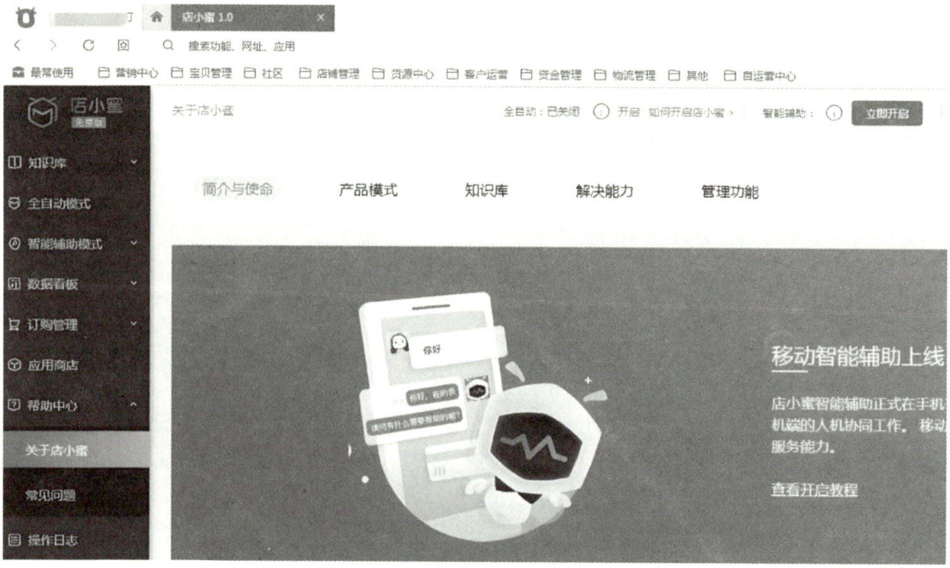

图 3-2 “店小蜜”智能客服

在产品退役阶段，人工智能可以预测产品退役的最佳时机，帮助企业合理安排产品退役计划，降低退役成本；还可以帮助企业确定产品退役后的材料回收和再利用流程，促进资源的循环利用。

人工智能的自动化和智能化可以显著提高产品全生命周期管理的效率，减少人工干预和错误。通过优化生产计划、质量控制、维护等环节，人工智能可以帮助企业降低产品全生命周期的成本。人工智能的应用使企业能够更快速地响应市场需求变化，提高产品质量和服务水平，从而增强企业的市场竞争力。

3.1.2 智能分拣

采用工业机器人进行智能分拣，为物流行业带来了革命性的变化，显著提高了分拣效率、降低了运营成本，并提升了客户满意度。

智能分拣包括自动化分拣系统、智能机器人及数据分析和预测系统。

自动化分拣系统利用传感器和摄像头扫描包裹上的条码或二维码，获取包裹的基本信息，如重量、尺寸等。通过机器学习和计算机视觉技术，分析和处理传感器和摄像头采集的数据，决定包裹的类别和分拣路径。机械设备根据算法的指令，自动将包裹送到相应的分拣区或传送带。智能机器人配备先进的传感器和智能算法，能够自主导航和操作，在物流中心内自主移动，抓取和搬运包裹，并将它们放置到指定的位置。它们可以与人类工作人员实时协作，实现更高效的分拣。数据分析和预测系统利用人工智能技术对大量的物流数据进行分析，预测物流需求和分拣量，并通过分析历史数据，预测某一时间段内的物流高峰，帮助企业提前安排人力和设备，避免分拣中心的拥堵和延误。

人工智能技术可以提高分拣效率和准确性，自动化分拣系统和智能机器人能够在短时间内处理大量包裹，确保分拣的快速和准确，通过精确的数据分析和高效的操作，显著降低分拣错误的发生率。它还可以帮助企业降低运营成本，减少人力成本，通过优化分拣流程和资源配置，降低物流中心的能耗和运营成本；通过提高分拣效率、缩短包裹的配送时间、减少分拣错误和延误，提升客户满意度。

图 3-3 京东昆山无人分拣中心

京东昆山无人分拣中心利用六轴搬运机器人、无人驾驶小车、拣选机器人等设备，实现了从顾客下单到包裹备货的整个分拣过程无人化（图 3-3）。其作业效率高达 9 000 件/时，在同等分拣货量的前提下，可以节省 180 人。申通快递分拣机器人由后台路径规划系统进行最优路径规划，2~3 台分拣机器人同时工作，可实现 100%全自动分拣，在同等分拣货量的前提下，与全人工分拣相比，工作场地占地面积缩小约 50%，分拣效率提升约 30%。顺丰在厦门顺丰海沧中转场投入使用的百余台形似扫地机器人的“小黄车”机器人，主要负责小型快递和小型异形包裹的分拣

图 3-4　顺丰快递分拣机器人

图 3-5　矿用皮带异物智能分拣机器人

图 3-6　废塑料智能分拣线

(图3-4)。机器人头“顶”托盘，装载快件，只需十几秒就能完成投件，有了“小黄车”助力，中转场单日分拣数量提升一倍以上。

在制造业领域，矿用皮带异物智能分拣机器人在多家煤矿实现应用（图3-5）。机器人布置于皮带运输系统的特定位置，能够在皮带运行过程中实现对皮带带面大块矸石、枕木、锚杆等异物的自动识别和抓取功能，并放至指定地点。机器人适应带速大于等于4 m/s，抓取成功率大于等于90%，抓取时间小于等于150 ms，实现了物料与异物的分离，与人工分拣相比，效率提升 50%，成本降低 20%，整体提升了安全水平。

在再生资源回收领域，福州新供（永丰）绿色数智分拣中心投入使用后，满足废塑料等再生资源处理规模约60吨/日；首期实现年分拣处理废塑料可达2万吨。两条废塑料数字化智能分拣线全过程应用自动化控制系统，实现了一键操作、全自动化智能分拣（图3-6）。

光选机和智能分拣机器人应用 AI 图片高速识别技术，可自动化识别可回收物并高速分拣，准确率高达 95%以上。分拣中心能够在有限的空间内实现最大的产能，降低能耗和生产成本。

这些应用实例表明，智能分拣技术已经在多个领域得到广泛应用，并取得了显著的成效。随着技术的不断进步和应用场景的不断拓展，智能分拣技术将在更多领域发挥重要作用。

3.1.3 基于视觉的表面缺陷检测

基于视觉的表面缺陷检测是一种先进的检测技术，广泛应用于工业制造、医疗设备、电子产品等多个领域。基于视觉的表面缺陷检测主要利用图像处理和分析技术，通过高分辨率的图像采集设备获取产品或材料的图像，并利用图像处理算法对图像进行预处理、目标区域分割、特征提取和选择及缺陷的识别分类。这一过程依赖于计算机视觉技术和机器学习算法，特别是深度学习算法的应用，使得检测系统能够自动学习和识别各种缺陷特征。

视觉检测采用非接触的工作方式，避免了传统机械装置接触检测法可能带来的损伤和污染问题。视觉检测系统能够实现对微小缺陷的高精度检测，并且检测速度快，能够适应现代化生产线的快节奏。同一台视觉检测设备可以实现对不同产品的多参数检测，为企业节约设备开支。通过机器学习和深度学习算法的应用，视觉检测系统能够自动学习和优化检测模型，提高检测的准确性和效率。

在工业制造领域，如钢板、玻璃、印刷、电子、纺织品、零件、水果、木材、瓷砖、钢轨等生产作业中，视觉检测技术被用于检测产品表面的划痕、裂纹、污渍、凹凸坑等缺陷；在航空制造业中，视觉检测技术被用于检测飞机零部件的完整性和功能性；在汽车制造业中，视觉检测技术被用于检测车体金属表面的划痕和凹痕缺陷。

在医疗设备领域，医疗设备的表面缺陷如划痕、裂纹、污渍等不仅影响设备的外观，还可能对其性能和使用寿命造成严重影响。视觉检测设备利用图像处理技术和计算机视觉技术，能够对医疗设备的表面进行全方位、高精度的检测，确保医疗设备的卫生安全和性能稳定。

在电子产品领域，在智能手机、平板电脑等电子产品的生产过程中，视觉检测技术被用于检测屏幕、外壳、电池等部件的缺陷。例如，检测盖板玻璃上的划伤、压伤、破损等缺陷，以及手机电池表面的漏气、焊点等问题。

卡奥斯机器视觉表面缺陷检测系统深耕卷状材料瑕疵检测，提供智能化、可定制的表面缺陷检测服务。基于自研光学系统、3D缺陷图像采集和三层嵌套算法等核心技术，以及“光学+算法+数据”的机器视觉技术架构，此系统检测精度最高可达到0.02 mm，高于行业平均水平2.5倍；最大过检速度可达20 m/s，同样高于行业平均水平2.5倍。依托机器学习和人工智能技术，系统可根据用户对缺陷类别的定义，进行自我学习、自动分类，检测分类准确率达95%。该系统广泛应用于金属卷材（图3-7）、薄膜类、无纺布（图3-8）等十四个细分行业。卡奥斯在铜箔铝箔视觉表面缺陷检测等细分场景中占据市场领先地位，与众多铜箔头部企业建立了良好的长期合作关系。

图3-7 金属卷材表面缺陷检测

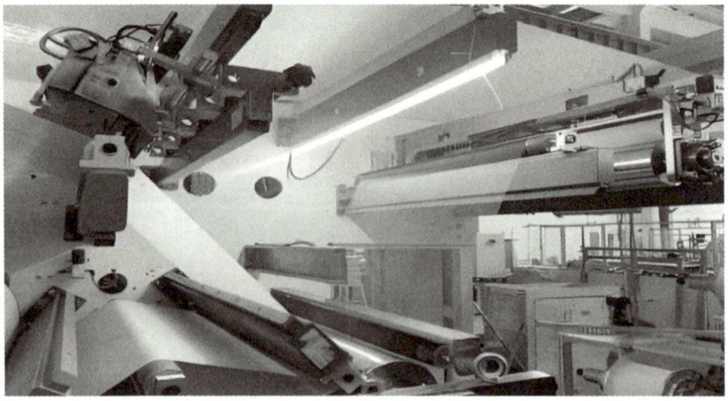

图3-8 薄膜/无纺布/纸缺陷检测

赤霄科技工业视觉平面类表面缺陷检测系统利用机器图像视觉检测设备系统代替烦琐低效的人工检测，最高检测精度可达20 μm，速度可达行业平均速度的8倍。在线阵扫描方案基础上增加机器学习能力，能够针对锂电极片（图 3-9）及隔膜材料表面的褶皱、黑点、针孔等进行检测，检出精度高达 20 μm，速度可达 800~1 200 m/min，均为行业领先水平。目前，该公司已在锂电池上游材料检测领域积累上百家优质客户，与众多细分领域头部企业建立了良好的长期合作关系，该系统也将逐步在膜行业、无纺布行业、纸行业等表面检测中落地应用。

图 3-9　锂电极片缺陷检测

TAC 偏光片表面缺陷在线检测系统（霍克视觉）凭借先进的视觉成像技术、定制化打光方案以及人工智能算法，具备高速在线检测和强大的数据处理能力。它能够自动识别和判断 TAC 偏光片表面的缺陷信息，如透光点、暗线、蹭伤等数十种缺陷，具备高效准确、实时监测、自动化、可扩展性、智能化、非接触式、高精度、24 小时不间断检测等优势，专注于 TAC 偏光片的质量控制，为 TAC 偏光片的产品质量保驾护航。（图 3-10）

图 3-10　TAC 偏光片表面缺陷检测

复合集流体表面缺陷在线检测系统（霍克视觉）融合了最新的 AI 算法和深度学习模型，具备高速在线检测和强大的数据处理能力，能够自动识别和判断复合集流体表面的缺陷信息，如凹凸点、飞溅、密集麻点等。通过高精度、高分辨率的相机与图像处理技术，对复合集流体的表面缺陷进行精细化检测和控制。该系统专注于复合集流体的质量控制，助力企业及时调整生产工艺，改进产品质量。（图 3-11）

图 3-11　复合集流体表面缺陷检测

市场上的基于视觉的表面缺陷检测系统产品各具特色，广泛应用于不同的表面缺陷检测中。

随着计算机技术、信息技术、电子技术、传感器技术和仿生技术等的发展，机器视觉检测方法得到迅速的发展。未来，基于视觉的表面缺陷检测技术将更加注重算法的优化和创新、系统的集成化和智能化，以及应用场景的拓展和深化。同时，随着人工智能、大数据等技术的不断融入，视觉检测系统的智能化水平和检测能力将得到进一步提升。

3.1.4　基于声纹的产品质量检测与故障判断

基于声纹的产品质量检测与故障判断是一种利用声纹识别技术对产品进行质量检测和故障判断的方法。声纹识别技术的核心在于通过特定的算法对设备发出的声响进行分析与判断，进而识别产品的性能状况。这一过程不仅依赖于大量数据的训练，还涉及机器学习与深度学习等前沿技术，从而实现对音频信号的精准分类和识别。声纹识别技术是一种非接触式的检测手段，不会对设备造成任何损伤，适用于各种环境下的设备检测。声纹识别技术具有极高的灵敏度，能够捕捉到设备发出的微弱声响，从而实现对设备状态的精准判断。并且，声纹识别技术可以实现对设备状态的实时监测和判断，有助于及时发现并处理设备故障。

在家电产品生产过程中，音质的检测一直以来依赖于人工经验。然而，人耳的局限性容易导致误判和漏判。随着人工智能技术的发展，声纹识别技术逐渐应用于家电质检领域，可实现高达 99% 以上的精准检测率，不仅提高了质检的准确度，还显著提升了质检效率。

在电缆故障诊断领域，声纹识别技术也展现出了巨大的潜力。通过采集电缆的声音信号，利用声纹识别技术进行分析和判断，可以实现对电缆故障的精准定位。

声纹识别技术还被用于开关柜的监测与故障诊断。通过部署声纹采集装置，采集开关柜不同部件的声音信号，提取声纹特征来辨识、定位故障，提高了开关柜部件的故障诊断识别率，降低了虚警率。

AI 声纹质检系统已在海尔和格力等家电企业落地使用，覆盖空调内机、外机，洗衣机，热水器等品类，质检产品已达200 万台，精准度超过 99%（图 3-12）。这一技术不仅提高了质检的精度和速度，还有效降低了人工成本。AI 声纹质检系统通过实时接收和分析产品在工作状态下所产生的声音，能够精准判断产品的性能状况。同时，该系统还利用生成对抗网络（Generative Adversarial Network，GAN）增强模型的生成能力，使 AI 对不同的声音特征有更强的适应性和准确性。这一应用不仅提高了质检的准确度，还显著提升了质检效率，为企业的产品质量控制提供了有力保障。

图 3-12　声纹质检智能化工厂

国网安徽电力等单位研发的声纹检测装置，能够“听”出变压器内部的异常，从而实现对电力设备的故障判断。变压器等电力设备运行时产生的声学信号包含大量的状态信息。当设备出现异常时，声纹会随之改变。传统的依靠运维人员经验判断异常的方法存在主观性强、错检漏检风险高的问题。国网安徽电力等单位研发的声纹检测装置，通过捕捉、识别设备运行中细微的声音变化，利用声纹识别技术将设备故障的信息呈现出来。该装置已在多个变电站安装应用，并成功研判出多起运行设备异常情况。声纹识别技术在电力领域的深化应用为电网的安全稳定运行提供了有力的保障。

在淮南矿业集团顾桥煤矿等矿山，科大讯飞的声纹质检设备也发挥了重要作用。通过对主井提升系统中的绞车和天轮两个主要设备进行声纹在线智能监测，模仿煤矿检修工的“耳朵”，做到 7×24 小时不间断值守，发现异常情况立即触发警报。该方案满足了采矿业“减人”和“提效”的趋势要求，大幅节省人力成本。

随着人工智能技术的不断发展和应用，基于声纹的产品质量检测与故障判断技术将在更多领域得到应用。未来，该技术有望实现更高水平的智能化和自动化，为产品质量控制和设备故障预防提供更加强有力的支持。

3.1.5 预测性维护

预测性维护的核心理念是在设备运行时通过定期或连续的状态监测和故障诊断，来预测设备未来的发展趋势。它利用高级传感器技术、数据分析和人工智能等先进技术，实现对设备状态的实时监测和分析，从而预测设备可能出现的故障模式，并在故障发生之前制订相应的维修计划。

在航空发动机领域，智能监测技术通过集成传感器、数据采集系统和高级分析工具，持续跟踪发动机的关键性能指标，如温度、压力、振动、推力、轴功率、燃油消耗、重量、操作性、噪声和排放污染物等。这些数据不仅可以实时反映发动机的运行状态，还可以通过高级数据分析揭示潜在的性能退化和故障风险。如利用机器学习算法对收集的数据进行分析，识别出潜在的故障模式和趋势，构建预测模型。基于预测模型，提前识别出设备的异常状态，并通过实时警报系统通知相关人员。根据预测结果和设备状态，制定合理的维护计划，并在故障发生前进行维护。设备预测性维护能够优化维护计划，减少不必要的检查和修复，提高飞行安全和运营效率。

在汽车制造、电子制造等工业领域，生产线的稳定运行对于产品质量和生产效率至关重要。然而，生产线上的设备种类繁多、故障频发，传统的人工巡检和定期维护方式难以满足实际需求。通过部署基于进阶精简指令集机器架构的边缘计算控制器和各类传感器（如温度、振动传感器等），实现对生产线上设备的实时状态监测和数据分析。当控制器检测到设备异常时，会立即发出预警信号，并采取相应的维护措施。预测性维护显著降低了因设备故障导致的停机时间，提高了生产效率。同时，通过优化维护计划，可降低维护成本。例如，某汽车制造厂在实施预测性维护后，设备平均无故障时间提高了约 30%，维修成本降低了 25%。

在医疗设备领域，由于医疗设备种类繁多、运行环境复杂，传统的人工巡检和定期维护方式难以满足实际需求。在医疗设备上安装各种传感器，收集设备的运行数据，包括温度、振动、电流、电压等信息。利用数据分析和机器学习等技术，建立设备故障预测模型，实现对设备故障的早期预警和预测性维护，可提高医疗服务质量，降低维护成本。通过延长设备使用寿命，减少了医疗设备的投资成本。同时，预测性维护能够将设备的维护和检修工作安排在设备使用量较低的时间段，避免了对医疗服务的影响。

在风电机领域，风电机运维成本占整个风电系统成本的 28%～33%。由于人工运维效率不高，风电机故障停机时间长，造成大量的发电损失。在风电机上增加新型传感器，采集风电机运行状态数据，如倾角、叶片载荷、机舱湿度、大气压力、火情识别、发电机绕组温度、轴承温度、油位、压力、电压电流互感数据等。通过人工神经网络对采集到的数据进行分析、建模、预测，对设备健康状态进行预测识别并制定维护策略。预测性维护大大降低了设备运维成本，减少了设备故障停机时长，提高了设备的运维效率。

随着 5G 网络的普及及边缘计算技术的成熟，预测性维护将迎来新一轮爆发式增长。更加智能的算法有望进一步提升预测准确率，跨行业合作也将成为重要趋势，推动整个产业链向着智能化方向发展。

3.1.6 数字孪生

数字孪生是一种基于数字技术的概念，它是指对于现实世界中的物理实体或系统，通过数字化的方式建立一个虚拟的、与之相对应的数字化模型，从而实现对物理实体或系统的监测、仿真、预测和优化等操作。数字孪生系统能够融合来自不同部门、不同行业、不同系统、不同数据格式的海量数据，实现各个领域的数据融合。通过三维建模和可视化技术，数字孪生系统能够高度还原物理对象的形状、材料、纹理细节及复杂的内部结构，实现高精度、超精细可视化呈现。利用物联网设备和传感器实时收集数据，数字孪生系统能够对物理对象的状态和性能进行即时监控，并预测其未来行为。结合专业的分析和预测模型，数字孪生系统能够为用户提供全面的决策支持，帮助用户做出更明智的决策。数字孪生将物联网、大数据、云计算、人工智能等前沿技术进一步融合，应用场景广泛，涵盖了制造、医疗、交通、城市规划等多个领域。

在制造业中，数字孪生技术结合人工智能，可以实现对生产过程的精准模拟、优化和监控。通过构建产品的数字孪生模型，可以在虚拟环境中进行产品设计、测试和验证，无须制造实体原型，从而大大缩短产品开发周期，降低研发成本。利用数字孪生，可以实时监测生产线的运行状态，并通过人工智能算法对生产数据进行分析，发现潜在的生产瓶颈，优化生产流程，提高生产效率。通过数字孪生，可以模拟设备的运行状态，预测设备的故障趋势，从而提前进行维护，避免设备故障导致的生产中断。(图 3-13)

图 3-13 “木棉树”工业数字孪生系统

在医疗领域，数字孪生主要应用于个性化医疗、手术模拟和培训等方面。基于患者的数字孪生模型，医生可以更精确地诊断疾病，制订个性化的治疗方案。通过模拟不同治疗方案的效果，医生可以选择最优的治疗方案，提高治疗效果。利用数字孪生，可以创建患者的三维模型，并在虚拟环境中进行手术模拟。这不仅可以提高医生的手术技能，还可以降低手术风险。

在交通领域，数字孪生结合人工智能，可以实现对交通系统的智能管理和优化。通过构建交通系统的数字孪生模型，可以实时监测交通流量、路况等信息，并通过人工智能算法对交通数据进行分析，优化交通信号控制，缓解交通拥堵。在自动驾驶汽车的研发过程中，可以利用数字孪生创建虚拟测试环境，模拟各种路况和驾驶场景，对自动驾驶算法进行测试和验证，提高自动驾驶汽车的安全性和可靠性。

在城市规划领域，数字孪生主要应用于城市模拟、优化和决策支持等方面。通过构建城市的数字孪生模型，可以模拟城市在不同规划方案下的运行状态，如交通流量、能源消耗、环境污染等，为城市规划提供科学依据。基于数字孪生模型的分析结果，城市规划者可以优化城市设计方案，提高城市的可持续性、宜居性和交通效率。

在能源领域，数字孪生结合人工智能，可以实现对能源生产和消耗过程的精准模拟和优化。通过构建能源生产系统的数字孪生模型，可以模拟不同生产策略下的能源产出和成本，选择最优的生产方案，提高能源生产效率。利用数字孪生技术，还可以实时监测和分析能源消耗数据，发现能源浪费问题，提出节能措施，降低能源消耗成本。（图 3-14）

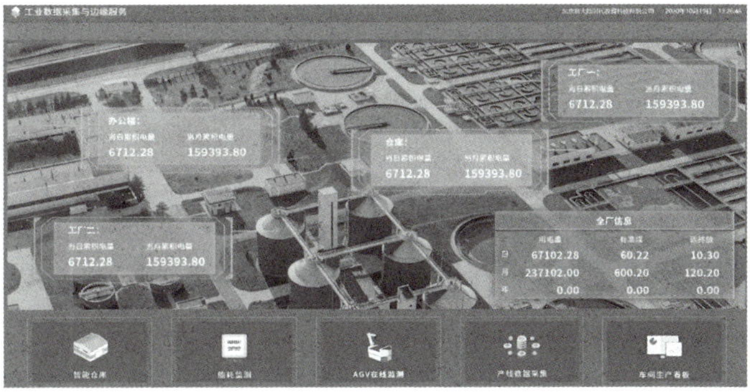

图 3-14　能源监测工作站

在农业领域，数字孪生主要应用于精准农业和农作物生长模拟等方面。通过构建农田的数字孪生模型，可以实时监测土壤湿度、养分含量等农作物生长环境参数，结合人工智能算法对农作物生长数据进行分析，为精准施肥、灌溉等农事操作提供依据，还可以模拟不同气候条件下农作物的生长过程，预测农作物的产量和质量，为农业生产决策提供支持。（图 3-15）

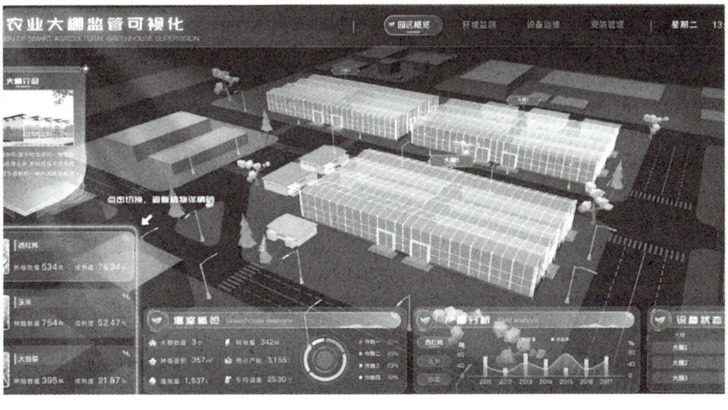

图 3-15　“易知微”智慧大棚

随着技术的不断进步和应用场景的不断拓展，数字孪生将在更多领域发挥重要作用，推动各行各业的智能化和高质量发展。

3.2 机器视觉缺陷检测关键技术

3.2.1 关键技术与方法

机器视觉缺陷检测是一项通过计算机图像处理技术实现自动化检测和识别产品缺陷的技术，它的关键技术与方法主要包括以下几个方面。

1. 光源与相机的选择

光源选择的合理性直接影响到图像的质量与应用效果。针对每个不同的应用案例与环境，需要选择相应的光源与合理的照明方式，以求达到最好的应用效果。工业相机按照芯片类型可以分为 CCD 相机、CMOS 相机等。在选择相机时，需要考虑分辨率、像素深度、帧率、曝光方式等参数，以确保图像采集的质量和效率。

2. 图像获取与预处理

通过合适的光源和相机设备，获取高质量的工件图像。图像的分辨率和清晰度对后续的缺陷检测和识别非常重要。为了提高图像的质量以便更好地进行特征提取和缺陷识别需要对图像进行预处理，这一步骤通常包括图像去噪、图像增强、图像平滑等操作。

3. 特征提取与分析

利用图像处理算法提取工件图像中的特征信息，如形状、颜色、纹理等，将其转化为可供机器识别和分析的数据。基于提取的特征信息进行缺陷的定位、识别、分级等操作。该过程利用机器学习算法（如深度学习）对检测到的缺陷区域进行分类和筛选决策，判断是否为真正的缺陷。

4. 缺陷分类与定位

通过机器学习算法和模式识别技术，对提取的特征进行分析与比对，并判断出缺陷的类型。确定缺陷在工件上的具体位置，以便后续的处理和修复。

研究者使用不同算法在 PCB 缺陷检测领域进行了大量尝试。例如，基于形态学分割和图像差分的一种混合算法，成功检测出缺陷；基于 NI 视觉辅助的算法将标准 PCB 图像与待检 PCB 图像进行比较，成功检测出 PCB 中蚀刻不足的缺陷；通过计算测试图像和参考图像之间的不同，对候选区域进行高精度检测，最后提取特征并识别出缺陷；将标准数据库引入 PCB 缺陷检测中可更有效检测缺陷；利用图像差分、图像减法、图像加法、图像比较等算法成功识别缺孔、针孔、蚀刻不足、短路和开路缺陷等。

5. 算法应用与优化

针对具体的应用场景优化图像处理算法，如图像去噪、图像增强与复原、缺陷检测和目标分割等，以提高图像质量并突出缺陷特征。近年来，随着计算机算力的提升和大模型的发展，机器学习与深度学习算法得到广泛的应用。通过训练模型，系统能够自动学习并理解缺陷的各种形态特征，实现更加智能化、自适应的检测能力。

3.2.2 卷积神经网络

卷积神经网络（Convolutional Neural Network，CNN）是一类包含卷积计算且具有深度结构的前馈神经网络，是深度学习的重要代表算法之一。CNN 的设计灵感来源于生物的视知觉机制，它能够模拟人类视觉处理的方式，特别适用于图像识别、目标检测、图像生成等领域。

卷积神经网络由以下几个部分组成：输入层（input），卷积层（convolution），池化层（pooling），全连接层（full-connection）和输出层（output），如图 3-16 所示。

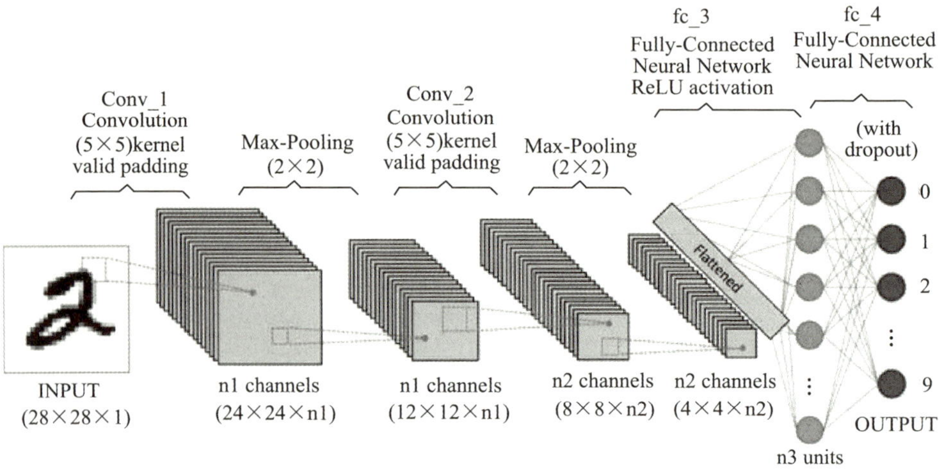

图 3-16　卷积神经网络的架构

1. 输入层

在输入层中，主要进行输入数据处理，有两种常用方法：

（1）去均值：把数据的各个维度均中心化为 0。

（2）归一化（Normalization）：调整输入数据到相同的范围之内，以避免数据之间的差距过大而造成的干扰。

2. 卷积层

卷积层负责对数据进行卷积运算。卷积运算的主要目的是增强原数据的特征信息，并减少噪声。卷积运算一共有三个步骤：

（1）求点积：如图 3-17 所示，将维度为 5×5 的输入矩阵中深色区域中的每个元素分别与其对应位置的权值（右下角数字）相乘，然后再相加，所得到的值作为维度为 3×3 的输出矩阵（右侧矩阵）的第一个元素。

（2）滑动窗口：如图 3-18 所示，将维度为 3×3 的权值矩阵向右移动一个格，即步长为 1。

（3）重复操作：同样地，将此时深色区域内每个元素分别与对应的权值相乘然后再相加，所得到的值作为输出矩阵的第二个元素；重复上述“求点积—滑动窗口”的操作，直至得到输出矩阵所有值。卷积核在二维输入数据上“滑动”，对当前输入部分的元素进行矩阵乘法运算，然后将结果汇为单个输出像素值，重复这个过程直到遍历整张图像，这个过程就叫作卷积，这个权值矩阵即卷积核。卷积操作后的图像称为特征图。

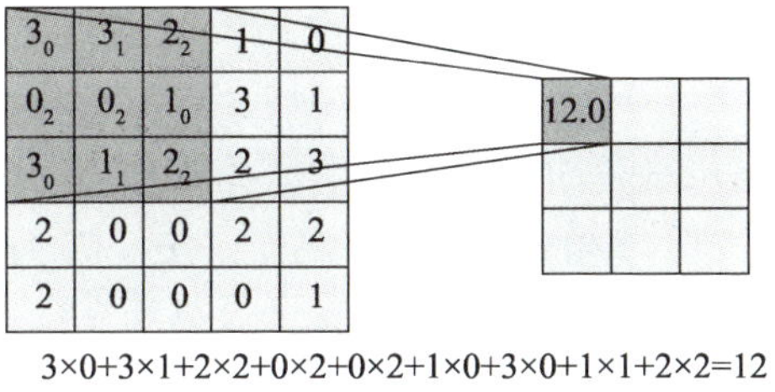

图 3-17 求点积操作

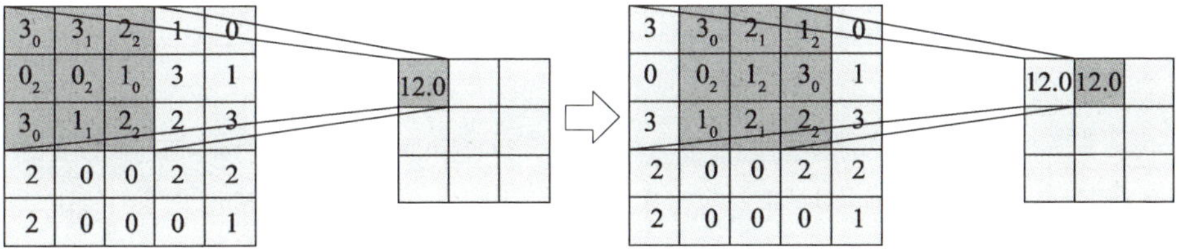

图 3-18 卷积操作

3. 池化层

在卷积层之后常常紧接着一个池化层，主要目的是减小矩阵的长和宽及减少输入矩阵的参数。计算图像一个区域上的某个特定特征的平均值或最大值，这种聚合操作就叫作池化。常用的池化方法有两种：

（1）均值池化：对池化区域内的像素点取均值，这种方法常用于获取图像背景信息，因为得到的特征数据对背景信息更敏感。

（2）最大池化：如图 3-19 所示，对池化区域内所有像素点取最大值，这种方法常用于获取图像纹理特征信息，因为得到的特征数据对纹理特征信息更加敏感。卷积层的作用是获取上一层的局部特征，而池化的作用是合并相似的特征，目的是降维。

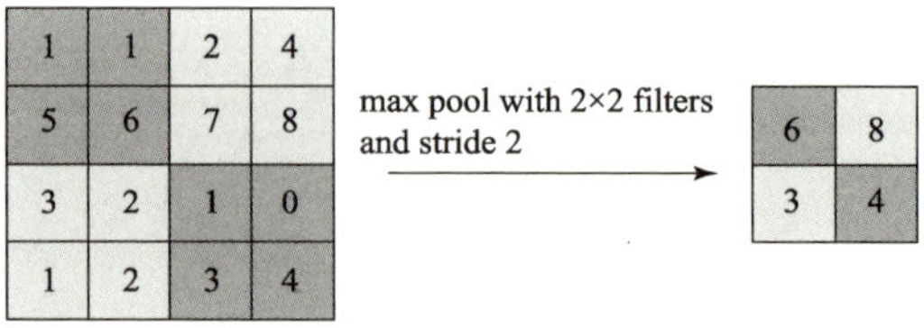

图 3-19 最大池化

4. 全连接层

全连接层的作用是连接所有的神经元，向下一层神经元传递数据，上一层的每个神经元和下一层的神经元都相互连接，因为用到了所有局部特征，所以叫全连接层。全连接层一般在所有的卷积层和池化层之后，在输出层之前，对数据进行分类。

5. 输出层

输出层一般在全连接层之后，输出层通过全连接层的激活函数输出各个图像类别的概率。

激活函数可以选择性地对卷积神经网络中的神经元节点进行特征增强或减弱，增强激活有用的目标特征，减弱无用的特征，从而可以解决非线性问题。常见的激活函数有 Sigmoid 函数、Tanh 函数、ReLu 函数和 Softmax 函数等。

在卷积神经网络发展的历程中，有不少经典卷积神经网络模型，它们在卷积神经网络的发展历程中有重要意义。AlexNet 是一个经典的卷积神经网络模型，它采用了两种方法避免过拟合。第一种方法是使用 Dropout 单元，即以一定的概率（如 0.6）将神经元的输出设置为 0，每一个样本尝试了一种新的神经网络结构，每种神经网络的权重共享，降低了神经元复杂且相互依赖的关系。但 AlexNet 也有缺点，其收敛所需要的迭代次数增加了一倍左右。第二种方法是数据增强，即对样本图像进行缩放、随机裁剪、水平翻转、上下翻转，改变对比度和白化处理等。在 AlexNet 之后，又出现了多种卷积神经网络模型，如 VGGNet、GoogleNet 等。VGGNet 是加深版本的 AlexNet，有 VGG16 和 VGG19 两种，分别是 16 层和 19 层的卷积神经网络模型。而 GoogleNet 的深度比 VGGNet 更深，达到了 22 层，同时在网络不同深度增加了损失函数来避免反向传播梯度消失。GoogLeNet 的一大特点就是使用了 Inception 模块。在 Inception 出现之前，大部分流行卷积神经网络仅仅是不断增加卷积层和池化层，使网络越来越深，以此希望能够得到更好的性能，而 Inception 模块在 3×3 卷积层和 5×5 卷积层之外还增加了 1×1 卷积层，1×1 卷积层起到了降维的作用，同时增加了网络的宽度和深度。这些模型呈现的趋势是网络的深度和宽度不断扩大，并且模型准确率也越来越高，收敛所需要的时间也越来越短。

随着深度学习方法的广泛应用和数值计算设备的改进，如今 CNN 仍然在快速发展、迭代，并在图像识别、自然语言处理等领域取得了显著成效。

3.2.3 目标检测算法

深度学习中的目标检测算法被广泛应用于缺陷检测中。进入深度学习时代以来，目标检测算法发展主要集中在两个方向：two-stage 算法和 one-stage 算法。two-stage 算法是一种基于候选区域的检测算法，检测原理是利用算法生成候选区域，对候选区域中的内容进行判别，最后修正候选区域的位置，进行高精度的物体检测，代表性算法有 R-CNN、Fast R-CNN、Faster R-CNN、Mask R-CNN。(图 3-20) 而 one-stage 算法会直接在网络中提取特征来预测物体的类别概率和位置坐标值，经过单次检测即可得到最终的检测结果，因此，one-stage 算法具有检测速度快的特点，较典型的算法有 YOLO 系列和 SSD 等。(图 3-21)

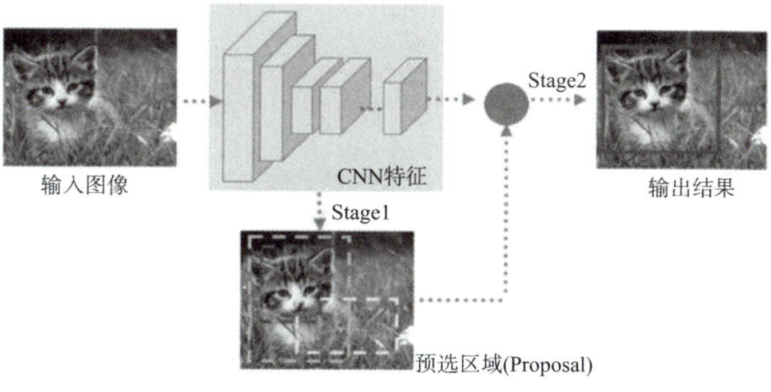

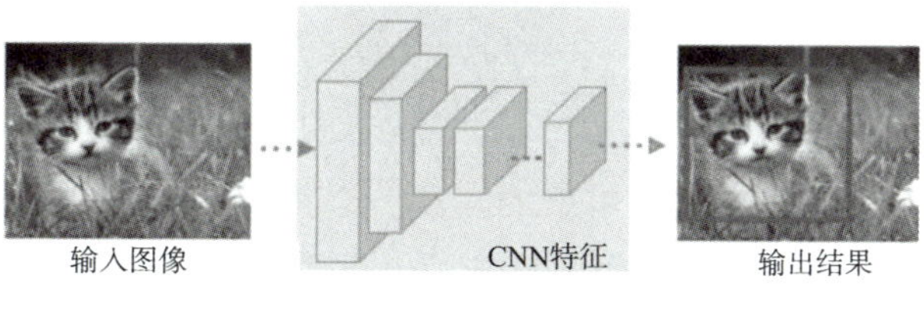

图 3-21　one-stage 算法结构

目前表现优异的缺陷检测算法大多是根据

实际应用场景对目标检测算法的改进或集成。例如，Faster R-CNN 算法包括两个步骤：

（1）使用区域提议网络（region proposal network，RPN）提取区域信息。

（2）使用 R-CNN 算法对候选区域位置进行预测和物体类别识别。

研究者们利用残差网络代替 VGG 网络作为 Faster R-CNN 的主干网络，改进 Faster R-CNN 算法。实验表明，改进后的算法在 PCB 缺陷检测中检测性能良好。

大模型 YOLO（You Only Look Once）是一种先进的深度学习目标检测算法。YOLO 主要用于目标检测领域（机器视觉子领域），通过单次查看即可完成对图像中物体的识别和定位，具有速度快、准确率高、可解释性强和适用性广等优点，是当前目标检测领域最重要的算法之一。YOLO 算法的基本特点如下：

（1）速度快：YOLO 是一种端到端的算法，可以在一次前向传递中同时检测多个对象，因此速度非常快，适用于实时应用。在 GPU 上运行时，YOLO 可以实现较高的检测速度。

（2）准确率高：YOLO 使用整个图像进行预测，能够捕获全局上下文信息，从而提高检测准确率。随着版本的迭代，YOLO 的检测精度还在不断提升。

（3）可解释性强：YOLO 使用单个神经网络进行预测，可以直接输出边界框的坐标和类别概率，易于理解和解释。

（4）适用性广：YOLO 可以应用于各种不同的目标检测任务，包括人体姿态估计、车辆检测、行人检测等。

YOLO 是一个开源大模型，最初由约瑟夫·雷德蒙（Joseph Redmon）等人在 2015 年提出，后续版本由不同机构提出。随着 YOLO 模型的传播和人们对它的认可度的提高，越来越多的研究机构和个人开始投入到 YOLO 的改进和开发中，从而产生了不同版本的 YOLO 模型。这种开放的模式，让 YOLO 模型更新速度特别快。YOLO 不同版本发展时间线如图 3-22 所示。

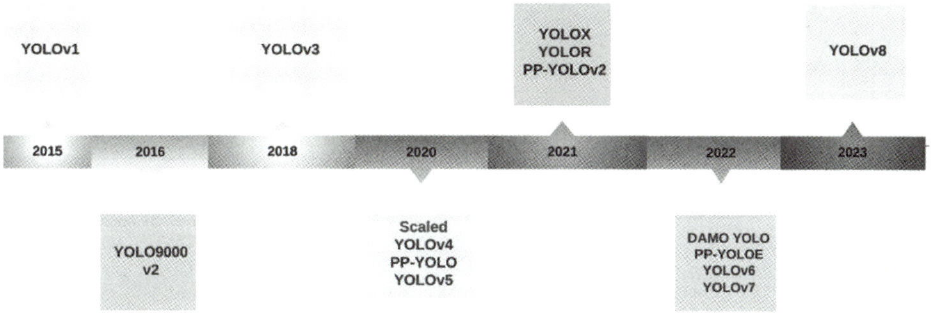

图 3-22 YOLO 模型不同版本发展时间线

YOLO 将目标检测定义为一个单一的检测问题，计算从图像像素直接到边界框的坐标和类别概率。用一个卷积神经网络可同时预测多个边界框和这些框类别的概率。模型在完整的图像上训练，并直接优化检测性能。如图 3-23 所示，YOLO 将输入图像分成 7×7 个的网格。如果一个目标的中心落入一个网格单元中，该网格单元负责检测该目标。每个网格单元预测这些格子的边界框和置信度分数。这些置信度分数反映了该模型对格子是否包含目标的置信度，以及预测格子的准确程度。

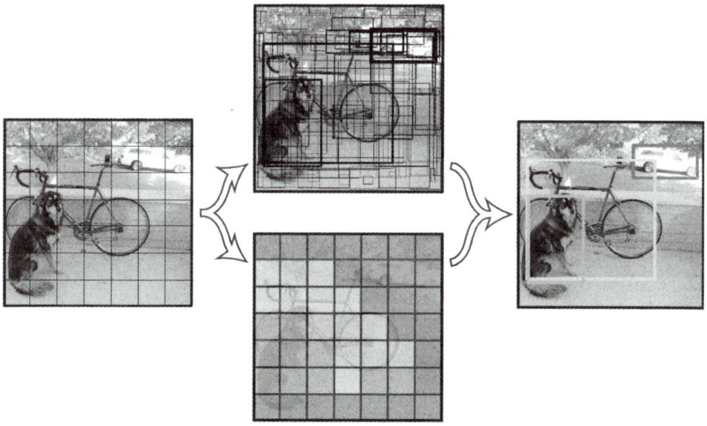

图 3-23 YOLO 模型原理

YOLO 模型是基于深度卷积神经网络进行训练和设计的，其模型结构如图 3-24 所示。网络有 24 个卷积层和放置在最后的 2 个全连接层。YOLO 模型将输入图像划分为多个网格（7x7），每个网格负责预测该区域内目标的存在性、类别和位置，这使得 YOLO 能够同时检测多个目标，并有效处理目标之间的重叠和遮挡问题。

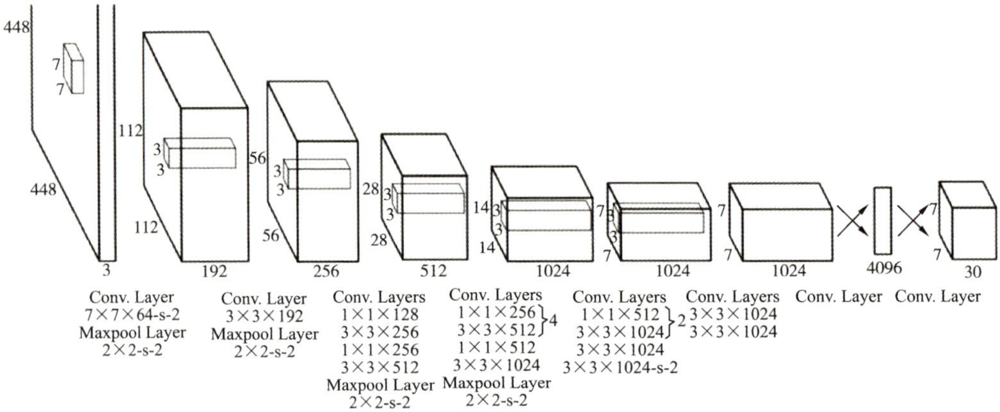

图 3-24 YOLO 模型结构

因为 YOLO 模型是开源的，且参与开发的人较多，因此 YOLO 版本迭代非常快，YOLO 各版本更迭信息见表 3-1。

表 3-1 YOLO 模型版本更迭信息

版本	发布时间	发布者	功能升级
YOLOv1	2015	约瑟夫·雷德蒙和阿里·法哈迪等人	
YOLOv2	2016	约瑟夫·雷德蒙和阿里·法哈迪等人	改进点：引入了批量归一化、高精度的分类器、锚框（Anchor Box）、维度聚类、多尺度训练和测试等技术，显著提高了模型的精度和鲁棒性。 模型架构：使用 Darknet-19 作为基础网络，减少了计算量和参数数量，提高了处理速度和模型运行效率。
YOLOv3	2018	约瑟夫·雷德蒙和阿里·法哈迪等人	多尺度检测：借鉴了特征金字塔网络（Feature Pyramid Network，FPN）的思想，通过在不同尺度的特征图上进行预测，增强了模型对不同大小目标的检测能力。 多尺度锚点：引入了三种不同尺度的锚框，分别对应于输入图像的 1/32、1/16 和 1/8 尺度的特征图。这种设计能够更好地检测不同尺寸的物体，尤其是小物体。 模型架构：选择 Darknet-53 作为骨干网络，拥有更深的网络结构（53 层卷积层），能够学习到更复杂的特征表示。

续表

版本	发布时间	发布者	功能升级
YOLOv4	2020	阿列克谢·博奇科夫斯基（Alexey Bochkovskiy）、王建尧（Chien-Yao Wang）和廖弘源等人	引入新技术：使用了多种数据增强方法（如 Mosaic、CutMix 等），多种优化方法（如 CmBN、DropBlock 等），以及多种检测技巧（如 CIoU、SPP、SAM、PAN、DIOU-NMS 等）。 模型架构：采用了 CSPDarkNet-53 作为主干网络，该网络在通过跨阶段部分连接提高了特征提取能力的同时减少了计算量。
YOLOv5	2020	Ultralytics LLC	锚框优化：基于训练数据自动学习锚框，这一改进使得 YOLOv5 能够更好地适应不同数据集和目标大小的变化。 数据增强：采用了更先进的数据增强策略，如马赛克增强等，以增加训练数据的多样性并提高模型的泛化能力。此外，还采用了自适应训练策略，可以根据模型在不同数据集上的表现自动调整训练参数，进一步提高模型的性能。 模型架构：同样使用了 CSPDarknet-53 作为主干网络，但在网络结构的一些部分进行了优化。
YOLOv6	2022	美团公司	模型架构：引入了 RepVGG style 结构。这种结构在训练时具有多分支拓扑能力，能有效利用计算密集型硬件的计算能力，并提升内存带宽利用率。 多平台支持：支持 GPU、CPU、ARM 等不同平台部署，简化了工程部署时的适配工作。 灵活性和高效性：支持多种输入尺寸和批量大小，使得模型更加灵活。同时，通过优化网络结构和训练策略，在保证精度的同时提高了运行速度。
YOLOv7	2022	王建尧和廖弘源等人	网络结构：在 YOLOv4 的基础上进行了改进，在 Backbone 中引入了E-ELAN等新的网络结构，以增强特征提取和融合能力；同时，合并了 Neck 层与 Head 层，使得网络结构更加紧凑。 速度精度优化：通过在网络结构、激活函数、数据增强等方面的改进和优化，实现了更快的速度和更高的精度。

续表

版本	发布时间	发布者	功能升级
YOLOv8	2023	Ultralytics LLC	网络结构：继续采用了 CSPDarknet-53 作为其主干网络，但优化了网络结构，引入了 PANet 模块，用于在不同尺度上聚合特征图，提升模型对不同尺寸目标的检测能力。 训练策略优化：在训练时采用更丰富的数据增强策略，包括旋转、翻转、缩放等，以提高模型对各种变形的适应能力；在不同尺度下进行训练，使得模型能够更好地适应多尺度目标；采用动态学习率调度策略，有助于加速收敛和提高模型性能。 损失函数优化：采用了改进的 CIoU 损失函数，有助于更准确地度量目标框的相似度；同时使用 DFL Loss 和 CIOU LoSS 作为回归损失，以更好地处理正负样本不平衡的问题。

有研究者提出在 YOLOv3 检测算法的基础上加入 K-means，以获得更适用于 PCB 数据集的锚框，利用该算法进行 PCB 缺陷检测，检测精度和定位精度都有明显提升。

视野拓展

在目标检测领域中，使用业界承认的 ImageNet、COCO 等公开数据集进行算法性能验证是检测模型的最好方法。采用所有类别平均准确率（mean Average Precision，mPA）作为评价模型准确率性能的指标，用每秒内可以处理的图片数量（帧率）作为评价模型检测速度性能的指标。相同环境下，帧率越大，检测速度越快。表 3-2 是对主流算法进行的性能指标参数比较。可以看出，Faster R-CNN 在 VOC 2007 数据集的 mAP 值为 73.2%，检测速度为 7 帧/s。Faster R-CNN 可修改性很强，所以修改后的 Faster R-CNN 算法可广泛应用于工业检测。总体来说，two-stage 算法更适用于对生产的安全性、高效性、完整性要求高的自动化生产的工业场景。YOLOv4 在 MS COCO 数据集的 mAP 值为 43.5%，对小目标物体有较强的泛化能力，检测速度达到了 23 帧/s。最新的 one-stage 目标检测算法的检测精度已达到工业应用标准，且检测速度达到了近实时水平，适用于对实时性有较高要求的应用场景。总体来说，one-stage 算法更适用于有实时检测需求的应用场景。随着算法结构的设计越来越复杂，算法未来的发展方向一定是在精度提升的同时保证较快的检测速度，且部署量级需足够小。

表 3-2 主流目标检测算法性能指标参数比较

算法	测试集	mAP/%	检测速度/(帧/s)	模型类型
R-CNN	VOC 2007	66	0. 5	two-stage
Fast R-CNN	VOC 2007	70	7	two-stage
Faster R-CNN	VOC 2007	73. 2	7	two-stage
YOLOv1	VOC 2007	66. 4	45	one-stage
YOLOv2	VOC 2007	78. 6	40	one-stage
YOLOv3	MS COCO	33	51	one-stage
YOLOv4	MS COCO	43. 5	23	one-stage
SSD	VOC 2007	77. 1	46	one-stage

经过多年努力，国内也出现了一批优秀的机器视觉检测系统企业，使得国内机器视觉检测系统逐渐完善，推动了国内机器视觉检测的发展。

随着技术的不断进步和应用场景的拓展，机器视觉缺陷检测技术将在更多的工业领域发挥重要作用，推动工业企业的智能化升级和高质量发展。

3. 2. 4 计算机视觉算法及其发展趋势

计算机视觉算法的发展主要经历了几个关键阶段，从马尔计算视觉理论、主动视觉与目的视觉、多视几何和分层三维重建到当代基于深度学习的视觉，每个阶段都有其特定的技术和方法，旨在提高计算机对图像和视频的理解能力。当前，基于深度学习的计算机视觉是研究的重点，其中深度神经网络和深度学习技术推动了计算机视觉的发展，使得该技术在各个行业中扮演着举足轻重的角色。

目前，计算机视觉技术呈现出以下发展趋势：

（1）性能提升。

计算能力的增强和算法的优化使得模型精度和速度不断提高，能够处理更复杂的视觉任务和大规模数据。

（2）多模态融合。

结合图像、音频、深度信息等多模态数据，提供更全面和准确的场景理解。

（3）实时性与嵌入式应用。

随着硬件的发展，计算机视觉算法在移动设备和嵌入式系统中的实时应用越来越广泛，如自动驾驶中的实时目标检测。

（4）跨领域融合。

与医学、农业、工业等领域深度融合，为各行业带来创新解决方案。

3.3 任务 2：电路板缺陷检测实战

3.3.1 基于机器视觉的缺陷检测方法

目前基于机器视觉的缺陷检测技术包含了传统机器学习检测算法和基于深度学习的缺陷检测方法。传统的机器学习视觉检测算法依赖于人工提取缺陷特征，如基于 OpenCV 库函数的缺陷检测方法。传统的机器学习视觉检测算法提取图像特征的方法包括提取图像灰度值特征、直方图特征、纹理特征，直线检测，角检测以及图像形态学操作等。基于深度学习的缺陷检测方法指的是基于深度学习模型进行缺陷检测，常用的深度学习模型包括 YOLOv4、YOLOv5、YOLOv8、U-Net 等。凹凸、污点、瑕疵、划痕、裂缝等都是比较常见的缺陷。本章节主要介绍基于百度 EasyDL 平台的电路板缺陷检测方法。

3.3.2 模型选择

EasyDL 提供了多种可选择的模型，为了创建可以进行电路板缺陷检测

的模型，在 EasyDL 主页点击“立即使用”按钮，并在弹出的菜单中选择“图像分类”。（图 3-25）

图 3-25　在菜单中选择“图像分类”

模型选择完成后即可进入 EasyDL 开发平台，该平台提供了包括数据处理、模型训练、服务管理、模型部署在内的多个功能模块。（图 3-26）

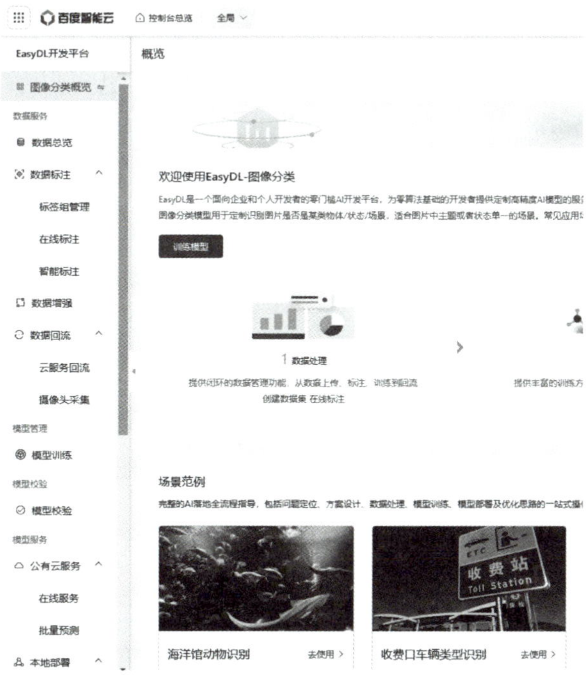

图 3-26　EasyDL 开发平台

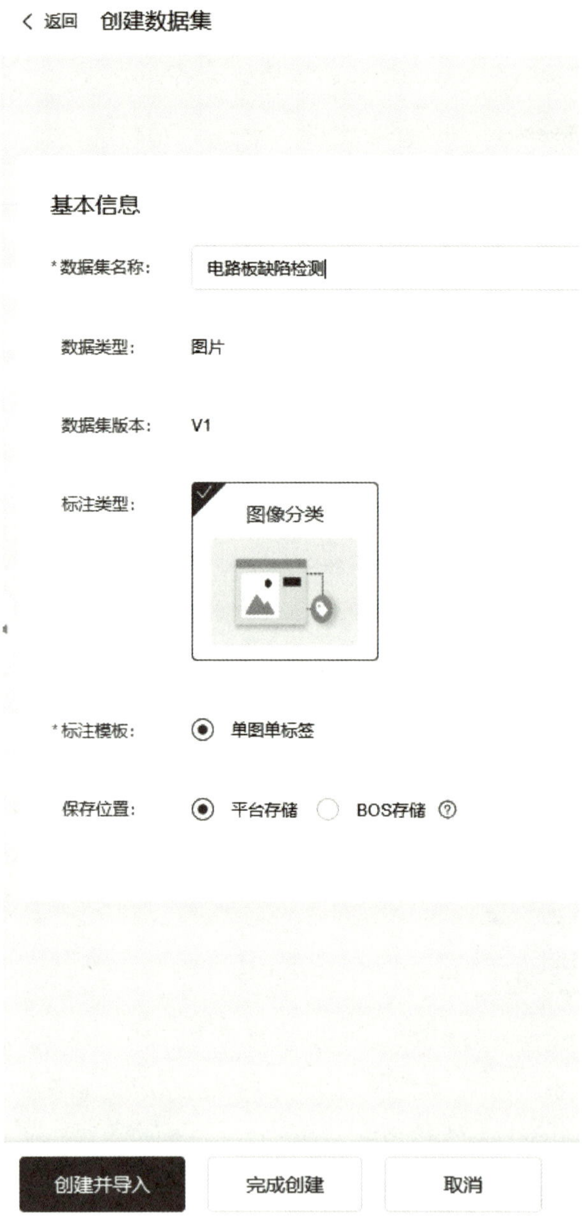

图 3-27 创建数据集

接下来，为了训练模型，我们需要准备 PCB 数据集，点击左侧菜单中的“数据总览”管理数据集。平台能够集中管理用于模型训练的所有数据集，并且支持数据集的版本迭代、数据查看、导入导出及删除等多种操作。要创建一个新的数据集，只需点击右侧的“创建数据集”按钮，进入数据集创建页面，然后点击“创建并导入”即可完成数据集的创建。(图 3-27)

创建完数据集后需要导入数据。我们可以使用本地的数据集，也可以使用 EasyDL 平台提供的数据集。本次训练中，我们选择使用 EasyDL 平台提供的数据集。首先在“导入配置”的“导入方式”中选择“公开数据集”；然后在“选择数据集”选项中选择“电路板检测/V1”；最后，点击“确认并返回”按钮，如图 3-28 所示。

导入数据后，我们可以在“数据总览”界面看到刚刚创建的数据集。点击“查看”，可以查看数据集详情。此时，数据集中的图像均处于“无标签”状态，即图像还未标注。数据集详情左侧边栏列出了图片的可选标签，共有 short、spur、missing_hole、mouse_bite、open_circuit、spurious_copper 六种标签，我们也可以对标签进行新增、修改或删除等操作。请注意，标签应避免使用中文，如图 3-29 所示。

图 3-28 导入配置

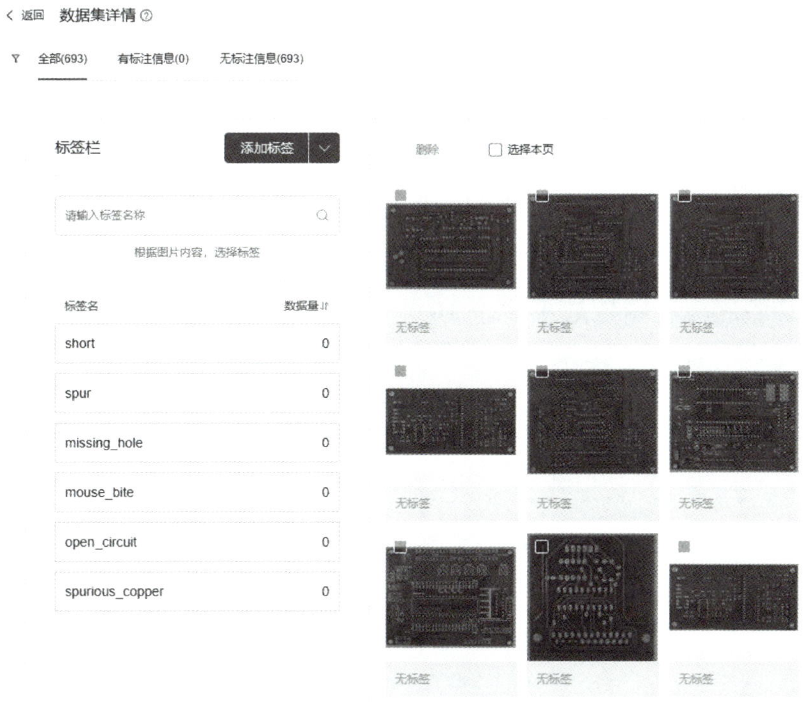

图 3-29 数据集状态

点击页面左侧菜单中的“数据总览”，找到数据集右侧的“标注”按钮并点击即可进行图像标注。根据图片中电路板缺陷的类型，在右侧的标签栏中选择对应的标签，并点击“保存当前标注”，如图 3-30 所示。

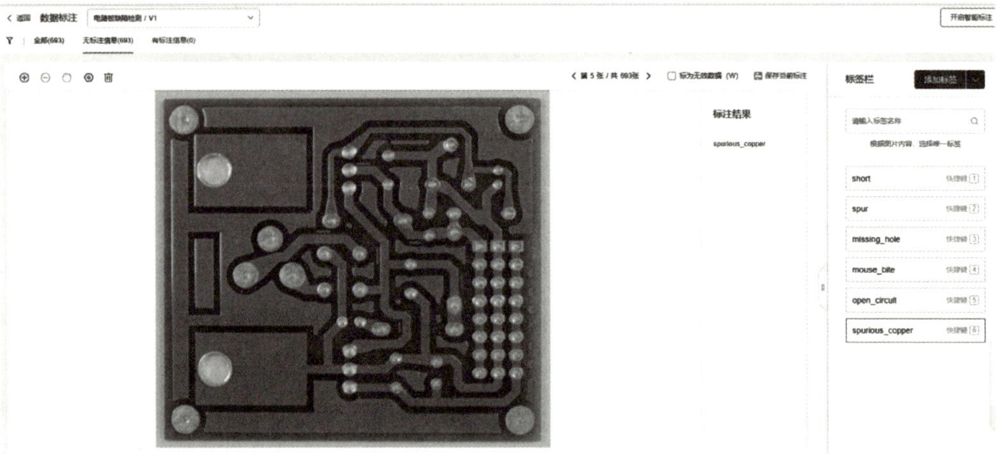

图 3-30　数据标注

当前数据集含有 693 张电路板图片，这意味着需要进行 693 次标注。为了提高图像标注的效率，EasyDL 平台提供了智能标注功能。在启动智能标注之前，需要确保所有需要识别的标签都已创建，并且每个标签的标注图片数不少于 10 个。详细的智能标注流程参考项目 2 中的 2.4.3。标注完成后即可开始模型训练，如图 3-31 所示。

工匠精神

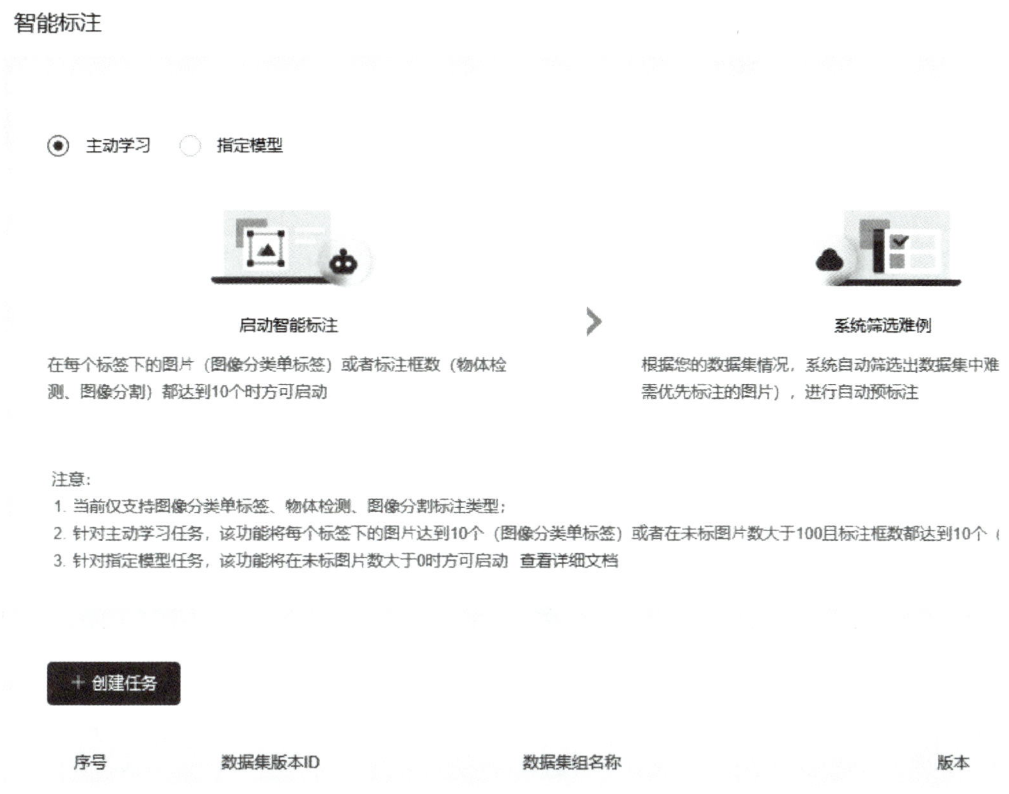

图 3-31　智能标注页面

点击页面左侧菜单中的“模型训练”按钮，进入训练模型界面，点击右侧的“创建任务”按钮，创建训练任务。设置模型名称描述后点击“下一步”，如图 3-32 所示。

图 3-32　模型准备

在数据准备阶段，选择已标注好的 PCB 数据集，此时可以自定义验证集、训练集及数据增强策略，也可以使用平台提供的默认配置，配置完成后点击“下一步”，如图 3-33 所示。

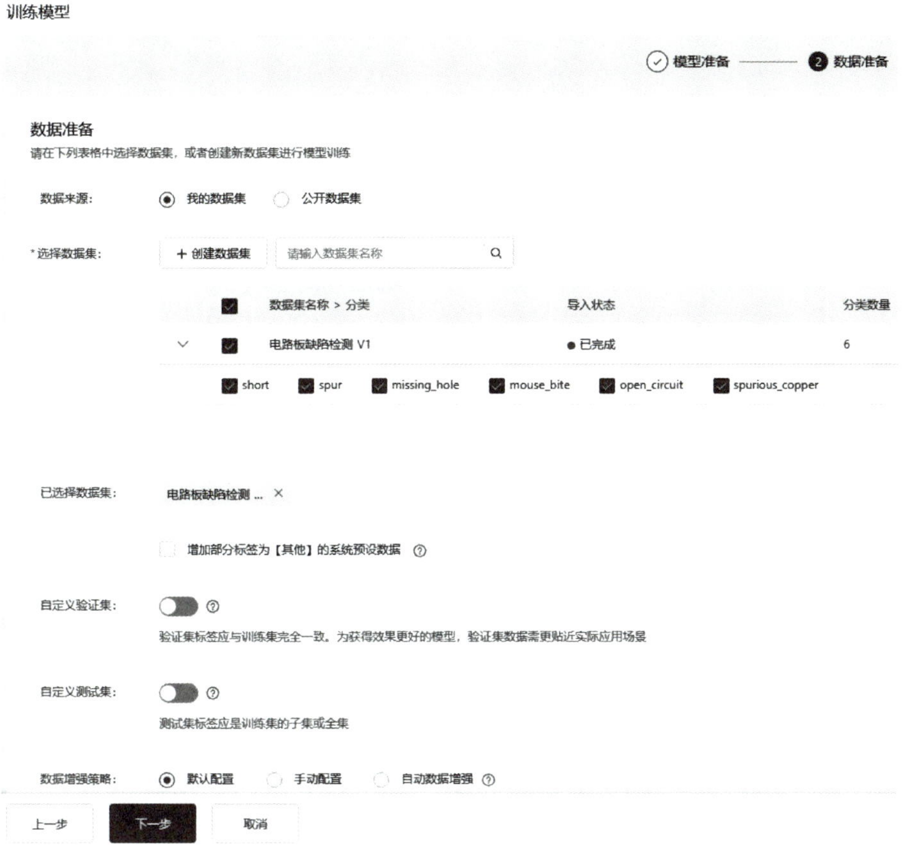

图 3-33 数据准备

在训练配置阶段，部署方式选择“公有云部署”、训练方式选择“常规训练”。算法部分有高精度或者高性能等多个选项。高精度训练速度慢，但准确率更高；高性能训练速度快但准确率相对高精度算法要低 3%~5%。为加快训练速度，本次训练我们选择“超高性能”算法。训练环境选择“GPU P4”，点击“开始训练”，如图 3-34 所示。

图 3-34　训练配置

开始训练后可在模型训练页面查看训练进度，如图 3-35 所示。

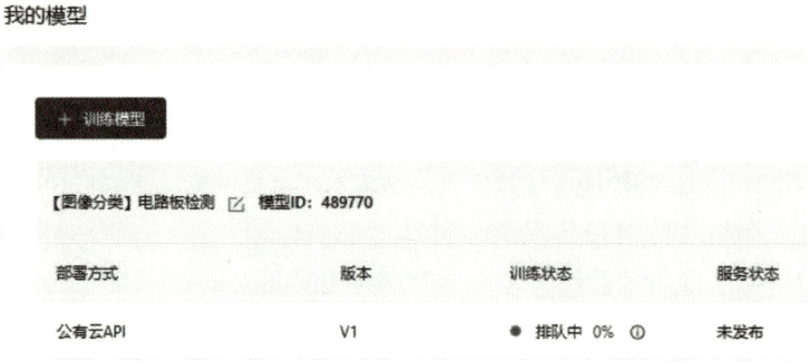

图 3-35　训练进度查看

等待模型训练完成后，点击右侧“完整评估结果”可查看模型评估报告，如图 3-36 所示。

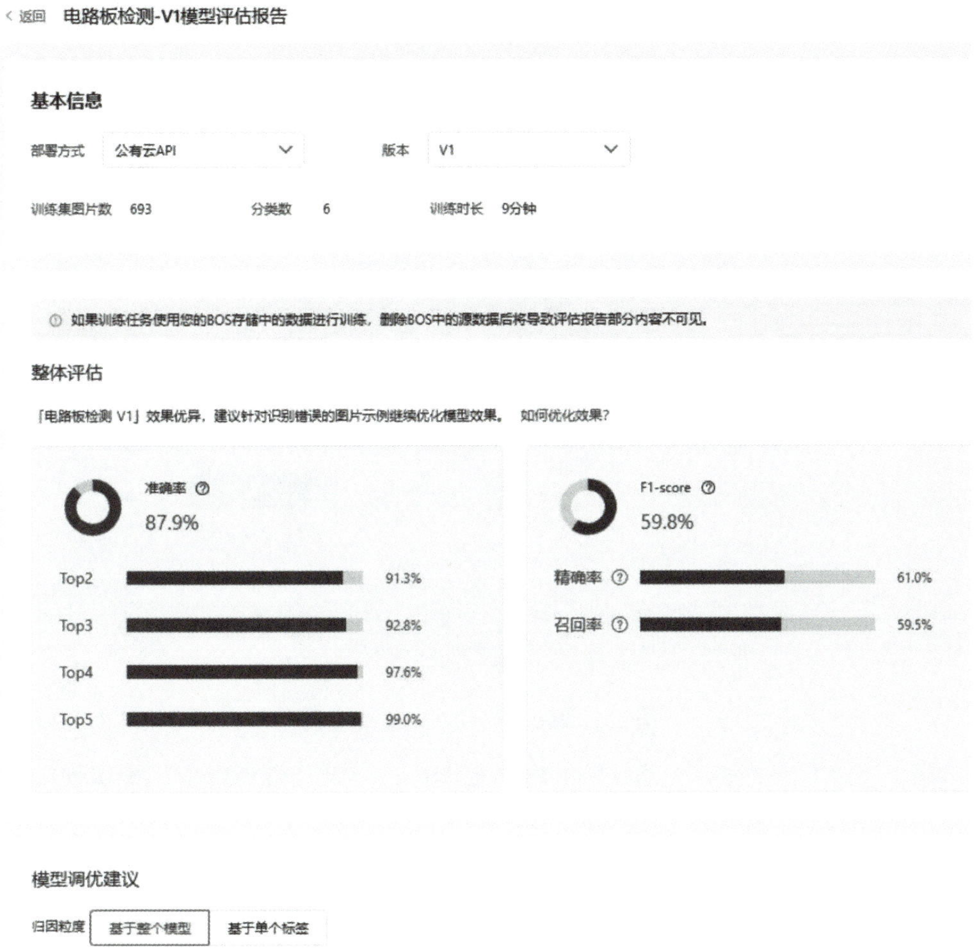

图 3-36 模型评估报告

模型评估报告包含准确率（Top1～Top5）、精确率、召回率、F1 值等性能指标。用户可以根据评估报告的内容选择模型优化方案。

模型校验是确保模型正确性和准确性的重要环节，主要涉及将模型的输出结果与观测结果或预期结果进行比较，以检验模型及其建模过程的合理性和有效性。在页面左侧菜单中选择“模型校验”，在右侧选择要校验的模型后点击“启动模型校验服务”，进入校验页面，如图 3-37 所示。

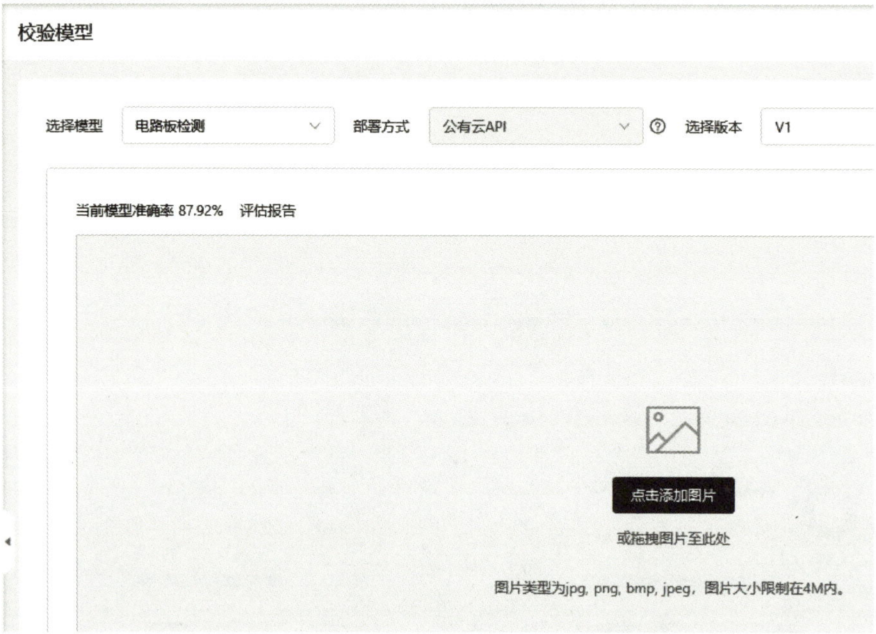

图 3-37　模型校验页面

点击添加图片，上传一张事先准备好的电路板测试图片，查看识别结果，选择上传一张有短路缺陷的电路板图片，可以观察到模型正确识别出了该缺陷类型为“short”，如图 3-38 所示。

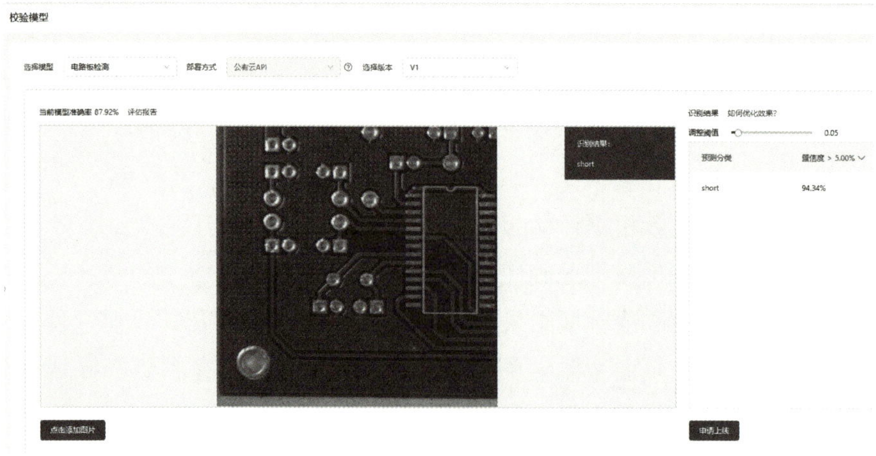

图 3-38　识别结果

通过本次使用百度 EasyDL 的实践，我们全面体验了从数据标注到模型训练的全过程，并成功训练出了一个能够准确识别电路板缺陷类型的模型。EasyDL 以其用户友好的界面和强大的功能，极大地简化了机器学习模型的构建流程，即便是非专业背景的用户也能轻松上手，快速定制个性化 AI 应用。

项目拓展

YOLOv5 模型目标检测速度快，相较于 YOLO 其他版本，它更轻量，减少了计算资源和存储空间的消耗，易于部署在资源受限的设备上，拥有优异的检测性能。基于 YOLOv5 模型可完成对 PCB 的缺陷检测。

YOLOv5 模型主要包含以下几个部分。

（1）输入端：YOLOv5 的 Head 网络由 3 个不同的输出层组成，分别负责检测大、中、小尺度的目标。

（2）Backbone 网络：YOLOv5 使用 CSPDarknet-53 作为其主干网络，具有较强的特征提取能力和计算效率。

（3）Neck 网络：YOLOv5 使用的是 FPN 网络（FPN 网络能够在不同的特征图层次上进行检测，可以提高目标检测的性能），可以融合来自不同特征图的信息。

（4）输出端：YOLOv5 使用的是 Focal Loss 损失函数，该函数可以缓解目标检测中类别不平衡的问题，提高模型的性能。YOLOv5 在输出结果后，会对重叠的目标框进行非极大值抑制（NMS）处理，以得到最终的检测结果。

（5）激活函数：YOLOv5 使用的是 Mish 激活函数，该函数替代 ReLU 函数，可以提高模型的性能。

项目开发前，需要搭建好软件开发环境。项目基于 Python 语言开发，可以选择安装 Pycharm 集成开发环境。首先，进入 Pycharm 官网下载安装包，并安装 Python 编译器。然后，安装 Pytorch 深度学习框架，YOLOv5 的官网下载地址为 https://github.com/ultralytics/yolov5。最后，安装模型训练所需要的库。

YOLOv5 的图像增强支持多种模式。

（1）Mosaic 模式：将四张不同的图像拼接成一张图像，用于增加数据集的多样性。

（2）Random 模式：包含多种图像增强方式，如随机缩放、随机裁剪、随机旋转、随机亮度调整、随机对比度调整等，可以随机地选择其中一种或多种方式进行图像增强。

（3）MixUp 模式：将两张不同的图像进行混合，用于增加数据集的多样性和防止过拟合。

（4）CutMix 模式：将两张不同的图像进行裁剪混合，用于增加数据集的多样性和防止过拟合。

（5）GridMask 模式：通过在图像中加入遮罩，可以增加数据集的多样性和防止过拟合。

（6）AutoAugment 模式：通过搜索最优的数据增强策略来提高模型的性能。准备好的数据集还需要转换为 YOLOv5 指定的格式后才能输入 YOLOv5 模型进行训练。

模型训练时，数据集会被随机划分为训练集和测试集，训练集和测试集的比例可以自行设定。准备好数据集后，可在 YOLOv5 官网下载模型预训练权重，下载地址为 https://github.com/ultralytics/yolov5/releases/tag/v5.0。修改数据配置文件（.yaml 文件），即配置好训练集和测试集的路径、缺陷的种类数量、缺陷名称等。修改训练文件 train.py，即设置模型的批处理文件数、训练轮数、学习率等参数。

配置完成即可开始模型训练，最终得到一个模型的权重文件，该权重文件中保留了训练好模型的具体参数。

交流讨论

模型训练完成后使用测试图像进行测试，打开脚本文件 detect.py，修改参数配置，如权重文件路径、测试图像路径、图片大小、置信度、测试结果存放路径等。执行脚本文件 detect.py，即可得到测试图像的缺陷检测结果。

项目 4

匠心独运：自动驾驶实战

项目描述

人工智能在交通领域的应用广泛而深入，涵盖了智能交通管理、自动驾驶技术、公共交通优化、智慧停车解决方案、物流优化、航空运输管理，以及道路养护与安全管理等多个重要方面。通过实时监测和分析交通流量、优化信号灯配时、自动识别交通违法行为等先进手段，人工智能显著提升了交通系统的运行效率和安全性。当前，自动驾驶领域对人才的需求呈现出极为旺盛的态势。随着技术的不断迭代与革新，以及商业化应用的日益加速，自动驾驶行业对于掌握机器学习、人工智能、算法设计、车辆工程等多领域知识的复合型人才产生了前所未有的巨大需求。

百度 Apollo 自动驾驶是百度在自动驾驶领域的重要品牌，不仅向汽车行业及自动驾驶领域的合作伙伴提供软件平台支持，还助力它们快速搭建专属的自动驾驶系统。该平台集成了高精度地图、先进的感知技术、智能决策与规划算法等关键技术，能够实现高度自动驾驶乃至更智能的自动驾驶能力。在本项目中，我们将借助百度 Apollo 自动驾驶开发平台快速搭建自动驾驶系统，实现自动驾驶仿真实战。

在每一次算法调试、模型训练的背后，都应蕴含着对技术应用的审慎评估和对技术应用可能产生的社会影响的深入思考。在追求技术突破的同时，成为有责任感、有担当的科技工作者，将个人技能的提升融入促进交通可持续发展、保障人民生命财产安全的更广阔目标之中。

项目目标

【知识目标】

- 了解人工智能在交通领域的应用场景
- 了解人工智能对交通产业的影响
- 了解自动驾驶实现方案

【技能目标】

- 能使用 Apollo 工具播放自动驾驶离线数据包
- 能使用 Apollo 工具仿真自动驾驶过程
- 能使用 Apollo 工具分析自动驾驶问题

【素质目标】

- 能进行跨学科学习，将计算机科学、数学等多学科知识应用于实际问题解决中
- 学会如何将理论知识应用于实际项目中，从而培养解决实际问题的能力和团队协作能力
- 能够掌握问题解决的过程和方法，形成从认识问题、分析问题到解决问题的方法论

4.1 典型交通领域人工智能应用场景

在当今快速发展的科技时代，人工智能正逐步渗透到各个行业，其中交通领域是其应用的重要舞台。人工智能的引入，不仅为交通管理、出行服务带来了前所未有的变革，更在提升交通安全、优化物流运输等方面展现出巨大的潜力。从智能交通管理系统的构建到自动驾驶技术的最新进展，再到智慧停车与共享出行的创新实践，本项目将探讨人工智能在交通领域的多种应用场景。通过学习本项目内容，可以了解人工智能如何重塑交通行业，以及这一变革如何深刻影响着我们的日常生活和未来出行方式。这不仅是一次对技术前沿的探索，更是一场对未来交通愿景的展望。

4.1.1 智能交通管理

智能交通管理系统（Intelligent Traffic System，ITS）是一种利用先进的信息技术、数据传输技术及计算机处理技术，对交通系统进行全面监控、

调度和管理的系统。它旨在通过实时感知、收集和处理交通流量、交通信号、车辆行驶状态等信息，优化交通运行，提高交通效率、安全性和环保性能。

困扰我们的交通问题随处可见：交通减速会造成拥堵，加剧城市空气污染；企业因交货延误而蒙受损失；紧急救援车辆因瓶颈路段而减速，可能导致救援延误并危及生命。所有这些都会降低城市中人们的整体生活质量。这就对城市交通管理团队、土木工程师和公路养护人员的工作效率提出了更高的要求。面对这些挑战，可使用一系列协同工作的硬件、软件和云解决方案来增加交通流量和提高安全性。智能交通管理系统可利用传感器、摄像头、路由器和蜂窝技术动态调整交通信号灯、快速公交车道、高速公路信息板甚至电子限速牌等控制机制，从而优化交通流量并提高安全性。

如今，智能交通管理系统可以在不增加新道路的情况下提高城市道路的通行能力。随着车联网技术的出现，这些系统还能在需要时直接控制车辆，如在十字路口制动车辆，以防止车辆与行人或其他车辆发生碰撞。一些城市目前正在部署这些智能系统，以求在车辆技术得到全面测试和部署前做好准备。

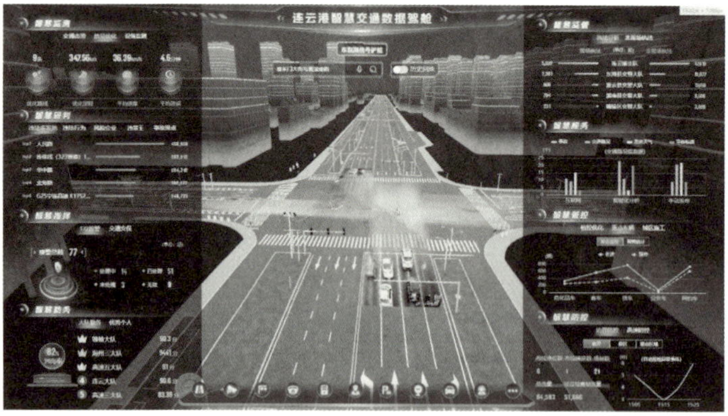

图 4-1　连云港智慧交通数据驾舱

图 4-1 为连云港智慧交通数据驾舱。2023 年，江苏省连云港市公布了预算约 1.55 亿元的智慧交通工程项目，以安全、畅通、服务为主题，以减少事故数量、提升通行效率、提高出行服务满意度为总体目标。项目建设范围为连云港海州区、连云区的部分道路、桥梁、隧道、交通枢纽、交通执法管理场所等服务于交通的基础设施，主要包含与公安

交通管理业务相关的信息化发展建设，主要涉及监测、研判、指挥、执法、管控、防控、监管、服务 8 个领域的道路交通违法管理、道路交通秩序管理、交通信息服务、车辆及驾驶员管理、道路交通事故管理、道路交通设施设置与维护、重点车辆管理等业务。

4.1.2 自动驾驶

自动驾驶是一项集成了计算机、传感器、算法和人工智能等先进技术的综合性系统，该系统能够使汽车在无人为干预的情况下实现自主驾驶。其工作原理包含感知、决策、控制三个核心步骤。

首先是感知。自动驾驶汽车利用激光雷达、摄像机、毫米波雷达和超声波传感器等多种传感器，实时获取并检测周围环境，包括道路、车辆、行人、交通信号等，为后续决策提供关键依据。

其次是决策。基于感知到的环境信息，自动驾驶汽车会运用算法和模型，综合考虑路况、目的地设置及交通规则等因素，实时制定出可行的行驶策略和路径规划，在此过程中，人工智能利用机器学习技术不断学习和优化算法，提升决策的准确性和鲁棒性。

最后是控制。根据决策结果，自动驾驶汽车通过执行器，如电动机和制动器，对车辆的加速、制动和转向进行精确控制，以实现预定的行驶动作。这一步骤的实施依赖于精确的控制算法和可靠的执行机构，它们共同确保了车辆能够按照规划路径稳定且安全地行驶。

自动驾驶技术的应用显著提升了交通效率和安全性，同时产生了广泛的积极影响。首先，它促进了产业升级，推动了汽车制造、传感器技术及人工智能等相关领域的革新与发展。随着技术的日益成熟及商业化进程的加速，新的产业链和生态体系正逐步形成。其次，自动驾驶技术极大地改善了人们的出行体验，为乘客提供了更为便捷、舒适的服务。乘客可以利用手机 App 等工具实时查询车辆到达时间等信息，从而更有效地规划出行。再次，自动驾驶汽车还实现了快速上下车和自动支付等功能，使出行变得更加顺畅。

自动驾驶技术还与智能城市建设紧密相连，共同推动交通系统的智能化与互联互通。自动驾驶车辆通过与城市基础设施及其他车辆的网络互联，能够优化交通流量，提供交通安全保障及信息服务，为智能城市的构建提供强大的技术支持。这些综合效应表明，自动驾驶技术不仅在交通领域发挥着重要作用，还对社会发展产生了深远影响。随着技术的不断成熟和完善，以及法律法规的逐步健全，自动驾驶技术将在更多领域得到广泛应用和推广。同时，也需要关注并解决技术上的难题、法律上的障碍及社会上的阻力等问题，以确保自动驾驶技术的健康和可持续发展。

图 4-2　广州自动驾驶巴士

2022 年，广州自动驾驶巴士（图 4-2）正式进入载客测试，目前已在黄埔区生物岛、中新知识城、海珠区琶洲数字经济区等地陆续投入。截至 2024 年 7 月，已累计服务超 108 万人次、运行里程超 179 万千米，实现零投诉、零责任安全事故。

自动驾驶巴士搭载了车载自动驾驶系统和人车交互系统，以一套强通用性的算法实现全场景、全天候的覆盖，以全栈式软硬件解决方案实现 L4 级自动驾驶。同时，车辆均安装了激光雷达、摄像机、毫米波雷达、GPS/IMU 等传感器，实现了对周边环境、交通信号灯、交通标识的感知及实时定位等功能，还可通过车内人机交互设备展示自动驾驶及车路协同的内容。

该项目在安全、便捷、高效、环保和经济方面取得了较好的综合效益。安全方面，自动驾驶车辆通过高精度传感器、雷达和摄像头等设备，能够全方位实时感知周围环境，避免了人为驾驶的疏忽和错误。便携方面，自动驾驶车辆具备实时位置查询服务，乘客可以通过手机 App、小程序等渠道查询车辆到达时间等实时信息，从而合理安排出行时间。高效方面，自动驾驶车辆具备自主超车、动态避障等功能，能够在复杂的交通环境中保持较高的行驶速度，提高了交通效率。环保方面，自动驾驶车辆的行驶路线更优，减少了不必要的行驶距离和能源消耗。经济方面，自动驾驶的最终目标是实现无人驾驶，对于传统出行企业来说，运营成本超过一半来自人工成本，无人驾驶的实现将大大降低驾驶员成本。

4.1.3 路况预测和优化

基于人工智能的路况预测和优化在现代城市交通管理中扮演着至关重要的角色。通过实时收集和分析交通数据，人工智能算法能够预测未来路况，优化信号灯控制、路线规划等，从而有效缓解交通拥堵，提升道路通行效率。基于人工智能的路况预测与优化，通过先进的数据处理与分析技术，实时收集交通流量、道路状况等多源数据，并运用机器学习、深度学习精准预测未来路况变化。这一过程中，AI系统能自动识别交通模式，分析历史数据与实时信息，提前预警交通拥堵情况，为交通管理部门提供决策支持。同时，根据预测结果，AI可以智能优化信号灯控制策略，动态调整交通信号配时，有效缓解交通压力，提升道路通行效率。此外，AI还助力个性化路线规划，为驾驶者提供避开拥堵的最佳出行建议，促进城市交通流动的智慧化、高效化与绿色化发展。

视野拓展

亦庄作为北京市内唯一的国家级经济技术开发区，面临着严重的职住分离问题（地理区域内住房与工作岗位的数量、空间分布不匹配），这导致了潮汐车流现象的出现。尤其在早晚高峰时段，车辆集中出行，使得局部区域的车流量激增，路网承受巨大压力，加之该地区集中了多个工业园区，大型运输车辆频繁往来，行人、非机动车与机动车混行情况普遍，进一步加剧了交通管理的复杂性。

为了应对这一挑战，北京亦庄在2022年北京市高级别自动驾驶示范区2.0阶段基本建成之际，携手百度智能云，利用AI全域信控技术，对交通信号进行了持续的动态优化。在亦庄主城区超过60平方千米的范围内，部署了300多个智能路口和一系列智慧交管设施，这些智能设施如同为道路装上了“眼睛”和“大脑”，显著增强了区域交通流量的感知能力。

通过融合路侧感知数据、互联网数据等多源时空数据，系统能够基于上下游路口及历史流量数据，对缺失的数据进行补全与预测，实现对全域感知数据的整合，从而精确捕捉交通动态变化。

如今，在北京亦庄驾车，驾驶员会发现传统的“车看灯”模式已升级为“灯看车”模式。经过智能化改造，路口绿灯时长能够实现动态调整，大幅缩短了司机在路口的平均等待时间。同时，驾驶员还能通过手机地图App、车载智能终端等渠道，轻松获取前方红绿灯的状态与倒计时信息，即使在前车遮挡信号灯的情况下，也能实现一路绿灯的顺畅行驶。

利用人工智能系统对交通流量进行实时分析与预测，能够准确判断高峰时段的到来时间，并自动将信控策略从“保持畅通”调整为“缓解拥堵”，提前预测道路拥堵地点，并自动优化信号灯配时。据测算，智能信控解决方案使通行效率提高了15%~30%。

数据显示，在全面部署信控系统后，2022年北京亦庄的4条双向干线绿波道路车均延误减少了16%以上，路口车均延误率下降了28.48%，车辆排队长度缩短了30.3%，绿灯浪费时间也减少了18.33%。

4.1.4 智能交通监控与管理

人工智能在智能交通监控与管理方面的应用，主要体现在通过集成先进的图像识别算法、实时数据分析及智能驾驶辅助系统等技术，实现对交通流量的精准监测与高效调控。这些技术能够自动识别车辆、行人的交通违规行为，动态调整信号灯配时以缓解拥堵，同时辅助自动驾驶汽车实现安全高效的行驶，从而提升整个交通系统的智能化水平，保障道路交通安全，优化出行体验。

交流讨论

在智能交通监控方面，人工智能利用高清摄像头、雷达、传感器等设备，对道路上的车辆、行人、非机动车等交通参与者进行实时捕捉与识别。通过先进的图像识别算法，系统能够准确识别出车辆的型号、颜色、车牌号等信息，甚至能够分析出驾驶员的行为特征，如是否系了安全带、是否疲劳驾驶等。同时，对于行人闯红灯、非机动车逆行等交通违规行为，系统也能进行及时捕捉与记录，为交通管理部门提供有力的执法依据。

在智能交通管理方面，人工智能通过收集并分析海量的交通数据，能够实时掌握道路交通状况，预测交通流量趋势，从而动态调整交通信号灯的配时方案，优化道路通行能力。例如，在高峰时段，系统可以自动延长绿灯时间，减少车辆等待时间；在平峰时段，则可以缩短绿灯时间，提高道路通行效率。此外，系统还能根据路况信息，为驾驶员提供最佳的行驶路线建议，避免拥堵路段，节省出行时间。

同时，人工智能还在智能驾驶辅助系统中发挥着重要作用。通过集成先进的传感器和算法，智能驾驶辅助系统能够实时感知周围环境，为驾驶员提供车道保持、自动刹车、碰撞预警等辅助功能，甚至在某些情况下实现完全自动驾驶。这不仅减轻了驾驶员的驾驶负担，提升了出行体验，还提高了驾驶的安全性。

人工智能在智能交通监控与管理方面的应用，不仅提高了交通监控的准确性和效率，还实现了交通管理的智能化和精细化。它不仅能够有效缓解城市交通拥堵问题，提升道路通行能力，还能为驾驶员提供更加安全、便捷的出行体验。随着技术的不断进步和应用场景的不断拓展，人工智能将在智能交通领域发挥越来越重要的作用，为城市交通的可持续发展注入新的活力。

自 2018 年《北京市机动车停车条例》正式施行以来，北京市的道路停车改革步伐加速，全面迈向电子收费的新纪元。智慧互通（AICT）是一家专注于高精度人工智能产品研发应用的高科技企业，在这场变革中，凭借其高位视频技术，成为推动北京路侧停车电子收费改革的关键力量。该公司自主研发的智慧互通交通管理系统已覆盖北京 16 个市辖区及经济技术开发区，并辅以市级管理平台，形成了“17+1”的强大合力，成功促进了经营性收费向政府非税收入的转型，以及人工现场收费向电子收费的过渡，如图 4-3 所示。该

图 4-3　北京智慧互通交通管理系统

系统的综合识别准确率高达99.97%，树立了全国智慧停车的“北京典范”。

自项目实施以来，北京的路侧停车秩序显著改善，基本实现了“停车规范、付费便捷、违停必罚”的目标，交通流畅度也因此提升了34%。这一成就引起了新华社、人民日报、学习强国等多家媒体或平台的广泛关注和深入报道。在全国两会期间，更有全国人大代表提议将北京的道路停车智能化经验推向全国。

北京市“17+1”智慧停车及动静态交通管理项目以阵列摄像机为基础，针对路侧停车管理进行了全面优化。考虑到实际路侧场景的复杂性和大规模支付应用对低误差率的高要求，该项目在硬件、软件算法、系统架构及应用场景等方面均实现了创新与突破。

在硬件设计层面，智慧互通采用了自主研发的阵列摄像机和高速并行主控机设计模式。这种摄像机专为城市路侧停车设计，能够确保各车位的图像像素均衡、稳定且画质清晰，从而大幅提高抓拍和判断的准确性，为执法提供连续、精确、可靠的证据。

在图像算法方面，智慧互通面对城市停车场景的复杂性，投入了大量研发资源。在人工智能产品的研发过程中，使用了百万级别的图像训练样本，以确保每个细分场景的检测精度、可靠性和场景内的泛化能力都达到顶尖水平。

系统架构上，智慧互通充分考虑了城市级停车应用的特点，采用了端、边、云协同的AI计算方案。通过多级图像处理，实现了对目标区域车辆的高准确抓拍，尤其是在多车遮挡的复杂情况下也能保持精准。

此外，在赋能场景方面，智慧互通通过建设和接入的视频数据资源，结合人工智能、大数据分析等技术，不仅实现了对城市停车区域的违法停车、限时停车的管理功能，还扩展至共享单车乱停乱放、摩托车不戴头盔、限行管理、逆向行驶监测及非机动车管理等多个城市综合治理领域。这种一次投入、多次赋能的模式，为城市的智能化管理提供了有力的支持。

4.2 自动驾驶实施方案

自动驾驶技术的实现按照自动化程度可以分为不同的技术级别，常见的分级标准为 SAE（美国汽车工程师学会）和 ISO（国际标准化组织）共同发布的自动驾驶系统标准（SAE J3016）。

级别 0-无自动化（L0）：驾驶员完全负责车辆的操控，系统不提供任何自动化功能。

级别 1-驾驶员辅助（L1）：系统可以提供纵向或横向的单一方向自动控制，驾驶员仍需关注车辆状态和环境信息。

级别 2-部分自动化（L2）：系统能同时控制纵向和横向两个方向，但驾驶员仍需关注车辆状态和环境信息，并在必要时接管控制。

级别 3-有限自动化（L3）：在某些特定条件下，系统能完全控制驾驶任务，但驾驶员需随时准备接管控制。

级别 4-高度自动化（L4）：车辆能在特定环境和条件下完全自主执行驾驶任务，无须驾驶员干预。

级别 5-完全自动化（L5）：车辆能在任何环境和条件下完全自主执行驾驶任务，无须驾驶员。

自动驾驶技术的实现路径主要分为渐进式和跨越式两种。渐进式从辅助驾驶系统入手，逐步增加自动化功能，最终实现全自动驾驶，注重技术的逐步积累和验证，风险相对较低；而跨越式则直接研发全自动驾驶系统，跳过中间级别的自动驾驶技术，追求技术的快速突破，但风险较高，且需要解决更多的技术难题。

自动驾驶系统通常包含感知、决策和控制三大核心模块。感知模块负责采集车辆周边的环境信息，这依赖于雷达、激光、视觉等多种传感器技术。其中，雷达技术通过雷达传感器捕获距离信息，激光技术则利用激光雷达（LiDAR）获取精确的环境距离数据，而视觉技术则运用计算机视觉分析摄像头捕获的图像，实现边缘检测与对象识别。决策模块基于感知到的信息制定驾驶策略，涵盖路径规划（含全局与局部规划）和轨迹跟踪

（含预测与实时跟踪）。最后，控制模块依据决策模块的策略，执行车辆具体的运动操作，如加速、刹车和转向，通过指令来精确调控车辆的运动状态。

自动驾驶技术的实现融合了多种技术和算法原理，涵盖计算机视觉、局部化学习、控制系统算法等关键领域。其中，计算机视觉算法用于精确识别和分析车辆周围的物体、行人及道路标记，边缘检测、对象检测和目标跟踪是其核心算法；局部化学习算法则致力于实现车辆间的有效通信与协同驾驶，信息论、概率论及信号处理技术在其中发挥重要作用；而控制系统算法则负责精准控制车辆的加速、刹车、转向等运动行为，PID 控制、模糊控制及机器学习等是这一环节的常用算法。

端到端自动驾驶解决方案是一种新兴的实现方案，通过一个深度神经网络模型实现输入和输出之间的复杂映射关系。该模型可以接收传感器数据作为输入，并输出车辆的控制指令。这种方案简化了系统架构，降低了级联误差的概率，但存在模型解释性差、训练难度大等问题。

4.2.1 华为自动驾驶方案

华为自动驾驶方案依托人工智能、深度学习、计算机视觉、高精度地图和定位及多感知融合等前沿技术，实现了对车辆周围环境的全方位感知、精确决策与智能化控制。该系统融合了激光雷达、毫米波雷达、超声波雷达、高清摄像头及环视摄像头等多种传感器，以优势互补的方式提高了对各类目标的检测与识别精度，显著增强了系统的可靠性与适应性。同时，利用高精度地图与定位技术，系统能够精确掌握并预测车辆位置，从而更准确地规划行驶路径并有效应对复杂道路环境。此外，通过深度学习人工智能技术，系统能够进行智能学习并优化驾驶行为，不断从实际驾驶场景中汲取经验，提升驾驶的智能化水平。而多感知融合技术的应用，则进一步将来自不同传感器的数据进行综合分析与处理，大幅提高了系统对周围环境的感知力及决策准确性。

华为公司推出的高阶智能驾驶系统（Advanced Driving System，ADS），集成了激光雷达、摄像头、毫米波雷达等多种传感器，并配备了高性能计

图 4-4 华为高阶智能驾驶系统

算平台与全面自主研发的拟人化算法框架，如图 4-4 所示。作为以智能驾驶解决方案为核心的品牌，华为乾崑涵盖了乾崑 ADS、乾崑车控、乾崑车云等多项创新方案。其中，乾崑 ADS 3.0 版本在原有融合感知鸟瞰图（Bird's Eye View，BEV）网络的基础上，实现了对通用障碍物检测（General Obstacle Detection，GOD）网络的全新升级。这一升级显著增强了系统的识别与处理能力，使得异形障碍物的识别率高达 99.9%。该系统不仅能够精确识别常规的人、车等“白名单”障碍物，还能有效识别成排锥桶、静止水马、土堆杂物、大石碎石等多种复杂且不规则的异形障碍物，从而进一步提升了智能驾驶的安全性与可靠性。

华为自动驾驶方案的应用场景广泛，包括乘用车、商用车、特种车辆等。具体来说，华为的自动驾驶系统可以应用于高速公路、城市道路、复杂路口、停车场等多种环境。例如，华为的 ADS 3.0 智驾系统已经实现了出入地库、公路行驶、过闸机、过环岛、掉头、自动超车等全场景的智能驾驶。

华为自动驾驶方案赋予了系统高度智能化和自主化的驾驶能力。在设计上，该系统充分重视安全性和可靠性，通过实施多重冗余和备份机制，确保车辆在各种复杂情况下都能安全行驶。同时，系统凭借强大的感知能力和决策准确性，能够有效识别并规避潜在风险。此外，华为自动驾驶系统还展现出极强的适应性，针对不同应用场景和车辆类型进行了精心的适配与优化，满足了多领域的多样化需求，已在多种车型和场景中得到了成功应用。华为还高度重视智能驾驶系统的持续升级与优化，通过不断更新软件和算法，显著提升了系统的性能和功能，如 ADS 系统已从 1.0 版本升级至 3.0 版本，在障碍物识别、场景覆盖、决策规划等方面均实现了显著提升。最后，华为积极与各大汽车厂商建立合作关系，共同打造开放的合作生态，使得其自动驾驶系统能够广泛应用于不同品牌和型号的汽车，进一步扩大了市场覆盖范围。

2024 年 9 月，比亚迪与华为携手合作，共同推出了全球首个越野车智能驾驶解决方案，该方案的首款产品为即将面世的方程豹豹 8 车型，旨在打造全球首个专为越野车设计的智能驾驶方案。同月，华为还与西部矿业及中铁十九局联合宣布，正式启动国内首个在 5 000 米高海拔矿山应用的自动驾驶项目，该项目依托华为的自动驾驶技术，致力于提升高原矿区作业的安全性和生产效率。此外，华为的自动驾驶系统已经在多款车型上实现了量产应用，包括问界 M9、阿维塔 11 等，这些车在自动驾驶性能、安全性及舒适性等方面均有卓越的表现。

华为的自动驾驶技术采用激光雷达、摄像头和毫米波雷达多模态融合方案，并注重车路协同，但其局限性同样明显。首先，高成本是主要制约因素，华为 ADS 2.0 系统单车传感器成本超万元（含 3 颗激光雷达），限制了其在中低端车型中的普及。其次，城区导航辅助驾驶（Navigate On Autopilo，NOA）功能依赖高精地图，而我国仅有主要的一线、新一线城市及部分交通枢纽型城市完成了高精地图的覆盖，且其更新周期长，限制了功能开放速度。最后，车路协同方案需 5G 基站、路侧单元（Road Side Unit，RSU）等配套基建，当前覆盖率较低，跨区域协同也存在标准不统一问题。

4.2.2 百度 Apollo 自动驾驶方案

百度 Apollo 自动驾驶方案基于先进的传感器技术、高精地图、定位技术、人工智能与机器学习算法，实现对车辆周围环境的全面感知、精准决策和智能控制。Apollo 自动驾驶系统通过集成激光雷达、毫米波雷达、摄像头、超声波传感器等多种传感器，实现了对车辆周围环境的 360 度全方位感知。该系统使用高精地图来提供车辆定位和导航服务，这些地图涵盖了道路、交叉口、交通标志等详细信息，有助于车辆更精确地理解其所在的周围环境。在定位技术方面，Apollo 采用了多传感器融合定位技术，结合 GPS、惯性测量单元等数据，实现了厘米级的车辆定位精度。此外，Apollo 还利用人工智能和机器学习算法对感知数据进行分析和处理，能够识别与跟踪道路标志、行人、车辆等目标，并预测其他车辆和行人的行为，从而优化自动驾驶车辆的决策和路径规划。

Apollo 自动驾驶应用层提供了感知、预测、规划、控制、人机交互等核心模块。这些模块之间的交互关系如图 4-5 所示。

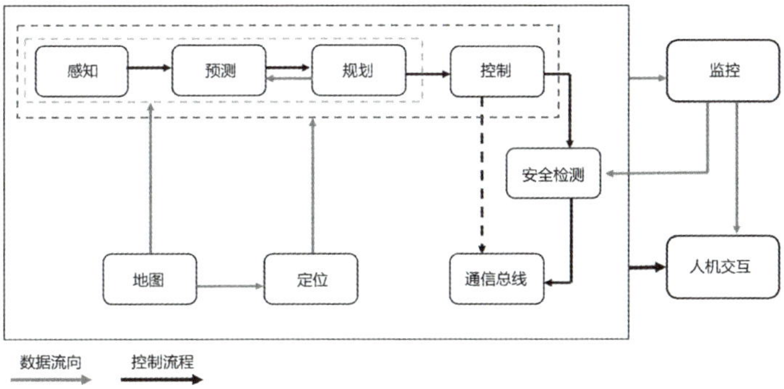

图 4-5　百度 Apollo 自动驾驶核心模块及其交互关系

其中，感知模块包括多种纯视觉感知算法，如环视 BEV 算法、多阶段检测算法、单阶段算法。环视 BEV 算法使用了 PETR 模型，可以完成对多个摄像机数据的推理，从而获得障碍物目标。多阶段检测算法是基于 YOLO 开发的多任务模型，可以同时输出数十个维度信息，如 2D、3D 和车辆转向信息。单阶段算法包含两个模型 CaDDN 和 SMOKE，可以同时输出目标的 2D 和 3D 信息。上述模块可以将结果传输到 camera_tracking 组件实现目标追踪。

预测模块是 Apollo 自动驾驶系统的重要组成部分，它负责预测感知模块输出的障碍物未来的运动轨迹。该模块的上游包括感知、定位、场景、地图和规划模块，并通过消息队列进行数据和信息的获取。感知模块提供预测模块必需的信息，如障碍物的位置、长宽高等基本特征；定位模块获取车辆自身的位置信息并将其处理成序列，作为一条普通的轨迹参与到障碍物的运动轨迹预测中；场景模块获取场景信息，以匹配不同的评估器和预测器；地图模块提供道路信息的编码；而规划模块则提供规划信息，参与到障碍物车辆的运动轨迹预测中，这在部分场景下尤为重要。

规划模块根据上游模块输入的周围环境信息、地图定位导航信息和全局路径信息，为自动驾驶车辆规划出一条运动轨迹，包含坐标、速度、加速度、加加速度、时间等信息，然后将这些信息传递给控制模块。

图 4-6　百度 Apollo 自动驾驶

百度 Apollo 自动驾驶（图 4-6）方案的应用场景广泛，包括自动驾驶出租车、无人巴士、无人物流车等。此外，Apollo 的无人物流车还成功应用于快递、外卖等领域，实现了物品的自动配送和运输，极大地提高了物流效率。

百度 Apollo 自动驾驶技术在全球范围内占据领先地位，拥有众多核心专利和显著的技术优势。作为一个开放的自动驾驶平台，Apollo 积极与全球的汽车制造商、供应商、学术机构及政府机构展开合作，携手推动自动驾驶技术的不断发展和广泛应用。此外，Apollo 自动驾驶技术已经在多个城市成功实现商业化运营，积累了宝贵的运营经验。值得一提的是，Apollo自动驾驶系统还依托海量数据进行模型更新和算法优化，持续提升系统的整体性能和安全性，为用户带来更加可靠和高效的自动驾驶体验。

百度 Apollo 以 L4 级 Robotaxi 为主，结合了高精地图和 5G 云代驾技术，但其商业化落地面临诸多挑战。首先，Robotaxi 单辆车改造成本接近 50 万元，需规模化运营才能降低边际成本，但目前仅在北京、武汉等几个城市试点。其次，复杂场景（如无保护左转、混合交通路口）的处理效率低于人类驾驶员，部分场景需远程云代驾接管。再次，百度将 L4 级方案降维至 L2+前装量产时，面临传感器配置精简和算法适配难度较大等问题，实际道路表现与测试数据存在差距。最后，完全无人化运营需地方政府特批，保险责任划分尚未形成统一标准，制约了跨区域发展速度。

百度 Apollo 自动驾驶方案的具体实现细节涵盖以下几个核心方面：首

先，通过多传感器融合技术，Apollo 自动驾驶系统能够整合并处理来自激光雷达、毫米波雷达、摄像头、超声波传感器等多种传感器的数据，从而获得更全面、准确的环境感知结果。这一过程包括数据的精确校准、同步及融合算法的应用等关键步骤。其次，Apollo 自动驾驶系统依赖高精地图进行精确定位和导航，而高精地图的制作需要对大量道路数据进行采集、处理和分析。为了确保地图的准确性和时效性，Apollo 还实现了地图的实时更新功能，以应对道路变化和新建设施等情况。再次，Apollo 自动驾驶系统采用先进的决策与规划算法，这些算法能够根据感知数据和高精地图信息，智能生成车辆的行驶路径和驾驶决策，确保车辆在安全、高效的前提下行驶。最后，在车辆控制方面，Apollo 自动驾驶系统通过精确的控制算法将决策结果转化为具体的控制指令，实现对车辆转向、加减速等操作的精细化控制，从而确保车辆能够按照规划路径平稳、准确地行驶。

Apollo 自动驾驶技术已经取得了显著的成果并广泛应用于实际生活中。其自动驾驶出租车服务已在多个城市上线运营，为公众带来了安全、便捷的出行体验。特别是在武汉等城市，Apollo 自动驾驶出租车服务已实现全域全时空场景覆盖，为近半数的武汉市民提供了便捷的无人化出行选择。此外，百度 Apollo 还成功推出了无人巴士、无人物流车等多种自动驾驶产品，并在多个城市和园区内进行了商业化运营，进一步展现了其技术的成熟度和应用的广泛性。截至 2024 年 4 月，搭载百度 Apollo 自动驾驶方案的汽车行驶里程已经突破了 1 亿千米，且从未发生过重大伤亡事故，这充分证明了其技术的可靠性和安全性。同时，百度 Apollo 还为每辆无人车及每位乘客购买了保险，而根据 2022 年至 2024 年的数据，实际车辆出险率仅为人类司机的 1/14，这进一步增强了公众对 Apollo 自动驾驶技术的信任和认可。

4.2.3 上汽自动驾驶方案

上汽集团的自动驾驶方案依托于先进的人工智能、深度学习、计算机视觉、传感器技术、高精地图和定位技术等多维度技术体系，实现了对车辆周围环境的全面感知、精准决策与智能控制。具体而言，该方案通过多传感器融合技术，集成了激光雷达、毫米波雷达、摄像头等多种传感器，确保了对车辆周围环境的全方位、高精度感知；同时，利用高精地图和定位技术，为自动驾驶系统提供了精确的车辆位置和道路信息，奠定了可靠的决策基础；此外，上汽自动驾驶系统还运用人工智能技术和深度学习算法，对感知数据进行深入分析和处理，不仅实现了对道路标志、行人、车辆等目标的精准识别和跟踪，还能预测其他交通参与者的行为，进而规划出最优的行驶路径。

上汽人工智能实验室视觉团队研发的自动驾驶检测跟踪算法在国际权威榜单 nuScenes 上一度排名全球第一，将跟踪算法关键指标在现有最高纪录上提升了 3 个百分点。此前，团队已凭借纯视觉目标检测算法的全新突破在 nuScenes 上夺得全球第三的成绩，实现感知数据从后融合至前融合模型的跨越式提升。

上汽人工智能实验室跟踪算法是自主研发的 BEV 目标检测方法的扩展，通过在 BEV 空间下，6 个覆盖车身 360°视野范围的相机获取的感知信息，由一个模型统一处理，共享同一视野，显著提升了处理速度与准确性。团队还引入了在落地项目中设计的跟踪器优化技巧，算法工程化程度更高。

上汽自动驾驶方案的应用场景十分广泛，涵盖了高速公路、城区道路及泊车等多种场景。在高速公路上，该自动驾驶系统能够实现自动驾驶，包括自动跟车、自动变道等功能，从而显著提升驾驶的安全性和舒适性。在城区道路上，系统则能够灵活应对诸如交通拥堵、行人横穿马路等各种复杂路况和突发情况，确保车辆始终安全行驶。此外，在泊车场景中，上汽自动驾驶系统还提供了自动泊车功能，包括平行泊车、垂直泊车等，这不仅提高了泊车的准确性和安全性，还有效降低了驾驶员的操作难度，如图 4-7 所示。

图 4-7　上汽人工智能实验室研发的高级别自动驾驶乘用车

上汽集团自动驾驶技术在行业内占据领先地位，展现出强大的研发实力和创新能力。该系统具备高度智能化特点，能够自主感知、决策和控制车辆行驶，从而有效减轻驾驶员的负担。同时，上汽自动驾驶系统经过了严格的安全测试和验证，具备高度的安全性和可靠性，确保车辆在各种路况下都能实现安全行驶。

上汽集团采用 L2+/L3 渐进式路线，并与 Momenta 公司等合作伙伴共同研发，但其技术自主性和数据积累存在明显短板。首先，智己、飞凡等汽车品牌依赖外部供应商，核心算法控制力弱于全栈自研企业，OTA 升级节奏受制于人。其次，上汽的实际路测数据量约千万公里级，远低于特斯拉，影响长尾场景训练效率。此外，部分车型仍沿用分布式 ECU 架构，限制了感知算法复杂度。上汽乘用车与商用车自动驾驶技术分散开发，缺乏统一平台，导致研发资源重复投入，品牌协同效应较弱。

上汽自动驾驶方案已经在上海内环进行了实地测试，并取得了令人瞩目的成果，该系统在复杂的城市交通环境中展现出了极高的稳定性和应对能力。此外，上汽集团下属的友道智途凭借其在国内多地（如中远海运港口泉州太平洋集装箱码头、上海港外四码头、上海港罗泾码头等地）出色的运营经验及成熟的自动驾驶产品，成功在中远海运港口秘鲁钱凯公司自动驾驶水平运输设备代运营服务竞争中胜出，并计划在钱凯港部署 40 台自动驾驶智能车辆，开展大规模的商业化运营，这标志着中国自动驾驶技术在南美港口实现了商业化运营零的突破。根据用户反馈，上汽自动驾驶系统在提高驾驶安全性、减轻驾驶员负担及提升驾驶体验等方面均表现优异，用户普遍认为该系统能够精准识别道路标志和交通参与者，合理规划行驶路径，并有效避免潜在风险，使整个驾驶过程更加轻松愉悦。

4.2.4 特斯拉自动驾驶方案

特斯拉自动驾驶方案（Autopilot 自动辅助驾驶）是汽车行业的一项革命性技术，自问世以来便引起了全球范围内的广泛关注与讨论。以下是对特斯拉自动驾驶方案的详细介绍，包括其技术原理、应用场景、优势与挑战等方面，并提供相关的数据、案例等支持信息。

图 4-8　特斯拉自动驾驶

特斯拉自动驾驶（图 4-8）的核心在于深度学习与大数据的深度融合。该系统通过车辆上配备的多个传感器、摄像头和雷达，实时收集道路环境、车辆状态及周围障碍物等数据。这些数据会立即被传输至特斯拉的云端服务器，经过先进的算法处理与分析，不断优化自动驾驶系统的决策能力。特斯拉的自动驾驶算法采用了端到端的神经网络架构，大量真实驾驶场景的数据训练，使系统能够更加智能地应对复杂多变的道路情况。

特斯拉车辆配备 8 个摄像头和强大的视觉处理系统，可实现对 360 度视野范围环境的监测，监测距离最远可达 250 米。安装于挡风玻璃后的 3 个摄像头，兼顾了车辆前方的宽阔视角及远距离物体精准探测。120° 鱼眼镜头能够拍摄到交通信号灯、行驶路径上的障碍物和距离较近的物体，非常适用于城市街道、低速缓行的交通场景。90° 角侧方前视摄像头能够监测到高速公路上突然并入当前车道的车辆，在进入视野受限的交叉路口也可提供更多的安全保障。侧方后视摄像头能监测车辆两侧的后方盲区，在变道和汇入高速公路时起着重要作用。除了辅助驾驶员安全倒车之外，拥有良好光学效果的后视摄像头现在也是自动辅助驾驶硬件套装的新成员，可以应用于复杂泊车场景。车载电脑上运行着特斯拉自主研发的神经网络系统，这是特斯拉训练和开发 Autopilot 自动辅助驾驶的基础。这套“视觉”系统可以同时“看”到每一个方向，其探测范围远超人类的感官，提供了一幅驾驶员自身无法触及的世界影像。为了充分利用这组性能强大的摄像头，特斯拉研发了一套同样性能强大的视觉处理工具 Tesla Vision。Tesla

Vision 基于深度神经网络，能够对行车环境进行专业的解构分析，相比传统视觉处理技术可靠性更高。

特斯拉 Autopilot 自动辅助驾驶拥有先进的安全功能与便利功能，旨在帮助用户减少繁杂的操作环节，从而更好地享受驾驶乐趣。Autopilot 自动辅助驾驶可以通过软件更新不断完善现有功能并引入新功能，持续提升车辆的安全性和功能性。启用 Autopilot 自动辅助驾驶后，车辆可以在车道内自动辅助转向、加速和制动。现阶段的 Autopilot 自动辅助驾驶仍需要驾驶员进行主动监控，车辆尚未实现完全自动驾驶。

新款特斯拉车辆均搭载未来能够在绝大多数情况下实现完全自动驾驶的硬件。整套硬件系统是为了使车辆能够在无须驾驶座上的人类介入的情况下自行完成短途或长途旅行而设计的。未来的自动驾驶功能无须人类监督即可实现，但这需要数十亿英里①的行驶里程的验证，以达到远超人类驾驶员的可靠性；同时还有赖于行政审批（某些司法管辖区可能会需要更长的时间）。目前搭载自动辅助驾驶功能的车辆可通过空中升级技术（OTA）使软件持续获得更新。

特斯拉自动驾驶方案的应用场景广泛，涵盖了从高速公路到城市道路的多种环境。具体来说，特斯拉的自动驾驶方案包括基础版自动辅助驾驶（AP）、增强版自动辅助驾驶（EAP）及完全自动驾驶（FSD）。其中，FSD 是功能最完善的产品，可以实现自动辅助导航驾驶、自动辅助变道、自动泊车、智能召唤等高级功能。这些功能使得车辆能够在更复杂的道路环境中实现自动驾驶，如自动驶入和驶出高速公路匝道或立交桥岔路口、超过行驶缓慢的车辆、在城区自动辅助转向等。

特斯拉凭借其显著的数据优势，通过大量在路上行驶的车辆收集到了海量且多样的真实路况数据，为模型的持续学习和改进提供了强有力的支撑，使其能够更好地适应各类复杂的道路场景。具体而言，特斯拉宣布其完全自动驾驶技术助力下的汽车已经行驶了超过 16.1 亿千米，这一成就远超国内目前任何一家汽车厂商。此外，特斯拉车辆的硬件配置，如摄像

① 英里：英制单位，1 英里≈1.61 千米。

头、传感器等，与车辆整体设计实现了完美融合，从而提供了更为全面且精准的环境感知。更为重要的是，借助空中升级技术，能够不断改进和优化完全自动驾驶算法，提升自动驾驶性能，而车主无须将车辆送回服务中心进行硬件升级。在成本控制方面，相较于一些依赖昂贵激光雷达的自动驾驶方案，特斯拉以摄像头和传感器为主的方案展现出了明显的成本优势，这有利于其技术的大规模推广。多项研究表明，特斯拉车辆在自动驾驶模式下行驶的安全性往往高于人类驾驶员，这主要得益于特斯拉强大的数据处理能力和算法优化能力，使其能够更快、更准确地识别潜在危险并做出相应的反应。

特斯拉的自动驾驶系统依赖纯视觉方案（摄像头为主）和神经网络算法，存在显著局限性。首先，其传感器配置易受极端天气（如暴雨、强光、大雾）干扰，移除毫米波雷达后进一步降低了复杂环境的感知冗余度，且缺乏激光雷达导致 3D 环境建模精度不足，难以应对异形障碍物。其次，算法在处理低概率“Corner Case”（如紧急车辆逆行、动物突然闯入）时表现不足，2021 年美国国家公路交通安全管理局报告指出特斯拉应对静止应急车辆存在缺陷。再次，特斯拉的 L2 级系统被部分用户误用为“完全自动驾驶”，导致驾驶员监控系统强度不足。最后，完全自动驾驶在中国、欧洲等地功能受限，本土化算法迭代速度较慢，难以完全适配本地交通规则。

4.3　任务 3：Apollo 自动驾驶平台实战

百度 Apollo 是百度公司推出的开放式自动驾驶平台（图 4-9），旨在推动智能驾驶技术的发展与应用，将人工智能与汽车科技相结合，引领智能交通革命的浪潮。自 2017 年首次亮相以来，百度 Apollo 已经成为全球自动驾驶领域的领先者之一，受到了广泛的关注和认可。

图 4-9　百度 Apollo 自动驾驶平台

4.3.1　自动驾驶开发流程

百度 Apollo 自动驾驶开发流程（图 4-10）是一个综合性的过程，它从开发环境搭建和硬件准备开始，接着进行 Apollo 平台的源码下载、编译及 Docker 环境启动，然后配置并启动感知、规划、控制等核心模块，通过 DreamView 进行可视化监控与仿真调试，然后在车端平台进行测试验证系统性能，最后基于数据分析和算法进展进行持续模型迭代，以构建出高性能、高可靠性的自动驾驶系统。

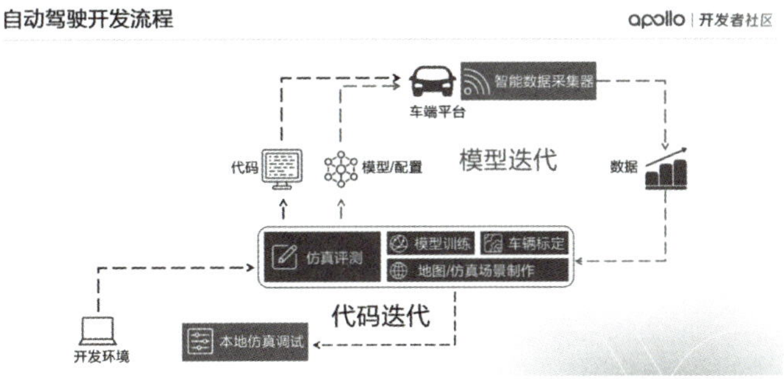

图 4-10　自动驾驶开发流程

4.3.2 快速上手 Apollo 自动驾驶

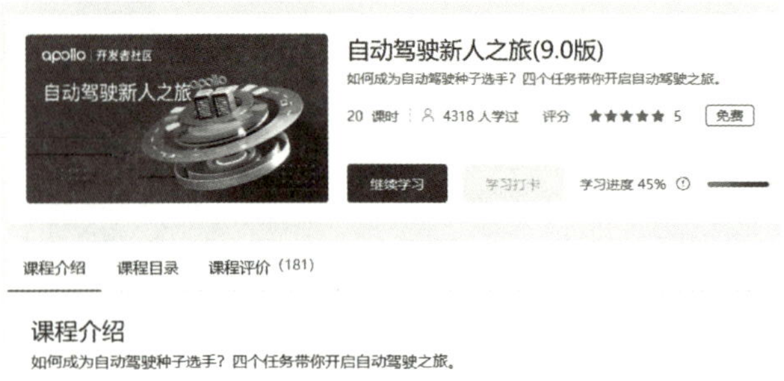

图 4-11 自动驾驶开发课程

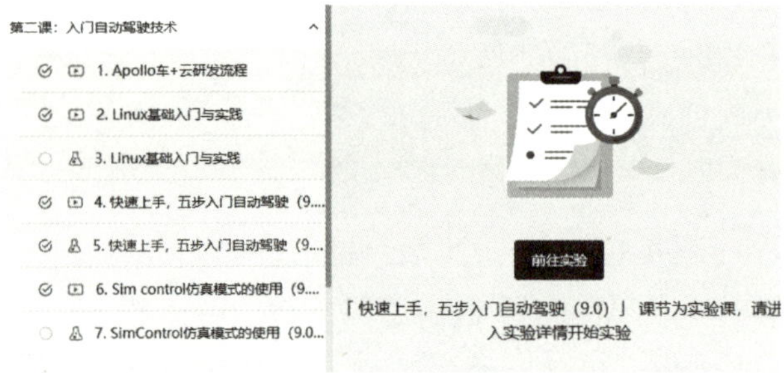

图 4-12 进入在线实验室

百度 Apollo 自动驾驶开发平台提供了自动驾驶在线编程开发环境，加入自动驾驶开发课程后即可使用在线编程环境（图 4-11）。课程地址为 https://apollo.baidu.com/community/online-course/773。

在课程目录中选择第二课第 5 节“5. 快速上手，五步入门自动驾驶”进入在线实验室（图 4-12）。

进入在线终端后执行“aem boot strap start--plus”指令启动 Dreamview 交互系统（图 4-13）。

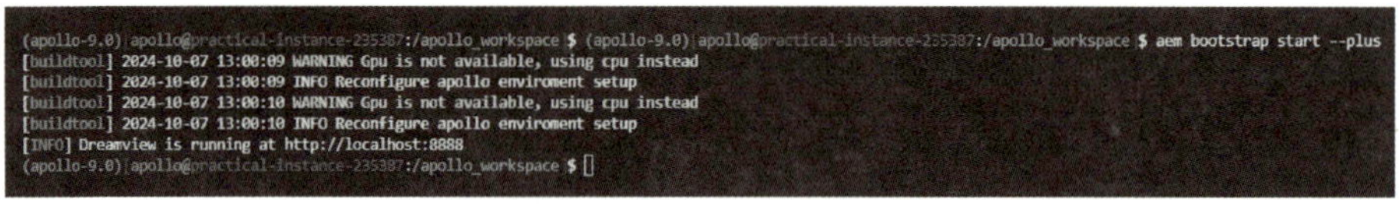

图 4-13 启动 Dreamview 交互系统

启动成功后，点击左上角菜单中的“dreamview”按钮，进入 Dreamview 操作面板，如图 4-14 所示。

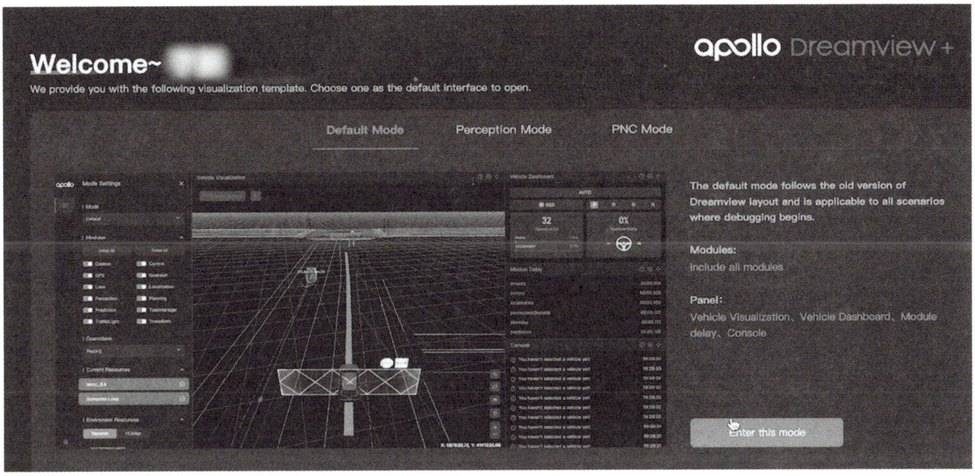

图 4-14　Dreamview 操作面板

点击右下角“Enter this mode”按钮进入 Dreamview，可以依次点击左下角用户头像→Settings→Language 进入语言选择菜单，将语言设置为中文。

点击左上角“模式设置”按钮进入模式设置，在“模式”一栏中选择“PnC”，然后在“操作”一栏中选择“Record”，最后在“环境资源”的“数据包”中点击“资源管理中心”，下载“demo_3.5”数据包。下载完成后点击左下角播放按钮即可播放离线数据包，如图 4-15 所示。

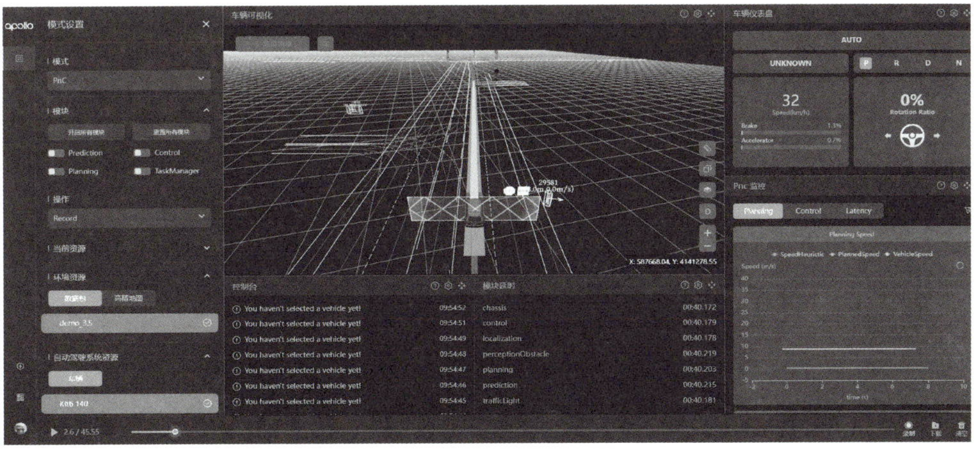

图 4-15　在 Dreamview 中播放离线数据包

在右侧的“Pnc 监控”模块中可查看车辆行驶中的各项信息，如规划速度、实际速度等，便于分析车辆行驶状态，如果规划速度和实际速度存在较大差异，则意味着自动驾驶算法可能存在问题。此外，Apollo 还提供了通道信息列表工具，在终端界面输入命令“cyber_monitor”就可以看到完整的通道信息列表。如图 4-16 所示，灰字部分表示当前通道没有数据通信，白字部分表示当前通道有数据通信，可以通过键盘上下键选择通道，通过键盘左右键实现对应通道的进入与退出。如图 4-17 所示，使用上下键移动焦点，选择“/apollo/hmi/status”，随后点击键盘右方向键进入该通道，即可查看详细信息。

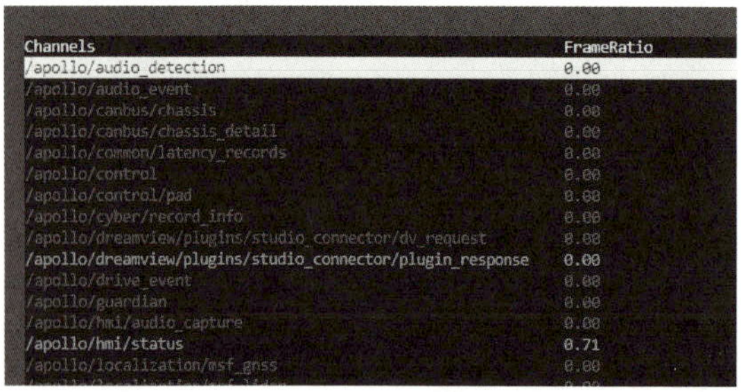

图 4-16 通道信息列表

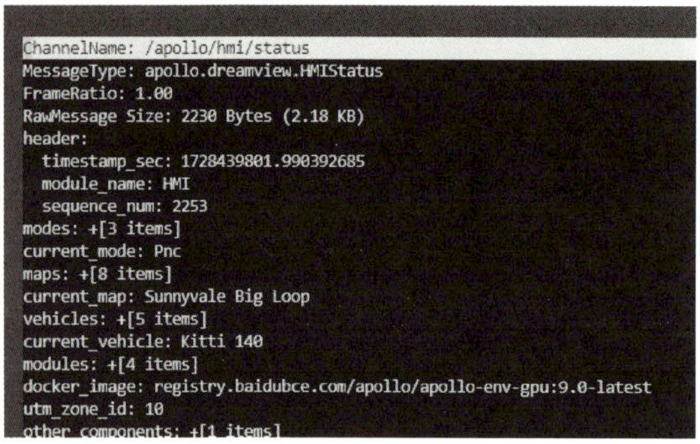

图 4-17 通道详细信息界面

在通道详细信息界面点击键盘左方向键即可回到通道信息列表界面。每个通道的具体含义可登录 Apollo 社区查看文档。点击键盘“Esc”键即可退出通道信息列表界面。

4.3.3 定速巡航仿真调试

通过实车测试来训练和验证自动驾驶模型是一项庞大且复杂的任务，它不仅需要投入大量的时间，还伴随着其他高昂的成本投入，包括车辆维护、测试场地租赁、专业人员配备，以及潜在的安全风险等。实车测试虽然能够直接反映模型在真实道路环境中的表现，但也受限于天气条件、交通状况、地理位置等多种不可控因素。这些因素可能会导致测试周期延长，并增加项目的不确定性。

使用仿真调试作为自动驾驶模型开发的辅助或替代手段，能显著提升开发效率与效果。仿真技术能够创造出高度接近真实世界的虚拟环境，涵盖复杂的道路网络、多样化的交通场景、动态天气条件及各类突发状况，为自动驾驶系统提供了安全、可控且可重复的测试平台。

具体来说，仿真调试的优势体现在以下几个方面。

首先是高效。仿真调试允许快速生成和切换不同的测试场景，从城市街道到乡村公路，从晴天到恶劣天气，无须等待想要的实际条件，从而大幅缩短了测试周期。

其次是节约成本。由于无须实际车辆运行和维护，减少了物理损耗、燃料消耗及事故经济损失，降低了整体研发成本。同时，仿真调试还确保了测试过程的安全性，即使在仿真中发生“事故”，也只是数据模拟，不会对人员或真实财产造成伤害。此外，仿真环境能够生成大量精确标注的数据，这些数据对于训练和优化自动驾驶算法至关重要，而在真实世界中收集这些数据可能极为困难且成本高昂。

最后是可重复性高。仿真调试的可重复性尤为关键，对于复杂或危险的特定场景，可以在仿真调试中反复模拟，帮助开发者深入理解模型行为，进行精确调优，直至达到最佳性能。

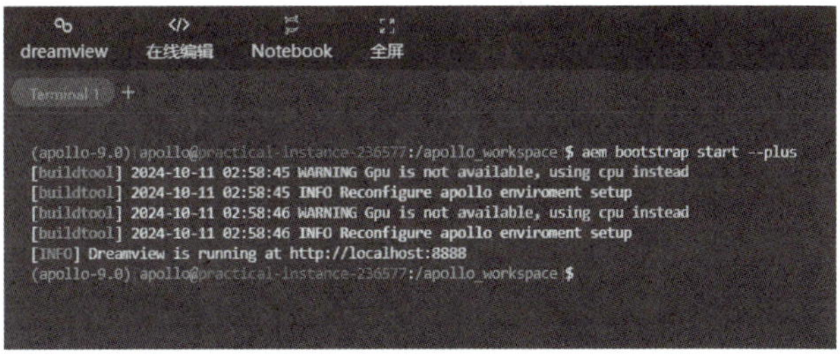

图 4-18　启动 dreamview

接下来我们将尝试使用 Apollo 开发平台进行车辆的自动巡航仿真测试。首先进入在线仿真平台，执行 dreamview 启动指令“aem bootstrap start--plus”，启动成功后点击左上方“dreamview”按钮，进入如图 4-18 所示界面。

点击 dreamview 界面左侧的“模式设置”按钮，打开模式设置界面，如图 4-19 所示。

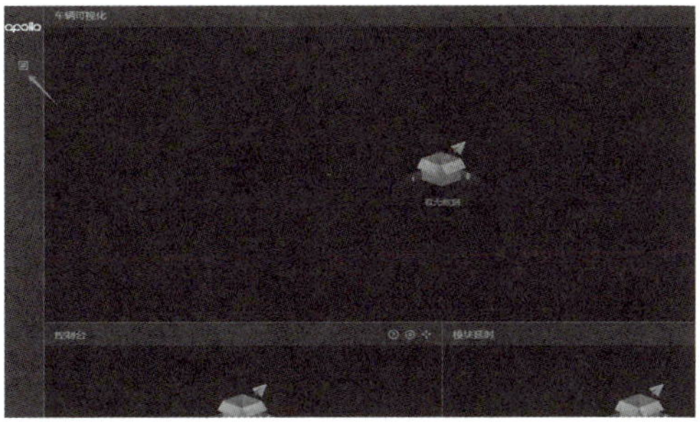

图 4-19　模式设置界面

图 4-20　DreamView 模式设置

在模式设置中，依次将“模式”设置为“PnC”、“操作”设置为“Sim_Control”，并在“模块”中开启“Planning”和“Prediction”，最后在“环境资源”中选择“Apollo Virutal Map”，如图 4-20 所示。

接下来点击设置面板右侧的“路由编辑”按钮，启动路线编辑器，进入路线编辑模块，设置行驶路线，如图 4-21 所示。

图 4-21　路线编辑模块

启动路线编辑器后点击左侧的“途经点”按钮，随后在地图中添加 2 个途经点，点击“保存编辑”，如图 4-22 所示。

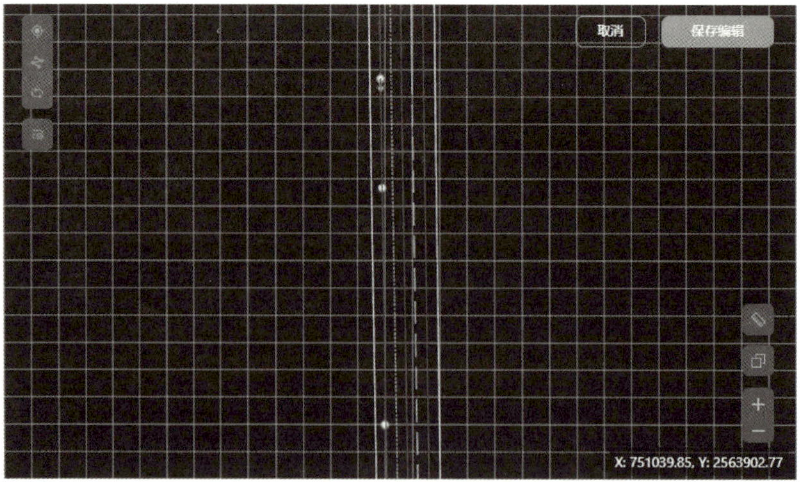

图 4-22　添加途经点

完成路线设置后即可点击面板左下角的开始按钮启动自动驾驶模拟，如图 4-23 所示。

开始模拟后系统会计算行驶路线并实时显示行驶过程，在右侧的面板中可以查看行驶过程中车辆的各项信息，如速度、方向、挡位等，如图 4-24 所示。

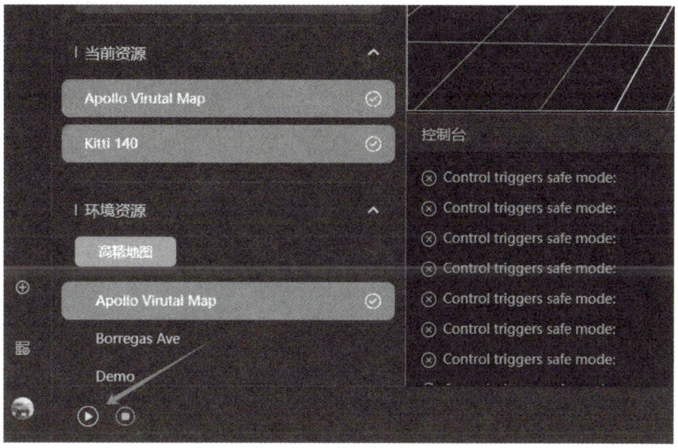

图 4-23　点击开始按钮启动自动驾驶模拟

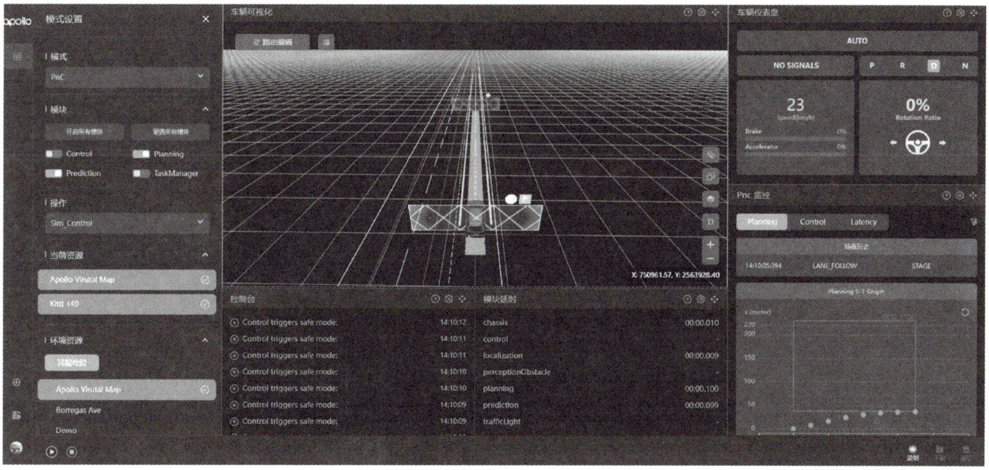

图 4-24　自动驾驶仿真界面

项目拓展

自动驾驶技术的未来发展无疑面临着诸多挑战。技术成熟度是首要问题。尽管近年来自动驾驶技术取得了显著进步，但在复杂多变的真实道路环境中，如何确保系统稳定、准确地运行，仍是一大难题。此外，法律法规的制定与完善也是一大挑战，如何平衡技术创新与社会安全，制定合理的政策与标准，是自动驾驶技术能否顺利推广的关键。

然而，挑战往往伴随着机遇。自动驾驶技术的突破，将极大地推动出行方式的变革，为人们提供更加便捷、舒适的出行体验。同时，自动驾驶技术的应用还将带动相关产业链的发展，如传感器、芯片、云计算等，为经济增长注入新的活力。此外，自动驾驶技术还有望在物流、配送等领域发挥巨大作用，提高运输效率，降低成本。

自动驾驶技术的未来既充满挑战，也孕育着无限机遇。只有不断攻克技术难题，完善法律法规，才能充分释放自动驾驶技术的潜力，推动交通出行方式的深刻变革，为人类社会的进步贡献力量。在这个过程中，政府、企业、科研机构等各方需共同努力，携手推进自动驾驶技术的健康发展。

项目 5
生成式人工智能

项目描述

人工智能领域近年来正在迎来一场由生成式人工智能大模型引领的爆发式发展。2022年11月30日，OpenAI公司推出一款人工智能对话聊天机器人ChatGPT，其出色的自然语言生成能力引起了全世界的广泛关注，2个月时间里用户突破1亿人，国内外随即掀起了一场大模型浪潮，Gemini、文心一言、Copilot、LLaMA、SAM、Sora等大模型如雨后春笋般涌现，2022年也被誉为大模型元年。

生成式人工智能是基于算法、模型等技术，利用现有文本、图像、代码、音视频文件生成和创建新内容的信息技术。生成式人工智能即人工智能生产内容，可用于代码生成、文本问答、图像和视频生成等。以ChatGTP和Sora为例，当前生成式人工智能的影响领域主要有以下几个方面：一是文字的翻译、编撰、归纳、总结；二是代码框架的设计和开发；三是根据文本提示动态生成图像和视频内容；四是智能客服服务。生成式人工智能技术对上述四个领域生产效率提升、服务模式变革、市场竞争格局演变产生了重大影响。

当前正加快进入智能计算时代，人工智能技术上的突破层出不穷，逐渐深入地赋能千行百业，推动人工智能与数据等要素成为新质生产力的典型代表。党的二十大报告指出，高质量发展是全面建设社会主义现代化国家的首要任务。高质量发展体现新的发展理念，也就是产出质量高、经济效益高、社会效益高、生态效益高、经济运行状态好的经济发展状况。习近平总书记在新时代推动东北全面振兴座谈会上首次提出，积极培育新能源、新材料、先进制造、电子信息等战略性新兴产业，积极培育未来产业，加快形成新质生产力，增强发展新动能。习近平总书记所提出的“新质生产力”为经济高质量发展提供了行动指南。生成式人工智能赋能新质生产力可以推动产业升级和结构调整，是助力经济高质量发展的新引擎。

项目目标

【知识目标】

- 理解大规模预训练模型的基本概念、架构和方法
- 掌握 GPT 模型的演变过程及其在自然语言处理领域的应用
- 了解 ChatGPT 的训练数据、训练方法和应用场景

【技能目标】

- 掌握如何通过精确的提示词引导 AI 生成高质量的内容
- 能使用 DeepSeek 进行基础的问答操作
- 能利用 DeepSeek 进行逻辑推理和解答复杂问题
- 能使用 DeepSeek 辅助编写和优化代码

【素质目标】

- 培养创新思维与问题解决能力，学习和应用生成式人工智能技术，利用 AI 探索新颖独特的解决方案
- 增强技术适应与学习能力，具备快速适应新技术、新工具的能力，能够持续学习和掌握最新的知识和技能，为未来的职业发展打下坚实基础
- 培养跨学科的综合素养，理解不同学科之间的联系与融合，以更全面的视角看待和解决实际问题，为推动新质生产力发展贡献跨学科的智慧和力量
- 增强团队合作意识和协作能力
- 培养良好的技术伦理意识和社会责任感

5.1 Transformer 模型

传统的机器学习算法依赖于人工提取特征，难以处理图像识别、语言识别及自然语言处理等问题，因为他们的特征提取较为困难。基于全连接神经网络的方法又存在参数太多、无法利用数据中的时序信息等问题。相比之下，循环神经网络具有挖掘数据中的时序信息及语言信息的特殊能力，这使得它在语音识别、机器翻译及时序分析等方面取得了显著突破。

5.1.1 自注意力机制

注意力机制源于人们对于外部信息的处理能力。人每一时刻接受的信息都是无比庞大且复杂的，这些信息远远超出人脑的处理能力，因此，在处理信息的时候，人们会将注意力放在需要关注的信息上，同时过滤其他无关信息，这种处理方式被称为注意力机制。

注意力机制的引起方式可以分为两种：一种是非自主提示，指的是因物体本身的特征十分突出而引起的注意力倾向；另一种是自主提示，指的是在先验知识的介入下，对具有先验权重的物体引起的注意力倾向。简言之，非自主提示源于物体本身，自主提示源于一种主观倾向。

图 5-1　咖啡杯

如图 5-1 所示，图上有报纸、论文、咖啡杯和玻璃瓶等。当第一眼看到该图时，我们会将注意力首先集中到咖啡杯上，因为整张图中咖啡杯的特征十分突出，可以看到里面的咖啡正在冒出热气，而其他物体是没有动感的。这种引起注意力的方式便是非自主提示。

喝完咖啡后，十分精神，想看一看论文。此时，通过“想看论文”这种主观意识，我们将注意力放到了论文上。这种通过主观意识引起注意力的方式便是自主提示。

在设计注意力机制时，若只考虑非自主提示，可通过简单的全连接层、无参数的平均汇聚或者最大汇聚等特征处理操作方式，提取出显著物体。

若考虑自主提示，则需基于查询（Query）、键（Key）和值（Value）来设计注意力机制。

查询，代表自主提示，即主观意识的特征向量。

键，代表非自主提示，即物体的突出特征信息向量。

值，代表物体本身的特征向量。

如图 5-2 所示，注意力机制通过注意力汇聚（attention pooling）实现以下过程：每个值都与一个键匹配，可以将给定的查询与键进行匹配，引导得出最匹配的值。

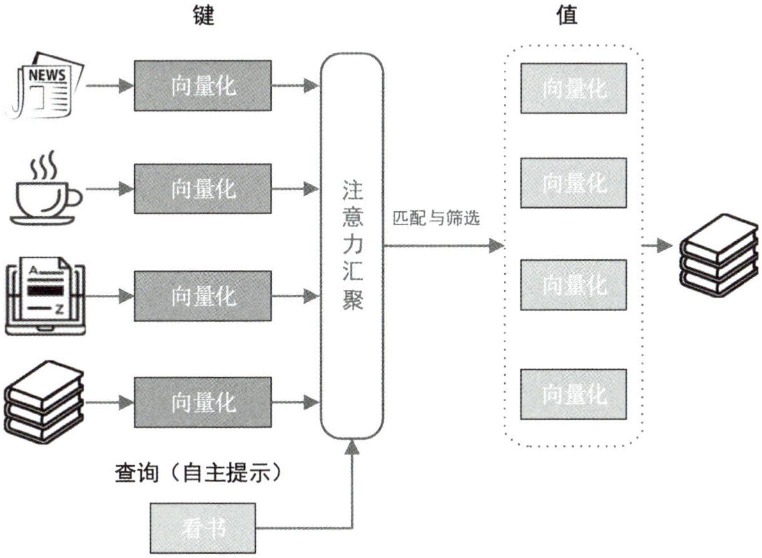

图 5-2 注意力机制示意图

另外，从存储寻址的角度理解，值可以看作存储器存储的内容，键可以看作存储器的地址，当键完全匹配查询时，则取出键的地址对应的存储器中的值，这被称为硬寻址。而软寻址则是通过计算键和查询的相似度来进行寻址，这种方法不是只获取一个键的地址对应的存储器的值，而是获取所有存储器的值的加权和。每个值的权重是通过键和查询的相似度计算而来的。

5.1.2 Transformer 模型结构

2017 年，Google 在论文“Attentions Is All You Need”中提出了 Transformer 架构，它使用自注意力（Self-Attention）结构取代了在自然语言处理任务中常用的 RNN 网络结构。目前 Transformer 已经成为自然语言处理领域绝对主流的网络架构，当前大热的 GPT、LLaMA、Claude、文心大模型等大语言模型（Large Language Model）都以 Transformer 架构或者其变种作为主干网络。此外，其在计算机视觉领域也展现出了非常惊艳的效果。

1. 整体结构

标准的 Transformer 架构主要由两个模块构成：

- 编码器（Encoder）：负责理解输入文本，为每个输入构造对应的语义表示（语义特征）。
- 解码器（Decoder）：负责生成输出，使用解码器输出的语义表示结合其他输入来生成目标序列。

如图 5-3 所示，输入内容“我是一名学生”经过左边的编码器进行编码后送入右边的解码器进行解码，最后输出英语翻译“I am a student”。编码器负责特征编码，即从原始的、比较底层的输入序列信号中提取出抽象的、具有明显语义特征的特征信息。解码器负责从编码器得到的原始序列的特征信息中“破译”出目标序列的内容。编码器和解码器通常配套使用，但是编码器和解码器在模型结构和用途上是相互独立的，因此我们也可以只用编码器或者只用解码器。

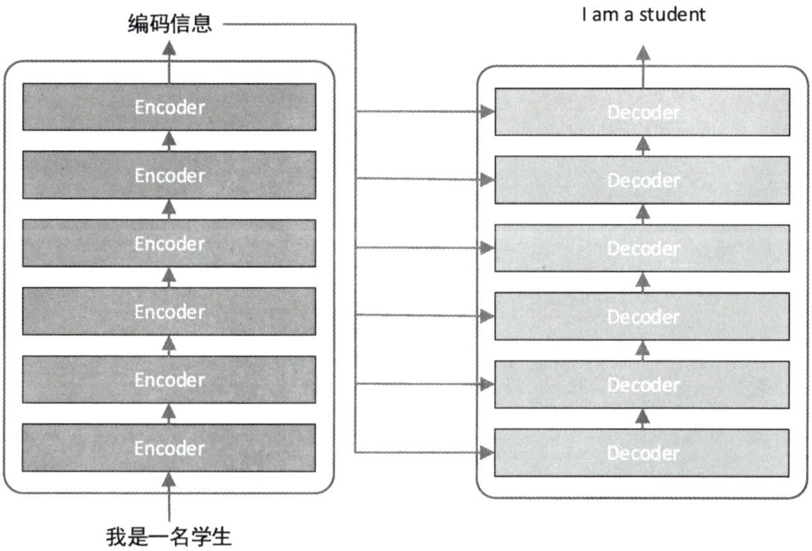

图 5-3　编码–解码示意图

每个编码器由自注意力层和前馈网络这两个子层组成，每个编码器的结构都是相同的，但是它们使用的权重参数不同。

Transformer 架构的具体结构如图 5-4 所示。从宏观角度来看，Transformer 的编码器是由多个相同的层叠加而成的，每个层都有两个子层。第一个子层是多头自注意力（multi-head self-attention）层，第二个子层是基于位置的前馈网络（positionwise feed-forward network）。在计算编码器的自注意力时，查询、键和值都来自前一个编码器层的输出，每个子层都采用了残差连接。在残差连接的加法计算之后，紧接着应用层规范化（layer normalization），对多头自注意力与前馈网络的输出进行处理，包含了残差结构以及层归一化。输入序列对应的每个位置，Transformer 编码器都将输出一个 D 维表示向量。

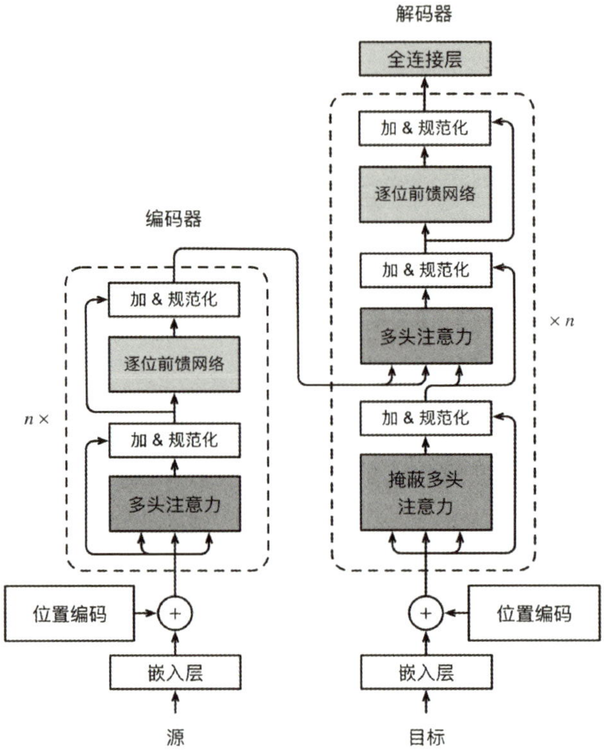

图 5-4 Transformer 结构

Transformer 解码器也是由多个相同的层叠加而成的，并且层中使用了残差连接和层规范化。除了编码器中描述的两个子层之外，解码器还在这两个子层之间插入了第三个子层，称为编码器-解码器注意力（encoder-decoder attention）层。在编码器-解码器注意力层中，查询来自前一个解码器层的输出，而键和值来自整个编码器的输出。在解码器自注意力中，查询、键和值都来自上一个解码器层的输出。但是，解码器中的每个位置只能考虑该位置之前的所有位置。这种掩蔽（masked）注意力保留了自回归（auto-regressive）属性，确保预测仅依赖于已生成的输出词元。

2. 注意力机制

Transformer 架构的标志就是采用了注意力层（Attention Layers）的结构，正如提出 Transformer 架构的论文名字就叫“Attention Is All You Need”。注意力层的作用就是让模型在处理文本时，将注意力只放在某些词语上。

虽然注意力机制有许多种实现方式，但是最常见的实现方式还是自注意力机制。(图 5-5)

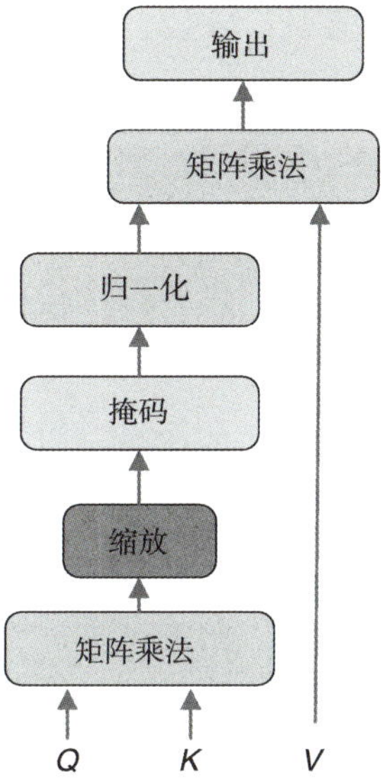

图 5-5　自注意力机制结构

假如需要翻译如下句子：

The animal didn't cross the street because it was too tired.

这里的 it 到底代表的是 animal 还是 street 呢？对于计算机来说这是很难判断的，但自注意力机制就能够让机器把 it 和 animal 联系起来。

自注意力机制会计算出三个新的向量，向量的维度是 512 维，把这三个向量分别称为查询向量（Q）、键向量（K）和值向量（V），这三个向量是用嵌入（embedding）向量与一个矩阵相乘得到的结果，这个矩阵是随机初始化的，维度为（64，512），注意第二个维度需要和嵌入的维度一样。

自注意力机制计算过程包含 2 个主要步骤：

第一步：计算注意力权重。

这一阶段的目标是确定每个查询向量应该关注其他哪些键向量。通常使用一种相似度函数来衡量查询向量与所有键向量之间的关联程度。自注意力机制使用“点积”作为相似度的计算方式：两个向量越相似，它们的点积值越大。

由于点积可以产生任意大的数字，这会破坏训练过程的稳定性。为了解决这个问题，会对点积结果进行缩放，使其方差适中，然后通过 Softmax 函数将这些分数转化为一组归一化的权重。这些权重就表示每个查询向量在当前上下文中应该“关注”每个键向量的程度。

第二步：更新表示向量。

得到了注意力权重之后，我们会根据这些权重，对应地加权所有的值向量。这个过程相当于为每个输入 token 生成一个“加权平均”的语义表示，使得它能融合与其相关的上下文信息。最终，每个查询向量都会被更新成一个结合了全局信息的新表示。

3. 多头注意力

多头注意力是对标准注意力机制的一种扩展。它的核心思想是在同一个输入序列上，通过多个不同的“视角”去捕捉信息。具体来说，它会将查询向量、键向量和值向量分别通过多组不同的线性变换，得到多个版本的 Q、K、V，然后并行地计算多组注意力。

这样做的好处在于，即使输入是相同的，不同的注意力头也能关注序列中不同的关系。有些注意力头可能擅长捕捉局部的（短距离）依赖关系，有些则擅长处理全局的（长距离）依赖关系，从而增强模型理解复杂语义的能力。

每个注意力头得到的结果会被拼接起来，然后再通过一个线性变换（由全连接层实现）整合成最终输出。如图 5-6 所示，每个注意力头都包含一套独立的线性变换，最后通过连接操作合并，再进行一次线性变换以输出最终的表示。

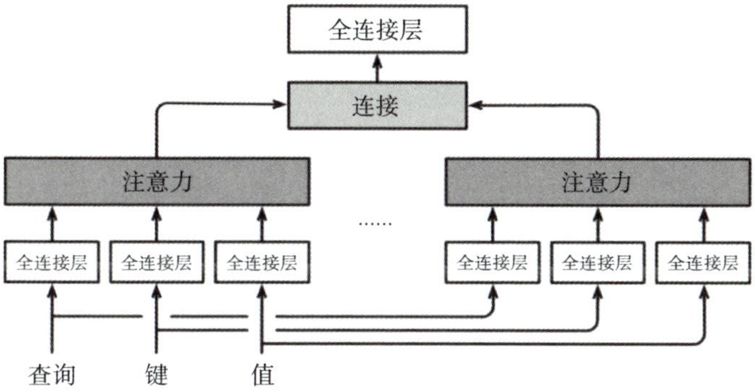

图 5-6　多头注意力

4. 位置编码

在 Transformer 中，模型本身并不具备处理序列顺序的能力。与循环神经网络不同，Transformer 是一种完全基于注意力机制的结构，它在处理时会“同时”看到整个序列。这虽然提高了并行计算效率，但也导致模型无法自动识别词语之间的先后关系。

为了解决这个问题，Transformer 中使用位置编码保存单词在序列中的相对或绝对位置。位置编码准确地描述了输入序列中各个单词的绝对和相对位置信息，即在编码–解码器的底部输入加入了位置编码。

位置编码可以表示单词之间的相对位置，也可以表达单词在整个序列中的绝对位置。在原始的 Transformer 模型中，使用了正弦和余弦函数构造出一套规律性的编码方式。这种编码方式不依赖学习，而是通过数学函数生成，能够以固定的方式区分不同位置的词。在实际应用中，位置编码被直接加到输入的词向量中，一起送入编码器或解码器中处理。

除自然语言处理领域外，Transformer 还在其他领域展现了广阔的发展前景。它已经扩展到了图像处理、音频理解、代码生成、多模态建模等多个方向。如今，Transformer 已经成为几乎所有生成式人工智能模型的基础模块之一。

5.1.3 Transformer 家族

Transformer 的出现突破了 RNN 模型无法并行计算的限制，通过注意力机制为输入序列中的任意位置提供上下文信息，并且具有并行性强大、位置关联操作不受限、全局表征能力强、通用性强和可扩展性强等优势。随后基于 Transformer 架构的各种模型如雨后春笋般涌现。

1. 自编码模型

自编码模型只使用 Transformer 架构中的编码器模块。在每个阶段，注意力层都可以访问原始输入句子中的所有词语，即具有“双向”注意力。

自编码模型通常通过破坏给定的句子（如随机遮盖其中的词语）让模型进行重构来进行预训练。这种模型最适合处理需要理解整个句子语义的任务，如句子分类、命名实体识别（词语分类）、抽取式问答。

BERT（Bidirectional Encoder Representation from Transformers）是第一个基于 Transformer 架构的纯编码器模型，它在提出时横扫了整个自然语言处理界，在流行的通用语言理解评估（General Language Understanding Evaluation，GLUE）基准上超过了当时所有的模型。随后的一系列工作对 BERT 的预训练目标和架构进行调整以进一步提高性能。目前，纯编码器模型依然在自然语言处理行业中占据主导地位。

BERT 模型的常见变体有 DistilBERT、RoBERTa、XLM、XLM-RoBERTa、ALBERT、ELECTRA、DeBERTa 等。

2. 自回归模型

自回归模型只使用 Transformer 架构中的解码器模块。在每个阶段，对于给定的词语，注意力层只能访问句子中位于它之前的词语，即只能迭代已经生成的词语来逐个预测后面的词语，因此也被称为自回归模型。

自回归模型的预训练通常围绕着预测句子中下一个单词展开。这种模型适合处理只涉及文本生成的任务。

一些常见的自回归模型有 GPT、GPT-2、CTRL、GPT-3 等。

3. 编码器–解码器模型

编码器–解码器模型，又称 Seq2Seq 模型，它同时使用 Transformer 架构的两个模块。在每个阶段，编码器的注意力层都可以访问初始输入句子中的所有单词，而解码器的注意力层则只能访问输入中给定词语之前的词语。

一些常见的编码器–解码器模型有 BART、T5 等。

5.2 大规模预训练模型

5.2.1 大规模预训练模型

近年来，随着深度学习、大规模数据集及 GPU 的快速发展，出现了越来越多的大规模预训练模型（Pre-Trained Model，PTM）。其中以 BERT 和 GPT 模型为代表。

2013 年，自然语言处理模型 Word2Vec 诞生。它是首个将单词转换为向量的“词向量模型”，以便计算机更好地理解和处理文本数据。2014 年，被誉为 21 世纪最强大算法模型之一的对抗式生成网络诞生，标志着深度学习进入了生成模型研究的新阶段。2017 年，Google 颠覆性地提出了基于自注意力机制的神经网络结构——Transformer 架构，奠定了大模型预训练算法架构的基础。如上一节所述，注意力机制是一种模拟人类注意力的机制，它在神经网络中用于聚焦输入数据的重要部分，从而提高模型的性能。在 Transformer 架构中，自注意力机制是核心组件之一，它使模型能够理解输入数据的上下文信息。

2018 年，OpenAI 和 Google 分别发布了 GPT-1 与 BERT 模型，这意味着大规模预训练模型成为自然语言处理领域的主流。BERT 模型是基于 Transformer 架构的一个变种，它在预训练过程中有两个任务：遮盖语言模型（Masked Language Model）和下一句预测（Next Sentence Prediction）。通过这两个任务，BERT 模型可以捕捉词语和句子级别的表示形式，以无监督方式学习，并在各种下游自然语言处理（Natural Language Processing，NLP）任务上进行微调。BERT 的发布引发了对于预训练模型在 NLP 领域的广泛关注，极大地提升了此类模型在各种任务中的性能。

2020 年，OpenAI 公司推出了 GPT-3 模型，模型参数规模达到了 1 750 亿，成为当时最大的语言模型，并且在零样本学习任务上实现了巨大的性能提升。随后，更多策略如基于人类反馈的强化学习、代码预训练、指令微调等开始出现，被用于进一步提高推理能力和任务泛化。2022 年 11 月，搭载了 GPT-3. 5 模型的 ChatGPT 横空出世，凭借逼真的自然语言交互与多场景内容生成能力，迅速引爆互联网。2023 年 3 月发布的超大规模多模态预训练大模型——GPT-4，具备多模态理解与多类型内容生成能力。

大规模预训练模型拥有参数多、海量数据学习及强大的模型泛化等特点，因此可以有效地从海量数据中捕获知识。斯坦福大学将大规模预训练模型命名为基础模型（Foundation model）。任何在广泛数据（通常使用大模型自监督）上训练的模型，都可以适应广泛的下游任务。

基础模型具有两个突出特征：涌现（Emergence）和同质化（Homogenization）。涌现是从微观到宏观的产生过程，指人工智能系统的行为并非预先明确设定的，而是被隐式诱导着进行的。同质化是指不同应用场景下的人工智能系统构建方式具有固定性，这使得基础模型可以进行多种任务。

事实上，涌现和同质化同样存在于过去 30 年间的机器学习研究和深度学习研究中，但为什么直到现阶段，该现象才引起人们的担忧和广泛关注呢？这需要重新从基础模型的技术说起。

基础模型是通过迁移学习和大规模化实现的，迁移学习使其成为可能，而大规模化使其强大。迁移学习可以被感性地理解为举一反三，即将从一项任务中学到的“知识”应用到另一项任务中。在深度学习中，预训练是迁移学习的主要方法：在替代性任务上训练模型，然后通过微调等其他方式适配下游任务。

基础模型引起了前所未见的同质化现象。首先，在 NLP 领域，现有最先进的模型都是基于少数的几个基础模型调适的，这虽然减少了模型训练的成本，但也导致了一种风险，即所有人工智能系统都可能继承一些与基础模型相同的错误偏置。同时，现在也出现了一些跨领域的模型同质化现象，如类似的基于 Transformer 架构的序列建模方法被应用于文本、图像、语音等多个领域就造成了同质化现象。这表明，未来可能出现一套统一的工具来开发各种模态的基础模型。

基础模型中产生的涌现效果也令人惊异。例如，GPT-2 模型有 15 亿个参数，而 GPT-3 模型有 1 750 亿个参数，并可以进行语境学习。通过向 GPT-3 语言模型提供提示（一条对任务的自然语言描述）就可以让其适配下游任务。这种提示是一种既没有经过专门训练也不被期望在数据中出现的涌现属性。

同质化和涌现以一种难以预料的方式相互作用。同质化为许多边缘领域提供了更多可能性，但另一方面，模型中的任何缺陷都会被所有下游模型盲目继承。由于基础模型的能力来自其涌现特征，现有的基础模型可能具有难以预料的错误模式。涌现的存在使基础模型的能力和风险具有很强的不确定性，这些模型的同质化更扩大了这种风险。

5.2.2 GPT 模型的演化

GPT 全称为 Generative Pre-trained Transformer。其中，“Generative”意为生成式，表明该模型旨在生成内容。“Pre-trained”则表示预训练，表明该 AI 模型经过大量预训练以获得强大的能力。“Transformer”即 Transformer 架构，它利用自注意力机制能够高效准确地处理 NLP 领域的问题，从而完美地解决翻译、对话、论文写作甚至编程等复杂任务。

1. GPT-1

2018 年，OpenAI 推出了 GPT-1 模型，模型参数量约为 1.17 亿。GPT-1 模型先通过未标注的数据训练出一个生成式语言模型，再根据特定的下游任务进行微调，将无监督学习作为有监督模型的训练目标。

GPT-1 模型的设计是一种巧妙的平衡（图 5-7），它专注于单向文本生成任务，并且通过简化 Transformer 架构，专注于解码器部分的带掩码的多头注意力机制和前馈网络。这种简化使得模型更加轻量化，适用于大规模的无监督预训练和后续的有监督微调。

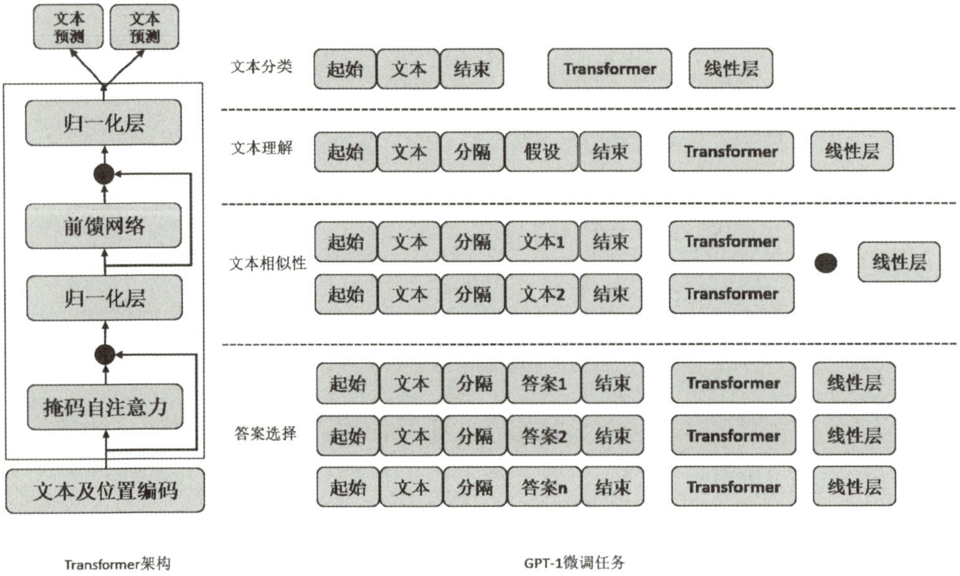

图 5-7　GPT-1 设计框架

GPT-1 模型的训练分为两个阶段，第一阶段是无监督预训练（Pre-Training），第二阶段是有监督微调（Fine-Tuning）。这样是为了使模型能够在大规模的无标注数据上学习语言模型，并在特定任务上进行优化。

第一阶段为无监督预训练。在无监督预训练阶段，GPT-1 模型借助 Transformer 架构的解码器，输入大量的无标注文本数据进行训练。

（1）输入数据：大量的无标注文本数据。

（2）模型结构：采用了 12 层简化版的解码器，每一层都包含带掩码的多头注意力机制和前馈网络。

（3）训练目标：通过上文预测下一个词的任务来进行预训练。模型被要求根据上文的信息预测当前位置的词。

（4）训练过程：使用无标注文本数据训练模型，通过最大化预测词的对数似然来更新模型参数。

（5）模型参数：预训练结束后，模型的参数会被保存下来，用于后续的微调阶段。

第二阶段为有监督微调。在有监督微调阶段，预训练好的 GPT-1 模型被加载，并在特定任务的有标注数据集上进行微调。GPT-1 模型做以下 4 种有监督的学习。

（1）文本分类（Classification）：对本文进行分类。如给定一段文字，判断表达的是积极情感还是消极情感。

（2）文本理解（Entailment）：给定一个前提，判断这个前提是否支持一个假设。如前提为“我在周六早上被闹钟闹醒，然后打开了电脑”，是否能够推出假设为“一个打工人在周末早起来打工”？

（3）文中相似性判断（Similarity）：给定两段文本，判断它们表达的意思是否相似。

（4）答案选择（Multiple Choice）：给定一段文本和若干个答案，判断正确答案。

GPT-1 模型使用 BooksCorpus 数据集，该数据集包含 11 000 本书籍，拥有更长的上下文依赖关系，使得模型能学得更长期的依赖关系。这些书籍没有发布，所以很难在下游数据集中见到，能够更好地验证模型的泛化能力。

GPT-1 模型使用了 12 层转换器（Transformer），使用了带掩码的自注意力机制，掩码的使用使模型看不见未来的信息，得到的模型泛化能力更强。在有监督预训练的 12 个任务中，GPT-1 模型在 9 个任务上的表现超过了该领域内此前最好的模型。在训练集中没有某个样本，但是测试集中出现该样本的任务中，GPT-1 模型要比基于长短时记忆（Long Short-Term Memory，LSTM）网络的模型更稳定，且随着训练次数的增加，GPT-1 模型的性能也逐渐提升，这表明 GPT-1 模型有非常强的泛化能力，能够用在和有监督任务无关的其他 NLP 任务中。GPT-1 模型证明了 transformer 对学习词向量的强大能力，在 GPT-1 模型得到的词向量基础上进行下游任务的学习，能够让下游任务取得更好的泛化能力。对于下游任务的训练，GPT-1 模型往往只需要简单的微调便能取得非常好的效果。GPT-1 模型在未经微调的任务上虽然也有一定效果，但是其泛化能力远远低于经过微调的有监督任务，说明 GPT-1 模型只是一个简单的领域专家，而非通用的语言学家。

2. GPT-2

GPT-1 模型和 BERT 模型代表了两种不同的自然语言处理模型范式：基于解码器的 GPT-1 模型和基于编码器的 BERT 模型。由于 GPT-1 模型处于劣势，通过引入创新的零样本学习（Zero-Shot Learning）思想，OpenAI 在 2019 年发布了 GPT-2 模型以取代 GPT-1 模型。

GPT-2 模型的核心思想是通过零样本学习来训练一个通用的模型，即使不经过针对特定任务的微调也能在各种任务上表现良好。它通过从大规模无监督数据中自动挖掘任务描述、提示和答案等关键信息，使得模型具有了一定的自我理解和推理能力。只要数据足够多足够好，只要模型足够大足够强，就可以直接去掉微调过程，训练出一个通用的模型。

几种样本学习的区别如下。

小样本学习（Few-Shot learning），指允许输入数条范例和一些任务说明。给出任务描述（description）和任务提示（prompt）。

一次学习（One-Shot learning），指允许输入一条范例和一条任务说明。给出任务描述，给出一个例子，给出任务提示。

零样本学习（Zero-Shot learning），指不允许输入任何范例，只允许输入一条任务说明。

GPT-2 模型在训练过程中不需要明确告诉模型要做什么以及如何做。它通过对大规模文本数据的学习，尝试从中自行提取任务描述、提示和答案等关键信息，从而达到对各种任务的适应性。在这个过程中，语言的丰富性和多样性发挥了重要作用。例如，一段提到英法文翻译的文本可能暗示了这是一个翻译任务，同时提供一些相关的例子或背景信息，这段文本就可以被 GPT-2 模型用于自主学习。

当数据集越大、越丰富时，GPT-2 模型的自主学习能力也会变得更强。GPT-2 模型收集了一个大语料库 WebText，同时验证了通过海量数据和大量参数训练出来的模型可以迁移到其他任务中而不需要额外的训练。GPT-

2 模型表明随着模型容量和数据量的增大，大语言模型的潜能还有进一步提升的空间，这为后续的模型发展奠定了基础。

3. GPT-3

GPT-3 模型的结构整体与 GPT-2 模型相似，与 GPT-2 模型相比，GPT-3 模型的数据规模、参数规模都比 GPT-2 模型大 100 倍，有约 1 750 亿个参数量及 570 GB 的训练数据。

此前的语言模型虽然取得了巨大的成功，但仍存在一个重要的缺陷：在面对新任务时，仍然需要特定任务的数据集并进行微调，这大大限制了语言模型的通用性和适用性。总的来说，语言模型仍有以下问题需要解决。

数据集限制：从实用角度来看，对于任何一项新任务都需要一个有标注的大数据集，这限制了语言模型的适用性。对于一些广泛应用但难以收集大规模标注数据的任务，如语法纠错、生成抽象概念的示例、评论等，收集数据集较困难。

微调效果：微调在特定数据集上得到的模型在外推数据（Out-of-distribution，OOD）上的泛化性能可能不佳，因为模型过度适应了微调数据的分布。即使微调后的模型在特定基准上达到了人类水平，其实际性能可能被夸大。

学习能力：人类在学习新任务时不需要大量标注数据，简短的几个示例就足以使人类执行新任务。如果语言模型能够达到类似的学习能力，将极大地增加其通用性。

GPT-3 模型共训练了 5 个不同的语料库，整个语料库的规模为 45 TB，分别是低质量的 Common Crawl，高质量的 WebText2，Books1，Books2 和 Wikipedia，GPT-3 模型根据语料库的不同的质量赋予了它们不同的权值，权值越高的在训练的时候越容易抽样到。

GPT-3 模型延续了 GPT-2 模型的思路与训练方法，没有使用微调。因此 GPT-3 模型采用情景学习（In-Context Learning，ICL）的方式学习下游任务，同时使用超大容量的 Transformer 大型语言模型。ICL 的概念最初来自 GPT-3 模型的论文，它帮助语言模型在预训练过程中获得了良好泛化和模式识别能力，可以在新的任务上快速适应或识别所需的任务。通过给出少量标注样本和设计任务相关的指令形成提示模板，来引导语言模型在待测试样本上生成相应的结果。与微调不同，情景学习的过程并不涉及梯度的更新，而是将带有标注的样本与任务相关的提示拼接起来，作为输入指导模型生成预测结果。情景学习的效果大幅超越了零样本学习，为少样本学习提供了新的研究思路。

GPT-3 模型展示了零样本学习能力，即在没有针对特定任务进行微调的情况下，能够在新任务上执行任务。这种能力使得模型具有更广泛的适用性，无须针对每个任务进行微调。GPT-3 模型在多种应用场景中展现了出色的性能，包括文本生成、语言翻译、问题回答、代码生成等。它被用于各种任务，从创作文学作品到自然语言理解等。

5.2.3 ChatGPT

ChatGPT（Chat Generative Pre-trained Transformer，聊天生成预训练转换器）是 OpenAI 于 2022 年 11 月发布的人工智能聊天机器人程序。它基于 GPT-3.5 架构的大型语言模型，并通过强化学习进行训练。ChatGPT 主要通过文字与用户进行交互，不仅可以进行自然语言对话，还能处理多种复杂的语言任务，如自动生成文本、自动问答和自动摘要等。

2023 年 3 月，OpenAI 发布了 GPT-4 模型，该模型在创新性、视觉输入处理和长上下文理解能力方面有了显著提升。GPT-4 模型是一个庞大的语言模型，其参数规模达到了 1.8 万亿个，是 GPT-3 模型的 10 倍以上。为了在保持合理成本的同时构建如此大规模的模型，OpenAI 采用了专家混合模型（Mixture of Experts，MoE），GPT-4 模型包含 16 个专家模型，每个专家模型大约拥有 1 110 亿个参数，这种设计增强了模型的处理能力和效率。

ChatGPT 的训练过程分为三个阶段如图 5-8 所示。

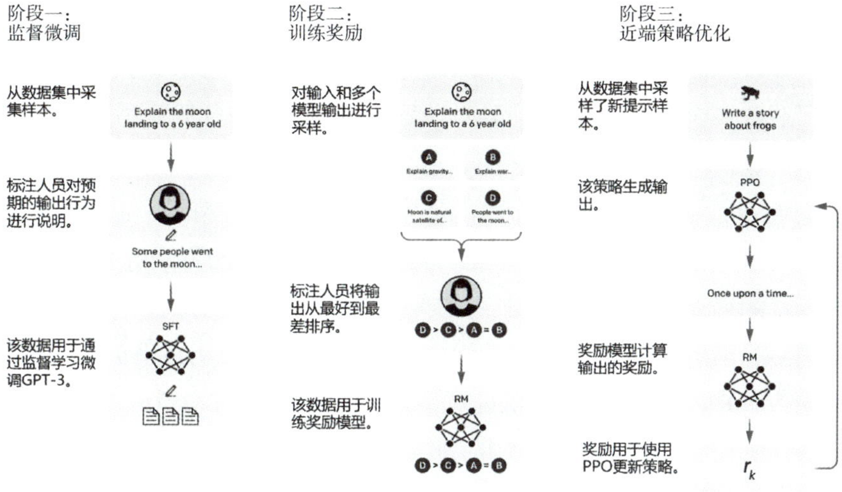

图 5-8　ChatGPT 的训练过程

监督微调（Supervised Fine-Tuning，SFT）：首先从数据集中随机抽取问题，并由标注人员提供高质量的答案。然后使用这些人工标注的数据对 GPT-3. 5 模型进行微调。这个阶段的目标是让模型学会理解指令的意图，并生成高质量的回答，使得模型在遵循指令和对话方面优于 GPT-3 模型。

训练奖励（Reward Mode，RM）：这个阶段主要是通过人工标注训练数据（约 3. 3 万个数据）来训练模型。在数据集中随机抽取问题，使用第一阶段生成的模型，对每个问题生成多个不同的回答。标注人员对这些结果综合考虑给出排名顺序。这一过程类似于教练或老师辅导。接下来，使用这个排序结果数据来训练奖励模型。对多个排序结果进行两两组合，形成多个训练数据对。这个阶段的目标是训练模型学会区分高质量的回答和低质量的回答，以便在后续阶段用于奖励的打分。

近端策略优化（Proximal Policy Optimization，PPO）：这个阶段使用阶段二训练后的模型来指导预训练模型参数的更新。首先从数据集中随机抽取问题，使用预训练模型生成回答，并由模型给出质量分数。然后通过 PPO 根据奖励分数来更新模型参数，以提高生成的回答的质量。这个阶段的目标是通过迭代训练，不断优化 ChatGPT 模型，使其生成的回答的质量不断提高。

ChatGPT 的功能与特点使其能够在多个领域展现出惊人的能力。

自然对话能力：ChatGPT 的最大特点是其出色的自然对话能力。它可以与用户进行自由对话，产生连贯、富有逻辑的回复，让用户觉得与 ChatGPT 交流如同与一个有思维的智能伙伴交谈。这种自然的对话方式让用户与机器的交流变得更加亲切和顺畅，促进了人机之间的更紧密联系。

丰富的知识库：ChatGPT 具备丰富的知识，它可以回答各种问题，从日常生活的琐事到专业领域的知识，无所不能。无论用户遇到什么问题，ChatGPT 都可以给予及时有效的答复。这使得 ChatGPT 成为一个智能的问答平台，满足了用户获取信息的需求。

多语言处理：ChatGPT 不仅可以处理英语，还可以处理多种其他语言。它的多语言处理能力使得全球各地的用户都能与之进行无障碍的交流，不再受限于语言。这为跨文化交流和全球化合作提供了更大的便利。

情境适应：ChatGPT 可以适应不同的场景和语境，比如提供娱乐、教育、健康等方面的建议。根据用户的需求和个性化要求，ChatGPT 能够灵活地调整回答的内容，为用户提供更加个性化的服务体验。这种情境适应的能力使得 ChatGPT 在各个领域都能有出色的表现。

创造性表达：除了回答问题，ChatGPT 还可以进行创造性表达，包括写作、故事创作等。它可以成为作家、创作者的得力助手，为他们提供灵感和创意，激发创新的火花。在写作领域，ChatGPT 的应用带来了前所未有的便利和创作力。

5.2.4 ChatGPT 的应用场景

1. ChatGPT 作为生活帮手

ChatGPT 正逐渐渗透到我们日常生活的方方面面，成为我们不可或缺的帮手。

在智能家居领域，ChatGPT 可以与各种智能设备连接，实现家居的智能化管理。比如，用户可以通过 ChatGPT 控制智能灯、空调、电视等设备，只需简单说出指令，如“打开客厅灯”或“调低空调温度”，

ChatGPT 就能立即执行。这不仅提高了生活的便利性，还让用户能够根据自己的喜好和需求定制个性化的家居环境。

在自动驾驶方面，ChatGPT 也展现出巨大的潜力。它可以作为高级自动驾驶辅助系统的一部分，通过分析传感器数据和实时环境信息，提供智能决策和行驶建议，从而增强车辆的安全性和驾驶体验。比如，在复杂的交通情况下，ChatGPT 可以帮助车辆做出准确判断，避免潜在的危险。

在医疗保健领域，ChatGPT 的应用同样广泛。它可以作为智能问诊系统的一部分，根据患者描述的症状并给出初步的医疗建议。此外，ChatGPT 还可以用于临床决策支持，为医生提供基于数据的建议，以改善患者的诊疗结果。这些应用不仅缓解了医疗资源紧张的问题，还让患者能够更便捷地获得医疗服务。

在日常生活中，ChatGPT 还可以充当我们的个人助手。无论是提醒日程、查询天气、播放音乐，还是提供旅游建议、餐饮推荐等，ChatGPT 都能迅速给出准确的回答和建议。这极大地提高了我们的生活效率和质量，让我们的生活更加丰富多彩。

2. ChatGPT 作为工作顾问

ChatGPT 已经成为各种行业工作人员的顾问。其强大的自然语言处理能力和深度学习能力，使得它能够在各种工作场景中提供有价值的建议和信息。

在商业分析领域，ChatGPT 可以为企业管理层提供数据分析和市场趋势预测。例如，在零售行业中，ChatGPT 可以通过分析历史销售数据和消费者行为，为库存管理、产品定价和营销策略提供建议。这不仅提高了决策的科学性和准确性，还帮助企业更好地把握市场动态，提升竞争力。

对于软件开发人员来说，ChatGPT 是一个强大的编程助手。它能够理解复杂的编程问题，并提供解决方案或代码片段。开发人员可以通过与 ChatGPT 的交互，快速解决编程中遇到的难题，提高开发效率。此外，ChatGPT 还可以帮助开发人员进行代码审查和优化，确保软件的质量和性能。

在广告和市场营销领域，ChatGPT 可以协助创意团队生成吸引人的广告文案和内容。通过输入相关的主题和关键词，ChatGPT 能够快速生成多个版本的广告文案供团队选择和参考。这不仅节省了创意构思的时间，还为团队提供了更多灵感和选择。

在客户服务领域，ChatGPT 可以作为一个智能咨询机器人，为客户提供即时的解答和帮助。它能够理解客户的问题，并提供准确的答案或解决方案。这不仅提升了客户服务的响应速度和效率，还降低了客户服务的成本。

在法律行业中，ChatGPT 可以为律师和法务人员提供法律条文解释、案例分析和合规建议。通过自然语言处理和深度学习技术，ChatGPT 能够快速检索相关法律知识，并提供专业的法律意见。这大大提高了法律工作的效率和准确性。

在教育领域，ChatGPT 可以作为一个智能辅导系统，帮助学生解答疑难问题并提供学习建议。它能够根据学生的学习进度和理解能力，提供个性化的辅导内容。同时，ChatGPT 还可以为教师提供教学资源和课程设计方面的建议，提升教学质量和效果。

3. ChatGPT 作为科研助理

ChatGPT 可以帮助科研人员快速检索相关领域的科研文献、技术报告和学术论文等信息。例如，通过输入关键词或问题，ChatGPT 能够高效地搜索到大量相关文献，并为科研人员提供详细的文献综述，从而帮助他们更快地了解研究领域的现状和发展趋势。

ChatGPT 具备强大的文本生成和数据处理能力。在科研过程中，它可以帮助研究人员对收集到的数据进行清洗、分类和整理，提高数据的质量和可用性。此外，ChatGPT 还能进行复杂的数据分析，如基因序列分析、蛋白质结构预测等，为科研人员提供有价值的分析结果。

ChatGPT 可以为科研人员提供实验设计和方法论方面的指导。通过输入研究需求和约束条件，ChatGPT 能够生成初步的实验设计方案，包括实验步骤、所需材料和预期结果等。这有助于科研人员更高效地设计实验，减少不必要的试错过程。

在科研论文的撰写过程中，ChatGPT 可以提供写作技巧和学术写作建议。它能够帮助科研人员组织思路，撰写连贯的论文引言、正文和结论。同时，ChatGPT 还能提供编辑建议，确保论文的逻辑性和流畅性。

ChatGPT 通过与研究人员进行对话，能够为他们提供新的灵感和创新思路。比如，在实验室研发团队设计新型太阳能电池的过程中，ChatGPT 根据提供的信息和约束条件，可以设计一些初步的设计方案，包括不同的材料选择、结构优化等。这为研发团队提供了有益的参考，有助于他们改进和优化设计方案。

在科研过程中遇到难以解决的问题时，ChatGPT 可以作为一个智能的技术助手，为科研人员提供实时的问题解决建议。无论是实验设备的操作问题还是数据分析中的难题，ChatGPT 都能提供及时的帮助和支持。

4. ChatGPT 提供创造灵感

ChatGPT 不仅能回答问题，还能通过创造性表达激发我们的灵感和创意。

ChatGPT 可以协助作家和创作者生成创意、编写故事和发展情节。例如，作者可以向 ChatGPT 描述一个大致的情节，ChatGPT 可以根据情节提供详细的场景描述、角色对话和情节发展建议。这为创作者提供了丰富的灵感和创作素材。

在艺术创作中，ChatGPT 可以帮助设计师和艺术家构思新的设计理念和艺术风格。通过输入一些关键词或主题，ChatGPT 可以生成多种设计方案和艺术作品的初稿，供创作者参考。

在音乐创作中，ChatGPT 可以提供歌词创作和曲调建议。音乐家可以向 ChatGPT 描述歌曲的主题和想表达的情感，ChatGPT 可以生成相应的歌词和曲调片段，为音乐创作提供灵感和指导。

在产品设计中，ChatGPT 可以帮助设计团队进行头脑风暴和概念开发。通过输入设计需求和约束条件，ChatGPT 能够生成多种设计方案和创新概念，帮助团队探索新的设计方向和产品特性。

5.3 大语言模型

党的二十大报告明确指出："坚持面向世界科技前沿、面向经济主战场、面向国家重大需求、面向人民生命健康，加快实现高水平科技自立自强。以国家战略需求为导向，集聚力量进行原创性引领性科技攻关，坚决打赢关键核心技术攻坚战。"人工智能是新一轮科技革命和产业变革的重要驱动力量，正在加速创新发展，赋能产业转型升级。现阶段，大模型成为人工智能发展的热点方向，尤其是备受关注的大语言模型，具备与人对话互动、回答问题、协助创作等能力，有望带来人工智能创新的爆发式增长，引发社会热议，成为全球科技竞争焦点。

国之重器

5.3.1 大语言模型产业发展

ChatGPT 拉开了大语言模型产业和生成式人工智能产业蓬勃发展的序幕。大语言模型产业也百花齐放：DeepSeek、百度、阿里、华为、腾讯、360、商汤、京东、科大讯飞、字节跳动等巨头厂商结合自身业务及战略布局，陆续宣布研发或已发布大语言模型产品。

1. DeepSeek

DeepSeek 是由幻方量化于 2023 年 7 月创立的人工智能公司，专注于开发先进的大语言模型及相关技术。2024 年 1 月，DeepSeek 发布了首个大模型 DeepSeek LLM，该模型包含 670 亿参数，并在 2 万亿 token 的数据集上进行了训练。随后，DeepSeek 陆续推出了多个专注于不同领域的模型：2024 年 1 月 25 日发布的 DeepSeek-Coder 专注于代码生成和补全；2 月 5 日推出的 DeepSeekMath 基于 DeepSeek-Coder-v1. 5 7B，专注于数学相关任务；3 月 11 日发布的 DeepSeek-VL 具备强大的视觉任务处理能力；5 月 7 日推出的 DeepSeek-V2 采用混合专家架构，显著提升了性能；6 月 17 日发布的 DeepSeek-Coder-V2 进一步增强了编码和数学推理能力，并扩展了支持的编程语言数量；12 月 13 日发布的 DeepSeek-VL2 改进了多模态理解能力；12 月 26 日发布的 DeepSeek-V3 在知识类任务和生成速度上实现了显著提升。2025 年 1 月 20 日，DeepSeek 推出了 DeepSeek-R1，这是首个完全通过强化学习训练的大语言模型，无须依赖监督微调或人工标注数据。

DeepSeek-R1 的核心技术包括以下几个方面：

强化学习与组相对策略优化（GRPO）：DeepSeek-R1 采用 GRPO 算法，通过奖励机制和规则引导模型生成结构化思维链（CoT），从而提升推理能力。这种训练方式降低了数据收集成本，同时提高了模型的泛化能力和自我修正能力。

长链推理能力：DeepSeek-R1 支持长达数万字的思维链推理，能够逐步分解复杂问题，通过多步骤逻辑推理高效解决复杂任务。

模型蒸馏技术：DeepSeek-R1 支持将大模型的推理能力迁移到更小规模的模型中，显著提升小型模型在特定任务上的表现。

多阶段训练流程：包括冷启动阶段、强化学习导向训练和全场景训练。冷启动阶段通过少量高质量数据微调基础模型，随后逐步加入通用场景和指令以优化性能。

混合专家架构：基于 6 710 亿个参数的混合专家架构，包含 16 个专家模型，支持多种语言和技术领域，显著提升了模型的计算效率和复杂任务处理能力。

奖励机制与拒绝采样：通过准确性奖励、格式奖励和语言一致性奖励等机制优化输出质量，同时利用拒绝采样技术过滤低质量输出，确保推理结果的可靠性。

DeepSeek 的横空出世在全球范围内引发了强烈反响，其技术突破和应用前景具有重大意义。首先，DeepSeek 通过先进的算法和架构设计，在人工智能领域实现了前所未有的性能突破，推动了技术的快速发展。其次，DeepSeek 的模型在医疗、金融、教育、交通等多个领域展现出广泛的应用潜力，能够提高效率、优化决策并改善用户体验，具有重要的社会和经济价值。最后，DeepSeek 的成功研发为人工智能研究提供了新的思路和方法，促进了相关学科的交叉融合与创新发展，对推动整个科技领域的进步具有重要意义。

2. 豆包

字节跳动在人工智能领域持续深耕，进行大量技术研发与数据积累，为大模型发展筑牢根基。2024 年 5 月在“2024 春季火山引擎 Force 原动力大会”上，字节跳动正式发布豆包大模型家族，标志着其大模型开始正式对外服务。2025 年 1 月 22 日，字节跳动推出豆包大模型 1.5 Pro，在人工智能领域引发广泛关注。

除了通用大模型，字节跳动在多模态和细分领域持续发力。2024 年 9 月，字节跳动旗下火山引擎发布两款视频生成大模型，首次面向企业市场开启邀测；2024 年 12 月，推出豆包视觉理解模型，不断拓展大模型的应用边界；2025 年 2 月，推出 OmniHuman 多模态数字人模型，通过“多模态生成框架”，让用户仅需上传一张图片和一段音频，就能生成动态视频。

豆包大模型在架构上，采用大规模稀疏混合专家架构，以较小的激活参数进行预训练，却能达到 7 倍激活参数的 Dense 模型性能，远超业内 3 倍杠杆的常规效率，能有效平衡性能与效率，降低成本。多模态融合技术表现出色，视觉上全面升级多模态合成等技术，增强视觉推理等能力；语音方面采用 Speech2Speech 端到端框架，实现低时延、可打断的端到端语音对话；视频生成基于 DiT 架构，具备多镜头语言能力，利用新扩散模型训练方法攻克多镜头切换难题。此外，字节跳动构建了自主数据生产体系，训练中不使用其他模型生成的数据，保障了数据的独立性与可靠性，为模型训练筑牢根基。

3. Kimi

Kimi 是由北京月之暗面科技有限公司开发的对话式 AI 助手，具有强大的多语言对话能力，能够精准地理解和回应用户的中英文需求。

它支持长达 200 万字的文本输入和输出，这使得它在处理长篇文献、报告、合同等方面表现出色，能够为用户提供高效的长文本处理服务。Kimi 还具备出色的文件处理能力，能够解析多种格式的文件，如 PDF、Word、Excel、PPT 和 TXT 等，方便用户在不同场景下使用。

Kimi 拥有强大的搜索能力，可以结合最新的搜索结果提供准确且全面的回答，帮助用户快速获取所需信息。正在开发的深度推理功能，将使 Kimi 能够解决更复杂的问题，进行自我反思和多级分解问题，从而提供更深入、更智能的服务。Kimi 还支持信息检索、文件处理、数据分析与处理、信息整合与报告生成、安全与隐私保护、沟通与协作、持续学习与自我提升等多方面的功能，能够满足用户在不同领域和场景下的多样化需求。在教育领域，Kimi 可以辅助教师进行个性化教学；在创作领域，Kimi 可以帮助内容创作者生成原创素材；在市场营销中，Kimi 可以帮助企业生成广告文案、设计推广海报。

Kimi 于 2023 年 10 月 9 日正式推出，并在 10 月 10 日开放内测，用户可以通过 Kimi 的官方网站、微信小程序、移动端应用、浏览器插件等多种方式访问和使用 Kimi 的服务。

4. 通义千问

通义千问是阿里巴巴推出的一个超大规模的语言模型，该模型具有 10 万亿个参数，是中国目前最大的预训练语言模型。通义千问大模型使用大量数据并采用深度学习训练而成，能够模拟人类的认知过程，从而实现更加智能化的人工智能应用。

通义千问的具体功能包括多轮对话、文案创作、逻辑推理、多模态理解、多语言支持等。它能够跟人类进行多轮交互，也融入了多模态的知识理解，且有文案创作能力，能够续写小说，编写邮件等。

通义千问大模型的应用场景非常广泛，可以用于智能客服、智能推荐、智能搜索、自然语言处理、机器翻译、文本生成、对话系统、知识图谱、智能写作等领域。通义千问大模型将成为阿里巴巴在人工智能领域的重要基础设施，为阿里巴巴的各个业务提供支持，同时也向全社会开放，为各种智能化应用提供服务。

通义千问已于 2023 年 9 月正式向公众开放，广大用户可登录通义千问官网体验，企业用户可以通过阿里云调用通义千问 API。

5. 文心一言

人工智能技术栈可分为“芯片层”、“框架层”、“模型层”和“应用层”，作为自主研发的知识增强大语言模型，文心一言在技术栈的每一层，都有领先的关键自研技术，实现了层与层反馈，端到端优化，大幅提升效率。尤其是飞桨深度学习平台和文心大模型的联合优化，为文心一言提供了坚实的技术支撑。

视野拓展

文心一言是多年技术积累和产业实践的水到渠成。2019 年，文心大模型 ERNIE 1.0 发布。经过 4 年的研发和迭代，文心大模型已经形成了产业级知识增强大模型技术体系，包括自然语言处理大模型、视觉大模型、跨模态大模型、生物计算大模型、行业大模型，以及支撑大模型应用的工具平台，蕴含了大量自主创新并且在大规模产业应用中得到验证的技术。其中有些关键技术已申请专利或发表论文，还有一些相关技术已开源开放。

杜甫有诗：“读书破万卷，下笔如有神。”这句诗一定意义上也是大语言模型的形象写照：从海量数据中学习，相当于读了万亿卷书籍，吸收和理解了海量知识，在此基础上，就可以按照用户的需求去创作文案、回答问题、完成总结分析。当下，DeepSeek、ChatGPT 等大语言模型在某种程度上具备了对人类意图的理解能力，其回答的准确性、逻辑性、流畅性都逐渐接近人类水平。但整体而言，这类大语言模型还远未到发展完善的阶段，有赖于通过更多真实的用户反馈逐步迭代进化。

5.3.2 提示词工程

提示词工程（Prompt Engineering）是一门较新的学科，其关注提示词开发和优化，帮助用户将大语言模型（Large Language Model，LLM）用于各场景和研究领域。掌握了提示词工程相关技能将有助于用户更好地了解大语言模型的能力和局限性。

研究人员可利用提示工程来提升大语言模型处理复杂任务场景的能力，如问答和算术推理能力。开发人员可通过提示词工程设计、研发强大的工程技术，实现和大语言模型或其他生态工具的高效接轨。

提示词工程不仅仅是关于设计和研发提示词，它还包含了与大语言模型交互和研发的各种技能和技术。提示词工程在实现和大语言模型交互、对接，以及理解大语言模型能力方面都起着重要作用。用户可以通过提示词工程来提高大语言模型的安全性，也可以赋能大语言模型，比如借助专业领域知识和外部工具来增强大语言模型能力。

与大语言模型交互的过程中，可以通过简单的提示词（Prompts）获得大量结果，但结果的质量和提供的信息数量与完善度有关。一个提示词可以包含用户传递到模型的指令或问题等信息，也可以包含其他详细信息，如上下文、输入或示例等。用户可以通过这些元素来更好地指导模型，并因此获得更好的结果。

标准提示词应该遵循以下格式：

<问题>?

或

<指令>

这种可以被格式化为标准的问答格式，如：

Q：<问题>?

A：

以上的提示方式，也被称为零样本提示（Zero-shot Prompting），即用户不提供与任务结果相关的示范，直接提示语言模型给出任务相关的回答。某些大语言模型有能力实现零样本提示，但这也取决于任务的复杂度和已有的知识范围。

基于以上标准范式，目前业界普遍使用的还是更高效的小样本提示（Few-shot Prompting）范式，即用户提供少量的提示范例，如任务说明等。小样本提示一般遵循以下格式：

<问题>?
<答案>
<问题>?
<答案>
<问题>?
<答案>
<问题>?

提示词通常包含以下任意要素：

指令：想要模型执行的特定任务或指令。

上下文：包含外部信息或额外的上下文信息，引导大语言模型更好地响应。

输入数据：用户输入的内容或问题。

输出指示：指定输出的类型或格式。

任务 1 完成文本分类任务

如图 5-9 所示，这个任务中的指令是“将文本分类为中性、否定或肯定”。输入数据是“我认为食物还可以”，使用的输出指示是“情绪:”。本示例未使用上下文，但也有可以作为提示的一部分。例如，此文本分类提示的上下文可以作为提供的示例，以帮助模型更好地理解任务并引导预期的输出类型。

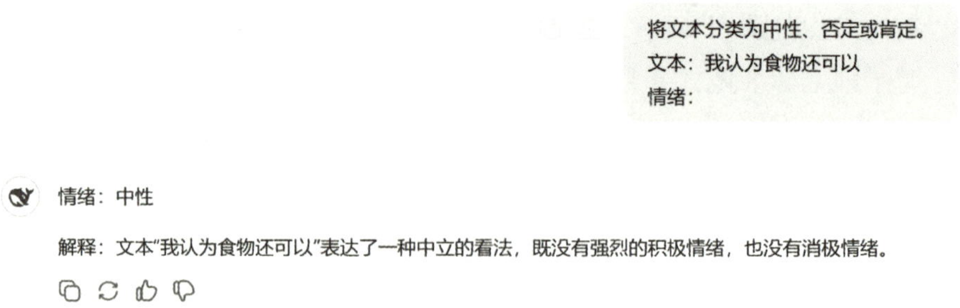

图 5-9 任务 1 输出结果

5.3.3 设计提示词的通用技巧

在设计提示词时，需要记住这是一个迭代的过程，需要大量的实验来获得最佳结果。可以从简单的提示开始，不断添加更多的元素和上下文，以获得更好的结果。在此过程中对提示词进行控制是至关重要的。

指令是指示模型执行各种简单任务的语句，例如“写入”、“分类”、“总结”、“翻译”和“排序”等。一条优秀的指令的基本格式如图 5-10 所示。

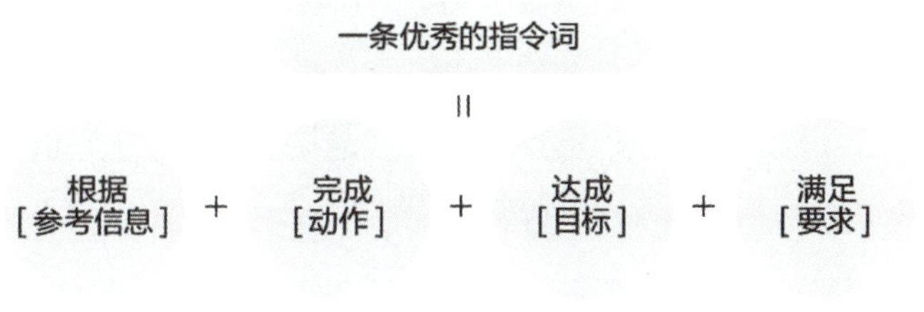

图 5-10 指令基本格式

参考信息：参考信息的来源或背景依据，如特定文本、数据、场景等，用于说明任务的背景和依据，让模型更精准地理解任务背景和要求。

动作：需要解决的事情，如撰写、生成、总结、回答、分析、翻译、排序等，明确指出希望模型执行的具体操作，使指令更加清晰和直接。

目标：需要生成的目标内容，如答案、方案、文本、图片、视频、图表等，明确期望得到的结果类型，使模型聚焦于最终输出形式。

要求：需要遵循的任务细节要求，如按××格式输出、按××语言风格撰写、包含××要点、字数限制等，详细说明任务的具体要求和限制条件，确保模型生成的内容符合期望。

当面对一个涉及多个不同子任务的大任务时，可以尝试将其分解为更简单的子任务，并不断构建以获得更好的结果。这避免了在一开始的提示词设计过程中添加过多的复杂性。

学习设计提示词需要进行大量的实验，以查看哪种方法最有效。尝试使用不同的关键字、上下文、数据和指令，看看哪种方法最适合某个特定用例和任务。通常情况下，上下文与您要执行的任务越具体和相关，效果越好。

任务 2 写一首山和树林的诗。

提示词：请以唐代诗人的身份，在面对黄山云海时，根据已有唐诗数据，撰写一篇作者借由眼前景观感叹人生不得志的七言绝句，并严格满足七言绝句的格律要求。

参考信息：根据已有唐诗数据。

动作：撰写，并严格满足七言绝句的格律要求。

目标：七言绝句。

要求：请以唐代诗人的身份。

任务 2 的输出结果如图 5-11 所示。

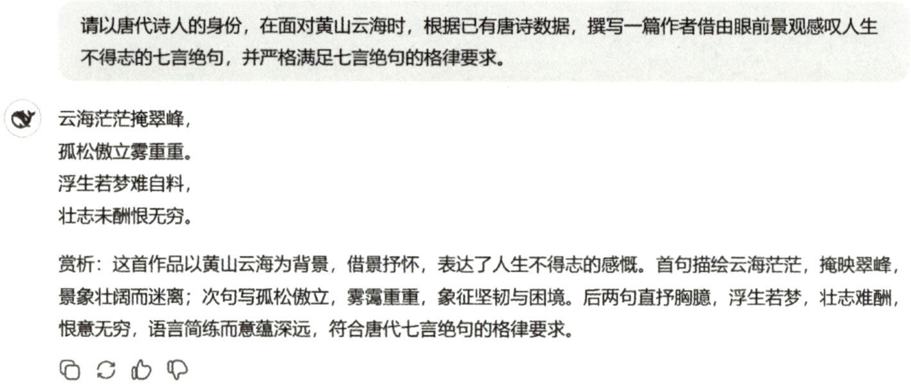

请以唐代诗人的身份，在面对黄山云海时，根据已有唐诗数据，撰写一篇作者借由眼前景观感叹人生不得志的七言绝句，并严格满足七言绝句的格律要求。

云海茫茫掩翠峰，
孤松傲立雾重重。
浮生若梦难自料，
壮志未酬恨无穷。

赏析：这首作品以黄山云海为背景，借景抒怀，表达了人生不得志的感慨。首句描绘云海茫茫，掩映翠峰，景象壮阔而迷离；次句写孤松傲立，雾霭重重，象征坚韧与困境。后两句直抒胸臆，浮生若梦，壮志难酬，恨意无穷，语言简练而意蕴深远，符合唐代七言绝句的格律要求。

图 5-11　任务 2 的输出结果

任务 3 撰写一篇大语言模型研究现状的综述论文。

提示词：请根据已发表的关于大语言模型的相关文献，撰写一篇系统梳理大语言模型研究现状的论文提纲，严格遵循《计算机学报》投稿格式。

任务 3 的输出结果如图 5-12 所示。

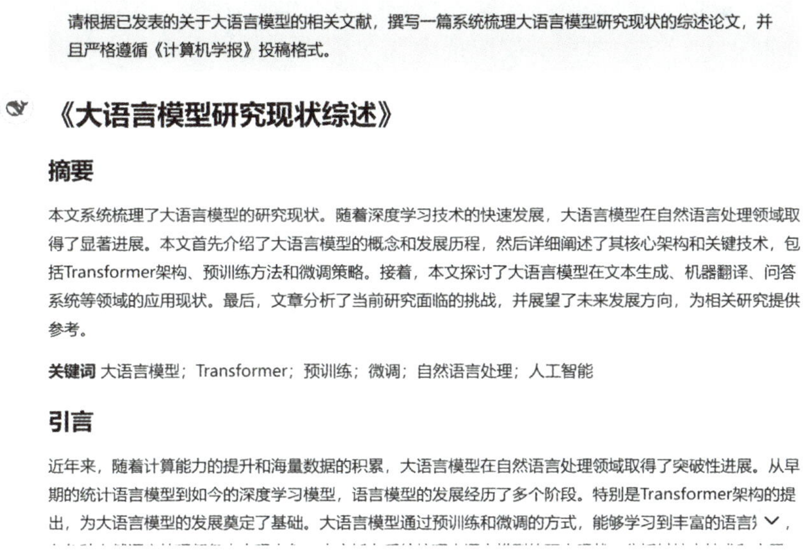

请根据已发表的关于大语言模型的相关文献，撰写一篇系统梳理大语言模型研究现状的综述论文，并且严格遵循《计算机学报》投稿格式。

《大语言模型研究现状综述》

摘要

本文系统梳理了大语言模型的研究现状。随着深度学习技术的快速发展，大语言模型在自然语言处理领域取得了显著进展。本文首先介绍了大语言模型的概念和发展历程，然后详细阐述了其核心架构和关键技术，包括Transformer架构、预训练方法和微调策略。接着，本文探讨了大语言模型在文本生成、机器翻译、问答系统等领域的应用现状。最后，文章分析了当前研究面临的挑战，并展望了未来发展方向，为相关研究提供参考。

关键词 大语言模型；Transformer；预训练；微调；自然语言处理；人工智能

引言

近年来，随着计算能力的提升和海量数据的积累，大语言模型在自然语言处理领域取得了突破性进展。从早期的统计语言模型到如今的深度学习模型，语言模型的发展经历了多个阶段。特别是Transformer架构的提出，为大语言模型的发展奠定了基础。大语言模型通过预训练和微调的方式，能够学习到丰富的语言

图 5-12　任务 3 的输出结果

AI 不能替代人类的研究和写作能力，只能作为辅助工具来提高效率和准确性。使用 AI 时，需要注意避免抄袭和剽窃。虽然 AI 可以提供一些灵感和思路，但研究人员仍然需要保持自己的独立思考和创新能力，确保论文的原创性和价值。

在面对复杂难解的任务时，一条简单的指令难免有些单薄。文心一言有进阶版写作方法论，可以通过补充更多指令内容、运用更高级的指令技巧让指令完成进阶从而应对更复杂的任务。

进阶版指令格式为任务+参考信息+输出要求+示例+本次输入+输出项，如图 5-13 所示。

必填项包括“任务”、“输出要求”和“输出项”。

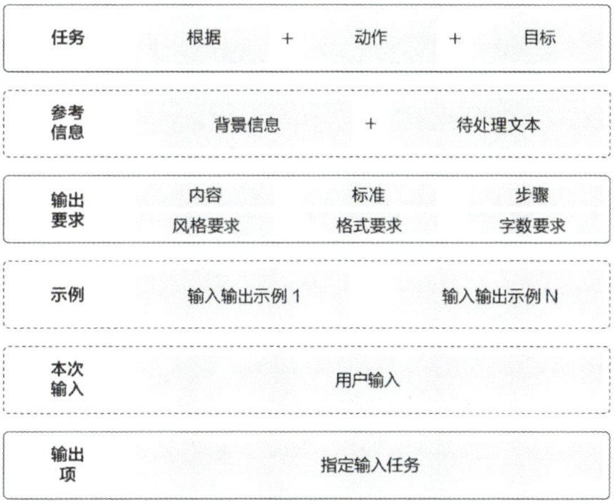

图 5-13　进阶版指令格式

任务：对大语言模型所要处理内容的清晰描述。通常采取根据+动作+目标的形式进行，如根据会议记录内容，总结会议待办事项，并指明每个待办事项的负责人。

输出要求：清晰且具体说明所期望得到的最终结果或输出内容。包括回复答案的标准、完成任务所需的步骤、用户对模型输出结果附加的风格要求、格式要求及字数要求等。

输出项：用于在指令末端引导文心大模型开始输出结果。可以在指令末端输入例如“回答：”、“输出：”和“总结：”等具有开启输出命令效果的词语。同时要注意这些词语应与指令中任务、示例部分给出的一致。

选填项包括“参考信息”、“示例”和“本次输入”。

参考信息：提供给大语言模型的背景信息或者需要处理的数据样本。包括任务相关的原文段落、文本数据、名词解释及背景知识等。

示例：提供给大语言模型参考的输入输出的样本演示。完整的输入输出样本演示将起到示范性的作用，这将有助于确保输出内容在风格、格式、字数等方面准确无误。

本次输入：在单次指令中针对输出内容的需求描述。如果要求输出的内容已在任务中提及，则无须再构造本次输入。

任务 4 完成一篇如何选购电动车的笔记。

任务：请依据提供的示例信息，将给定的内容动作优化成一篇目标为如何选购电动车的笔记。

参考信息：请你扮演一位“小红书”好物推荐博主。擅长使用“颜文字”和“emoji”表情来增加内容文章的阅读性。

小白第一次买电动车经历分享，老板都不敢骗……

示例：一篇小红书笔记主要包括 4 个部分……

输出要求：笔记需要是小红书风格。

输出项：请进行优化。

本次输入：优化成一篇笔记。

明确了指令的各部分后，再略微调整各部分位置顺序并进行文字润色后，即可得到一份逻辑通顺，要点清晰的提示词了。提示词示例如下：

Q：一篇小红书笔记主要包括 4 个部分：

【开头】痛点引入+情景描述+人设+方法介绍+点赞诱导

【中间】讲解知识点，范围控制在 1~5 个，如果是 5 个重点，讲其中 2 个，重点突出。

【结尾】提高关注率，说明我是言宝，言宝写的内容是一个系列。欢迎大家点击主页查看更多精彩内容（目的是引导用户看下一篇，想看更多去主页）

【最后】给笔记打上热门标签（自己选择热度高的打标签）

你是一位乐观阳光的小红书好物推荐博主。擅长使用【颜文字】和【emoji】来增加内容文章的阅读性，请你按照上面的笔记内容结构，按照【开头】【中间】【结尾】【最后】四个部分进行创作。

将下面的内容优化成一篇如何选购电动车的小红书风格笔记。

小白第一次买电动车经历分享，老板都不敢骗

正文省略。

任务 4 的输出结果如图 5-14 所示。

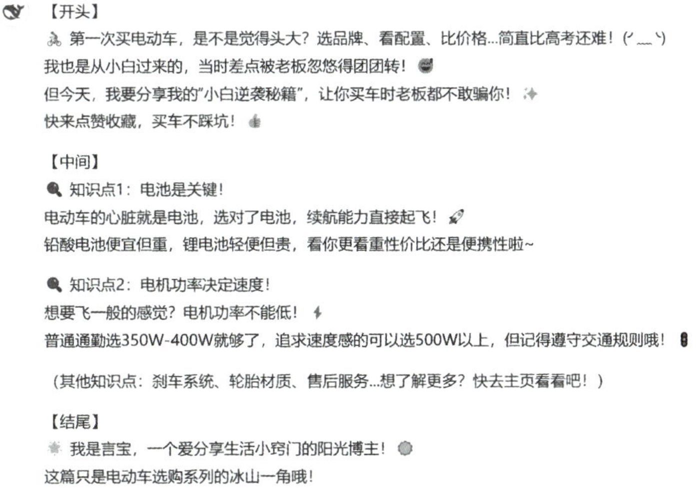

【开头】

第一次买电动车，是不是觉得头大？选品牌、看配置、比价格...简直比高考还难！(´﹏`)

我也是从小白过来的，当时差点被老板忽悠得团团转！

但今天，我要分享我的“小白逆袭秘籍”，让你买车时老板都不敢骗你！

快来点赞收藏，买车不踩坑！

【中间】

知识点1：电池是关键！

电动车的心脏就是电池，选对了电池，续航能力直接起飞！

铅酸电池便宜但重，锂电池轻便但贵，看你更看重性价比还是便携性啦~

知识点2：电机功率决定速度！

想要飞一般的感觉？电机功率不能低！

普通通勤选350W-400W就够了，追求速度感的可以选500W以上，但记得遵守交通规则哦！

（其他知识点：刹车系统、轮胎材质、售后服务...想了解更多？快去主页看看吧！）

【结尾】

我是言宝，一个爱分享生活小窍门的阳光博主！

这篇只是电动车选购系列的冰山一角哦！

图 5-14　任务 4 的输出结果

5.3.4 DeepSeek 提示词

推理大模型是指在传统的大语言模型基础上，具有强大的推理、逻辑分析和决策能力的模型。它们通常使用额外强化学习、神经符号推理、元学习等技术来增强其推理和问题解决能力。

非推理大模型一般侧重于文本生成、上下文理解和自然语言处理，而不强调深度推理能力。此类模型通常通过对大量文本数据的训练，掌握语言规律并能够生成合适的内容，但缺乏像推理大模型那样复杂的推理和决策能力，推理大模型与非推理大模型详细对比见表 5-1。

表 5-1 推理大模型与非推理大模型

维度	推理大模型	非推理大模型
优势领域	数学推导、逻辑分析、代码生成、复杂问题拆解	文本生成、创意写作、多轮对话、开放性问答
劣势领域	发散性任务（如诗歌创作）	需要严格逻辑链的任务（如数学证明）
性能本质	专精于逻辑密度高的任务	擅长多样性高的任务
代表模型	DeepSeek-R1	GPT-4（OpenAI），BERT

为了提升沟通效能并消除信息传递中的潜在误解，在应用 DeepSeek 提示词技巧时，应注重以真诚为表达底色、以直接为表述准则，通过精准的语言锚定核心诉求，同时兼顾措辞的透明度与建设性，以此构建高效的信息交换通道，并为决策优化与协作深化奠定可靠基础。

DeepSeek 提示词核心原则为清晰需求 + 结构拆解 + 场景化描述 + 动态修正。

1. 明确需求

清晰定义任务目标、格式、风格等关键要素。减少歧义，确保模型理解核心诉求。避免笼统描述，需明确内容方向、受众群体（如面向学生或专业人士）。若需特定格式（如表格、代码、诗歌），需提前说明。

示例：

模糊提问：帮我写一篇关于环保的文章。

优化提问：请以议论文形式撰写一篇关于“垃圾分类”的文章，要求包含现状分析、问题成因及解决措施，语言正式，字数 800 字左右。

2. 结构化提问

分步骤或分模块拆解复杂任务。降低模型理解难度，提升输出逻辑性。可指定序号、标题等结构化符号（如 1/2/3、Step1/Step2）。适用于技术解析、对比分析、教程类内容。

示例：

请分三步解释量子计算的基本原理：量子比特定义；叠加态与纠缠态；实际应用场景。

分析《红楼梦》中林黛玉的人物形象，需包含性格特点、命运象征、与贾宝玉的关系三部分。

3. 提供具体示例

通过案例锚定风格或格式要求。直观传递需求，减少反复调整成本。示例需简短且特征鲜明（如口语化、专业术语、“emoji”使用）。可附加关键词强调重点（如轻松感、科技感）。

示例：

请仿照下文风格写一段产品文案：这款咖啡机，3 秒速热，0 操作门槛，让你每天多睡 10 分钟！

产品：智能台灯。

卖点：护眼模式、语音控制、定时关闭。

4. 避免模糊表述

替换抽象词汇，使用具体指标或场景描述。规避歧义，提升答案针对性。警惕模糊词（如专业、有趣），需转化为具体特征（如学术论文语言）。

示例：

模糊表述：写一个感人的故事。

优化表述：写一个 300 字左右的短篇故事，主题为“重逢”，主角为老年人与失散多年的童年好友，结局温暖，包含雨天场景描写。

5. 结合上下文

关联对话历史，延续主题或调整方向。保持连贯性，减少重复说明成本。需明确引用前文内容（如修改第三点、调整案例为互联网行业）。适用于多轮迭代优化或系列任务。

示例：

基于上一篇关于新能源汽车的讨论，补充分析其充电桩普及面临的挑战。

请将刚才生成的提纲扩展为详细报告，重点加入市场数据支持。

6. 调整语气与角色

指定输出时的情感倾向或身份设定。匹配场景需求（如专业报告、儿童故事）。可限定情感关键词（如幽默、严肃、激励性）。角色设定需具体（如资深产品经理、新手宝妈）。

示例：

请以小学教师的身份，用通俗易懂的语言解释光合作用。

模拟一位严厉的健身教练，撰写一段鼓励用户坚持运动的文案，语气强硬但充满正能量。

7. 边界限定

明确内容禁区或格式限制。避免无效输出，提升效率。常见限制：字数、禁用词汇、数据范围（如仅限2020年后研究）。可反向说明（如不包括基础定义）。

示例：

请列举5种Python数据可视化方法，仅需方法名称和一句话的应用场景，无须代码示例。

8. 反馈修正

基于输出结果迭代优化。通过针对性调整逼近理想答案。指出具体问题（如第三段逻辑跳跃、标题不够吸引人）。可对比期望与实际输出的差异。

示例：

上一篇总结过于简略，请增加每个论点的具体案例。

代码中的循环逻辑不够高效，请改用向量化计算实现。

5.4 大语言模型实战

了解大语言模型提示词知识后，将围绕具体的使用场景展现对应的提示词。大语言模型极大降低了普通人使用 AI 的门槛，让 AI 快速渗透到人们的工作和生活中，无论是专业场景提效、教育学术赋能、商业创新甚至日常生活，都变得更加轻松。

5.4.1 常用工具

1. DeepSeek

DeepSeek 的问答系统可以回答用户提出的各种问题，涵盖多个领域的知识，包括常识、专业、历史、科技等。登录官网后，进入“问答系统”模块，在输入框中输入问题，点击“提问”按钮，系统会生成详细的解答。用户可以在原有问题的基础上进行追问，系统会根据上下文提供更深入的解答（图 5-15）。

图 5-15　DeepSeek 官网

知识库扩展功能让用户可以上传特定领域的文档或数据，以扩展系统的知识库。支持的文件格式包括 PDF、Word、CSV、Excel、TXT 等。点击

“上传文件”按钮，选择本地文件即可完成上传。用户可以选择特定的数据字段，自定义分析维度，生成更符合需求的分析结果。这一功能特别适用于需要深度数据挖掘和分析的场景。用户可以上传特定领域的数据，训练自定义模型，以提升分析的精度和适用性。这一功能使得 DeepSeek 能够更好地适应不同行业和领域的需求。

联网搜索功能可以让 DeepSeek 根据网络搜索到的内容提供答案，弥补其预训练数据时效性的不足。在 DeepSeek 的对话框中，找到“联网搜索”选项并打开，就可以开始体验这一功能了。

深度思考功能可以让 DeepSeek 在回答问题之前，进行多步骤的推理和思考。在 DeepSeek 的对话框中，找到“深度思考”选项并启用它，之后就可以开始向它提出需要深入思考的问题了。

2. Kimi

Kimi 的网页界面设计简洁明了，首页对话功能区提供了一个对话框，用户可以直接在对话框中输入问题或指令，开始新的对话。支持 200 万字的无损上下文输入，能够处理和理解复杂的长文本资料，保持对话的连贯性和完整性（图 5-16）。

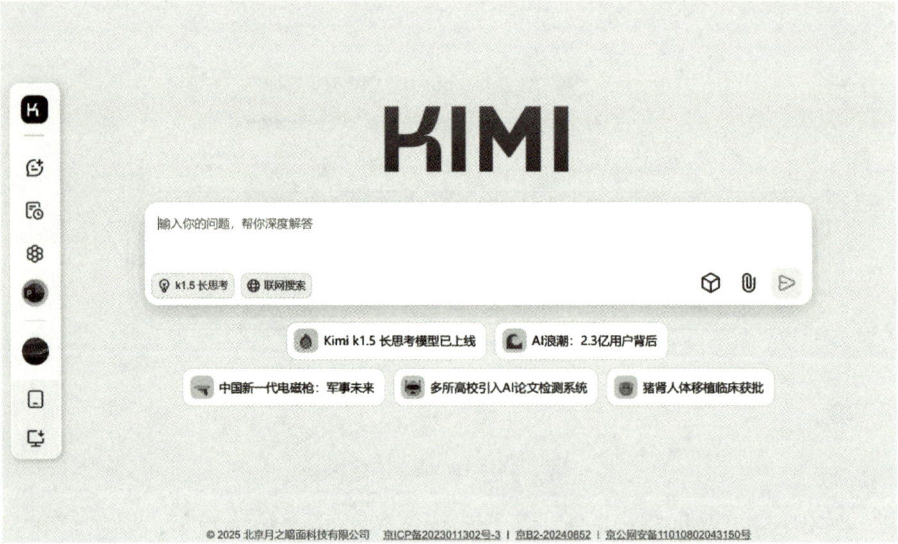

图 5-16 kimi 官网

长思考功能允许 Kimi 在回答问题之前，进行多步骤的推理和思考，类似于 ChatGPT。这对于深入分析和探讨复杂问题非常有帮助，Kimi 会模拟人类的思考过程，从多个角度对问题进行分析、推理和验证。通过长思考，Kimi 能够为用户提供更详细、准确和结构化的答案，帮助用户更好地理解和解决问题。

Kimi 支持接入互联网搜索，能够根据用户的提问自动调用联网功能，搜索实时的资讯和信息。这一功能对于获取最新的新闻、动态、研究进展等内容非常有用。用户可以根据需要选择开启或关闭联网搜索功能。如果问题不需要联网搜索，用户可以在下方关闭该功能，以节省时间和资源。

Kimi+功能就像一个万能百宝箱，内置了琳琅满目的小工具，全方位覆盖办公、写作、社交、生活等诸多领域，为用户的日常工作和生活赋能。在办公领域，Kimi+能够帮助用户快速完成各种任务，如制作 PPT、撰写报告、整理文件等，可极大地提高用户的工作效率。

Kimi 具备 PPT 辅助功能，能够帮助用户在短时间内制作完成高质量的演示文稿。用户在对话框中输入相关主题或内容，Kimi 会自动生成 PPT 大纲，用户确认无误后，可复制大纲内容到支持 Markdown 格式的 PPT 制作软件中，一键生成 PPT。生成的 PPT 具有规范的设计和布局，能够满足用户在商务演示、学术报告等场合的需求，提升演示的专业性和吸引力。

3. 豆包

豆包网页界面集成了丰富的 AI 功能，包括对话、AI 搜索、帮我写作、图像生成、AI 阅读及 AI 编程等功能（图 5-17）。

（1）对话功能。

豆包网页版支持创建新对话以管理不同场景的交互需求。用户可通过界面上的“新建会话”按钮创建专属对话，输入会话名称并选择类型（如文本、图像、语音），开启与 AI 的针对性交流。这一功能帮助用户高效组织信息，便于后续回顾或继续对话。

图 5-17　豆包官网

（2）AI 搜索功能。

豆包的 AI 搜索通过自然语言处理技术，将传统搜索升级为智能问答模式。用户只需输入问题或需求，AI 会自动筛选、清洗信息并反馈要点，避免了手动筛选广告和冗余内容。

（3）帮我写作功能。

针对不同场景（如公众号文章、总结、长文）提供专门工具，用户可通过填空式提示快速生成内容，支持长文创作。用户可输入需求，豆包会生成初稿，用户可在左侧对话栏修改，右侧实时调整内容长度或风格。用户可先让豆包生成三级标题提纲，再基于提纲扩展成完整文档，还能上传参考资料，增强内容的权威性。

（4）图像生成功能。

可生成真实图像、抽象图像、插图、概念图像及艺术风格图像（如印象派、超现实主义）。通过打通 LLM 与 DIT 架构，实现中文文本的精准生成，支持制作带汉字的表情包、海报等，解决了传统文生图中汉字乱码的难题。

用户可输入详细提示词，并对生成结果进行区域重绘、扩图或擦除等细节处理。

（5）AI 阅读功能。

用户可上传 PDF、Word 文档或粘贴网页链接，AI 会快速总结要点，提炼核心信息，尤其适用于学术文献和长篇文章。在观看视频时，豆包可生成秒级分段的文字总结，并以脑图形式呈现，用户点击关键词即可跳转至视频对应片段，还能与视频内容进行对话。

（6）AI 编程功能。

豆包支持 100 多种编程语言，兼容 VS Code 等主流 IDE，提供代码自动补全、解释及优化功能，还可连接 GitHub 仓库获取项目上下文。AI 直接编写和执行 Python 代码，遇到错误时可一键修复，提升开发效率。无须手动分离前后端逻辑，AI 可直接生成完整项目代码，简化开发流程。

5.4.2 专业学习赋能

大模型可以为学生提供智能化的学习支持和资源优化。在学习辅助方面，大模型可作为智能问答工具，精准解答专业问题，并根据学生需求提供个性化学习建议。还能帮助学生制订学习计划，推荐适合的课程，并在语言学习中为其提供翻译、进行对话练习和语法纠错，提升学生语言能力。

大模型能够高效检索和分析学术文献，提取关键信息，减少查找和阅读时间。可依据学生专业和学习进度，推荐相关在线课程、研究论文等资源，拓宽学习渠道。

针对学习效果评估，大模型可智能反馈作业和论文，指出问题并提供改进建议，助力学习质量提升。能生成在线测试题和模拟试卷，帮助学生检验学习成果，发现知识薄弱点，进行针对性复习。

大模型凭借强大的知识整合能力，帮助学生理解不同学科概念，探索学科交叉点，提供新的研究视角。推荐跨学科研究方法，如数据分析、实验设计等，培养综合素养。

例如，对于计算机专业学生，大模型可辅助代码编写、代码优化及代码审查，提供算法建议、性能调优指导，并协助调试复杂 BUG，提高编程效率和代码质量，助力学生掌握更高效的开发技能。

DeepSeek 是一款 AI 智能编程助手，凭借深度代码理解与生成技术，有效提升开发效率。其核心功能包括以下几点。

智能代码生成：支持自然语言转代码。例如，输入“Python 爬取微博热搜”，即可生成完整脚本，减少约 70%的基础编码工作量。

实时错误诊断：精准识别内存泄漏、空指针异常等问题，并提供修复方案，可降低约 40%的调试时间。

开发流程优化：自动生成单元测试、Swagger 文档及符合规范的 Git 提交信息，提高协作效率。

架构优化建议：智能识别代码异位，推荐合适的设计模式进行改造，提升代码可维护性。

DeepSeek 提供企业级定制功能，可对接团队编码规范与知识库，并支持私有化部署，满足企业的安全性和个性化需求。

常用提示词示例：

生成代码：用 Python 写一个×××脚本，要求实现×××功能并添加异常处理模块，确保代码正确性，能够处理运行时的错误并给出提示。

DEBUG 助手：提供解释下面这段代码报错的原因（附错误日志），并给出两种修复方案，帮助开发者快速定位问题并优化代码。

代码审查：检查以下代码的 5 个潜在问题，按安全性、性能、可读性分类说明，帮助开发者提升代码质量，避免安全隐患和性能瓶颈。

算法优化：将 $O(n2)$时间复杂度算法优化至 $O(n \log n)$，保留详细注释，解释优化思路和关键步骤，提升代码效率并便于后续维护。

单元测试编写：为×××模块编写单元测试代码，覆盖核心功能和边界情况，使用断言验证结果，确保代码修改后功能正常，提升代码的可维护性。

任务 5 请作为资深开发工程师，解释给出的代码。请逐行分析代码并给出你对这段代码的理解。给出的代码如下（代码内容省略）。

任务 5 的输出结果如图 5-18 所示。

已深度思考（用时 52 秒）

以下是对这段PyTorch残差网络模块代码的逐行技术解析：

python 复制
```python
class Residual(nn.Module):  #@save
    def __init__(self, input_channels, num_channels,
                 use_1x1conv=False, strides=1):
        super().__init__()
        # 第一卷积层：3x3卷积核，可调节步长
        self.conv1 = nn.Conv2d(input_channels, num_channels,
                               kernel_size=3, padding=1, stride=strides)  # 特征提取+可能下采样
        # 第二卷积层：固定步长1的3x3卷积
        self.conv2 = nn.Conv2d(num_channels, num_channels,
                               kernel_size=3, padding=1)  # 保持空间维度
        # 跳跃连接处理分支
        if use_1x1conv:
            # 当需要调整通道数或下采样时，使用1x1卷积对齐维度
            self.conv3 = nn.Conv2d(input_channels, num_channels,
                                   kernel_size=1, stride=strides)  # 线性投影
        else:
            self.conv3 = None
        # 批归一化层
        self.bn1 = nn.BatchNorm2d(num_channels)  # 加速收敛
        self.bn2 = nn.BatchNorm2d(num_channels)  # 稳定训练过程
```

forward流程解析：

python 复制
```python
    def forward(self, X):
        # 第一阶段：卷积+BN+ReLU
        Y = F.relu(self.bn1(self.conv1(X)))  # [N,C,H,W] -> [N,num_channels,H/strides,W/strides]

        # 第二阶段：纯卷积+BN（无激活）
        Y = self.bn2(self.conv2(Y))  # 保持输出维度

        # 跳跃连接处理
        if self.conv3:
            X = self.conv3(X)  # 维度对齐 [N,input_channels,H,W] -> [N,num_channels,H/strides,W/s
trides]

        # 残差相加
        Y += X  # 必须保证两个张量维度完全匹配

        # 最终激活
        return F.relu(Y)  # 输出[N,num_channels,H/strides,W/strides]
```

关键设计分析：

1. **维度对齐策略**（核心难点）：
    - 当 **strides>1** 进行下采样时，通过 **conv1** 的 **stride** 参数和 **conv3** 的 **stride** 同步调整，确保主分支与跳跃连接的输出空间维度一致
    - 通道数差异通过 **conv3** 的1x1卷积解决（当 **input_channels ≠ num_channels** 时必须启用）
2. **BN层放置顺序**：
    - 采用Conv->BN->ReLU的经典顺序
    - 与原始ResNet论文的区别：论文中每个卷积层后都接BN层，包括跳跃连接的1x1卷积（本实现中 **conv3** 后未加BN，可能需改进）
3. **激活函数策略**：
    - 仅在第一个卷积块和最终输出前使用ReLU
    - 符合"pre-activation"设计思想（BN在ReLU之前）
4. **扩展性设计**：

图 5-18　任务 5 的输出结果

任务 6 你是一名编程开发者，请为以下需求提供代码解决方案。

功能描述：判断一个字符串是否是真实手机号。

编程语言：Python。

实现方式：使用正则表达式。

任务 6 的输出结果如图 5-19 所示。

已深度思考（用时 34 秒）

以下是使用 Python 正则表达式判断手机号合法性的实现代码：

python 复制

```python
import re

def is_valid_phone_number(phone_str):
    """判断字符串是否为有效的中国大陆手机号"""
    pattern = r'^1[3-9]\d{9}$'
    return bool(re.fullmatch(pattern, phone_str))

# 测试示例
if __name__ == "__main__":
    test_numbers = [
        "13812345678",      # 有效
        "15566667777",      # 有效
        "17012345678",      # 有效（虚拟运营商）
        "19912345678",      # 有效（2019新增号段）
        "12345678901",      # 无效（第二位错误）
        "1301234567",       # 无效（位数不足）
        "131123456789",     # 无效（位数超长）
        "131abcd5678",      # 无效（包含字母）
        " 13112345678",     # 无效（包含空格）
    ]

    for number in test_numbers:
        print(f"{number}: {is_valid_phone_number(number)}")
```

代码说明：

1. **正则表达式解析**：
    - `^1`：以数字 1 开头
    - `[3-9]`：第二位为 3-9 之间的任意数字
    - `\d{9}$`：后续跟随 9 位数字，总长度固定为 11 位
2. **功能特性**：
    - 支持所有中国大陆手机号段（包含虚拟运营商 170 等）
    - 严格校验长度（必须 11 位）
    - 自动排除包含非数字字符的情况
    - 使用 `fullmatch()` 确保全字符串匹配
3. **测试用例**：
    - 包含有效号码、位数错误、非法字符、新增号段等测试场景
    - 输出示例验证结果

该实现符合最新中国手机号分配规则（截至2023年10月），覆盖以下运营商号段：

- 中国移动：134-139、147-149、150-152、157-159、172、178、182-184、187-188、198
- 中国联通：130-132、145-146、155-156、166、175-176、185-186
- 中国电信：133、149、153、173-174、177-179、180-181、189、191、199
- 虚拟运营商：170-171

图 5-19 任务 6 的输出结果

任务 7 你是一名网络安全专家。请生成安全的用户名和昵称，确保它们具有独特性和匿名性，同时考虑网站的结构规划。要求如下。

（1）用户名和昵称应简洁、易记，并符合网络安全标准。

（2）用户名应体现个人特色，避免与常见用户名重复。

（3）昵称应具有独特性，避免与现有昵称重复。

（4）网站结构规划应清晰、合理，易于理解和使用。

任务 7 的输出结果如图 5-20 所示。

已深度思考（用时 23 秒）

以下是针对需求的综合方案设计，结合网络安全规范和用户体验原则：

一、用户名生成策略（符合RFC 7564标准）

1. 组合算法：
   - 基础模板：[形容词][名词][符号][校验码]
   - 示例：QuantumFox#9C / NebulaOwl_4D
   - 生成工具：https://randomuser.me/api 的改良算法
2. 安全特性：
   - 强制包含2位校验码（字母+数字）
   - 禁止连续3个重复字符
   - 自动屏蔽131个高危词汇（如admin、root等）
   - 哈希加盐存储（推荐bcrypt算法）

二、昵称设计规范

1. 生成策略：
   - 文化混合法：LunarPhoenix / QuantumSamurai
   - 自然隐喻法：StellarTide / SilentCanyon
   - 生成工具建议：使用Levenshtein距离算法检测相似度
2. 查重机制：
   - 部署昵称指纹库（SHA-256哈希存储）
   - 实时API检测接口：POST /api/nickname/check
   - 相似度阈值设置：<75%（基于Jaro-Winkler算法）

三、网站结构规划（OWASP Top 10兼容）

1. 核心模块：
   - 用户认证中心（OAuth 2.0集成）
   - 内容展示层（CSP策略加固）
   - 隐私控制台（GDPR合规设计）
   - 安全审计模块（自动日志分析）

图 5-20 任务 7 的输出结果

任务 8 你是一名技术开发者。分享一个关于描述 MOS 工艺中的多层栅氧化过程的技术主题，并准备在小组讨论中介绍。内容要求如下。

(1) 详细描述 MOS 工艺中的多层栅氧化过程，包括其原理、步骤和关键技术。

(2) 突出该技术在 MOS 工艺中的重要性和应用价值。

(3) 准备在小组讨论中介绍该主题，确保其他技术开发者能够理解并参与讨论。

任务 8 的输出结果如图 5-21 所示。

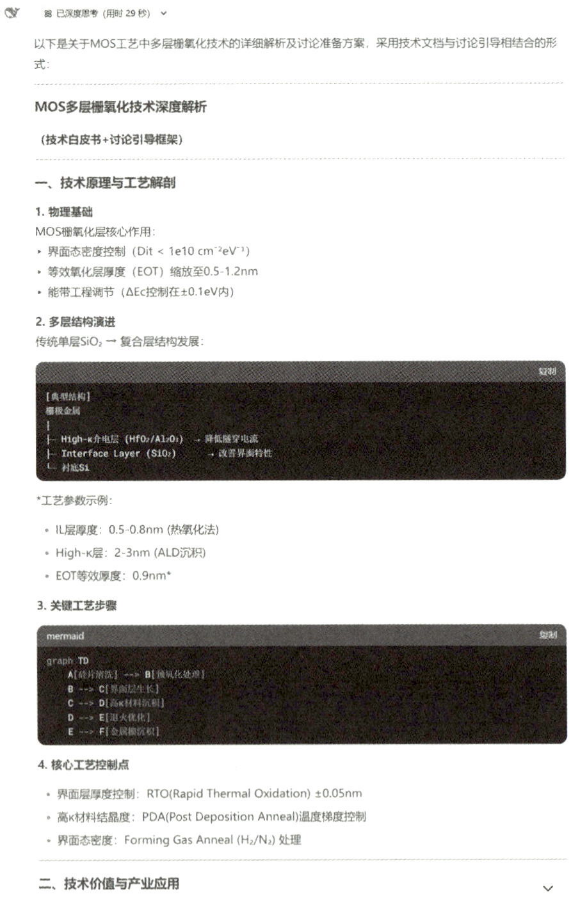

图 5-21 任务 8 的输出结果

当遇到不会做的题目时，大语言模型可以提供解题思路。

任务 9 请分析图中数字电路的题目（图 5-22），并给出正确的答案。

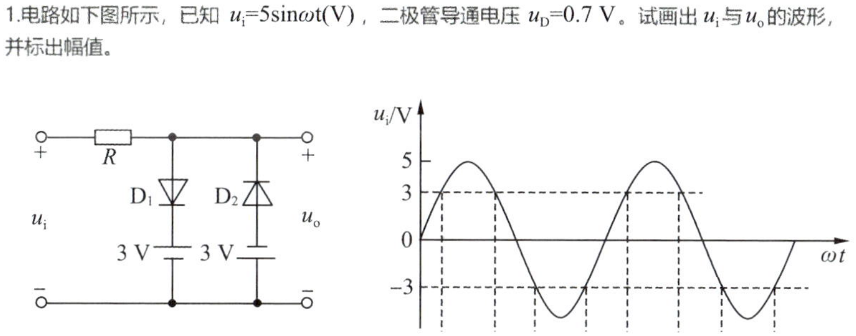

图 5-22 任务 9 题目

可使用如下提示词：请分析图中数字电路的题目，并给出正确的答案。请确保你的答案准确无误，并给出详细的解释或推理过程。

任务 9 的输出结果如图 5-23 所示。

已完成推理

分析二极管电路输入输出波形

电路分析与波形绘制

问题描述

电路如下图所示，已知输入电压 $u_i = 5\sin\omega t\ \mathrm{V}$，二极管导通电压 $U_\mathrm{D} = 0.7\ \mathrm{V}$。试画出 u_i 与 u_o 的波形，并标出幅值。

https://example.com/circuit-diagram.png

分析过程

电路结构分析

电路中包含两个二极管 D_1 和 D_2，分别连接到 $+3\ \mathrm{V}$ 和 $-3\ \mathrm{V}$ 的电源上，输入电压 u_i 通过电阻 R 接入电路，输出电压 u_o 取自二极管的公共端。

二极管导通条件

- 对于 D_1，当 u_i 的正半周且 $u_i > +3\ \mathrm{V} + 0.7\ \mathrm{V} = 3.7\ \mathrm{V}$ 时，D_1 导通，输出电压 $u_o = +3\ \mathrm{V} - 0.7\ \mathrm{V} = +2.3\ \mathrm{V}$。
- 对于 D_2，当 u_i 的负半周且 $u_i < -3\ \mathrm{V} - 0.7\ \mathrm{V} = -3.7\ \mathrm{V}$ 时，D_2 导通，输出电压 $u_o = -3\ \mathrm{V} + 0.7\ \mathrm{V} = -2.3\ \mathrm{V}$。

输出电压计算

- 当 $3.7\ \mathrm{V} \geq u_i \geq -3.7\ \mathrm{V}$ 时，两个二极管均截止，电路相当于一个电压跟随器，输出电压 $u_o = u_i$。
- 当 $u_i > 3.7\ \mathrm{V}$ 时，D_1 导通，$u_o = +2.3\ \mathrm{V}$。
- 当 $u_i < -3.7\ \mathrm{V}$ 时，D_2 导通，$u_o = -2.3\ \mathrm{V}$。

波形绘制

输入电压 u_i 波形

输入电压 $u_i = 5\sin\omega t$ 是一个幅值为 5V 的正弦波，其波形如下图所示：

https://example.com/input-waveform.png

输出电压 u_o 波形

根据上述分析，输出电压 u_o 的波形如下图所示：

https://example.com/output-waveform.png

波形对比

将输入电压 u_i 和输出电压 u_o 的波形绘制在同一时间轴上，以便进行对比：

https://example.com/input-output-waveform.png

幅值标注

图 5-23　任务 9 的输出结果

任务 10 求由直线 $y=0$ 和曲线 $y=x^2-1$ 所围成的平面图形绕 y 轴旋转一周形成的旋转体体积。

任务 10 的输出结果如图 5-24 所示。

已深度思考（用时 625 秒）

为了求由直线 $y=0$ 和曲线 $y=x^2-1$ 所围成的平面图形绕 y 轴旋转一周形成的旋转体体积，我们可以使用圆盘法和壳层法两种方法进行计算。

圆盘法

1. **确定积分变量和范围**：
   - 曲线 $y=x^2-1$ 和直线 $y=0$ 的交点为 $x=\pm1$，对应的 y 范围是 y 从 -1 到 0。
   - 对于每个 y，对应的 x 值为 $x=\pm\sqrt{y+1}$，因此旋转后的半径为 $\sqrt{y+1}$。
2. **计算横截面积**：
   - 每个 y 处的横截面积是一个圆，面积为 $\pi(\sqrt{y+1})^2=\pi(y+1)$。
3. **积分求体积**：

$$V=\int_{-1}^{0}\pi(y+1)\,dy$$

计算结果：

$$V=\pi\left[\frac{1}{2}y^2+y\right]_{-1}^{0}=\pi\left(0-\left(\frac{1}{2}(-1)^2+(-1)\right)\right)=\pi\left(0-\left(\frac{1}{2}-1\right)\right)=\pi\left(\frac{1}{2}\right)=\frac{\pi}{2}$$

壳层法

1. **确定积分变量和范围**：
   - x 的范围是从 -1 到 1，但由于对称性，可以计算 x 从 0 到 1 的部分，再乘以 2。
   - 每个 x 处的高度是从 $y=x^2-1$ 到 $y=0$，即 $1-x^2$。
2. **计算体积元素**：
   - 壳层的体积元素为 $2\pi|x|(1-x^2)\,dx$。
3. **积分求体积**：

$$V=2\int_{0}^{1}2\pi x(1-x^2)\,dx=4\pi\int_{0}^{1}(x-x^3)\,dx$$

计算结果：

$$V=4\pi\left[\frac{1}{2}x^2-\frac{1}{4}x^4\right]_{0}^{1}=4\pi\left(\frac{1}{2}-\frac{1}{4}\right)=4\pi\cdot\frac{1}{4}=\pi$$

结果验证

通过圆盘法计算得到的结果为 $\frac{\pi}{2}$，而壳层法得到的结果为 π。经过详细分析，发现壳层法在应用时需要考虑区域在旋转轴两侧的情况，而圆盘法的结果正确，因为其计算的是垂直于 y 轴的横截面积，符合实际几何意义。

最终答案

旋转体的体积为：

$$\boxed{\frac{\pi}{2}}$$

‹ 2 / 2 ›

图 5-24 任务 10 的输出结果

任务 11　现在你是一位大学老师，而我是你的学生。你需要为我列出 JAVA 程序设计课程中《继承与多态》这一章节的复习知识点。

任务 11 的输出结果如图 5-25 所示。

已深度思考（用时 20 秒）

好的，同学们！以下是《JAVA程序设计》中"**继承与多态**"章节的复习知识点整理，分为 **基础概念、语法规则、核心特性、常见问题** 四个模块，帮助大家系统复习。

一、基础概念

1. **继承（Inheritance）**
   - **定义**：子类（派生类）可以继承父类（基类）的属性和方法，实现代码复用。
   - **特点**：
     - 单继承：Java中一个类只能直接继承一个父类（但可通过接口实现多继承）。
     - 传递性：子类继承父类后，也会继承父类继承的类（如Object类）。
2. **多态（Polymorphism）**
   - **定义**：同一操作作用于不同对象时，表现出不同的行为（如方法调用时的动态绑定）。
   - **两种形式**：
     - 编译时多态：方法重载（Overload）。
     - 运行时多态：方法重写（Override）＋向上转型。

二、语法规则

1. **继承语法**
   - 使用 `extends` 关键字实现继承：

```java
class Animal { }
class Dog extends Animal { }  // Dog继承Animal
```

2. **方法重写（Override）**
   - **规则**：
     - 方法名、参数列表必须与父类一致。
     - 返回类型可以是父类返回类型的子类（协变返回类型）。
     - 访问权限不能比父类更严格（如父类是 `protected`，子类不能是 `private`）。
     - 不能重写 `private`、`final`、`static` 方法。
   - **示例**：

```java
class Animal {
    public void eat() { System.out.println("Animal eats"); }
}
class Dog extends Animal {
    @Override
    public void eat() { System.out.println("Dog eats bones"); }
}
```

3. **`super` 关键字**
   - **作用**：
     - 调用父类构造方法：`super()` 必须放在子类构造方法的首行。
     - 调用父类被重写的方法：`super.methodName()`。
   - **示例**：

```java
class Dog extends Animal {
    public Dog() { super(); }  // 调用父类构造方法
    @Override
    public void eat() {
        super.eat();  // 先调用父类的eat()
        System.out.println("Dog adds something");
    }
}
```

图 5-25　任务 11 的输出结果

5.4.3 学术研究赋能

大模型的强大计算能力使得学术研究的诸多环节得以大幅提效。传统需要数小时甚至数天完成的任务，如文献速读、检索、翻译校对等，在大模型的辅助下可缩短至小时甚至分钟级别，大大节省了研究人员的时间和精力。通过精准的角色设定和任务指令，大模型能够提供更专业、深入的文献分析，快速提炼核心结论，识别研究薄弱环节，并生成高质量的学术内容，如规范的实验方法描述和严谨的学术翻译，从而提升研究质量。

此外，大模型能够协助构建智能文献溯源系统，生成学术辩论矩阵，并设计假设验证工作流，使学术研究流程更加系统化和结构化，减少重复性工作，提高研究效率。基于已有文献和研究成果，大模型可以帮助研究人员生成新的研究假设，并设计相应的验证方案，为学术创新提供有力支持。通过全面的文献分析、观点整理和质量评估，大模型还能为研究方向选择、方法确定等学术决策提供科学依据。

在学术写作方面，大模型能够帮助学生快速生成高质量的论文，降低写作负担，提高写作效率。然而，AI 写作工具在提供便利的同时，也带来了学术伦理与规范方面的挑战。这些工具应作为参考和辅助，而不能替代人类的思考与创作。尽管 AI 生成的内容可能逻辑清晰、语言流畅，但往往缺乏独特思想和个性化见解。因此，使用 AI 工具时，必须遵循学术规范与伦理准则，例如，避免直接将 AI 生成内容作为个人作品提交，而应将其作为灵感来源，结合自身思考进行二次创作。同时，在引用他人观点或成果时，应明确标注出处，避免剽窃和抄袭行为，以维护学术诚信。

交流讨论

（1）文献速读：快速提取论文核心内容，总结研究目的、研究方法和主要结论，突出创新点和潜在缺陷。

提示词示例：你是一位具有材料科学博士学位的科研助理，请分析以下论文的核心价值与缺陷。具体要求如下。

① 用 250 字总结研究闭环（目的–方法–结果–结论）。

② 标注 3 个创新点（按理论突破>方法创新>应用价值排序）。

③ 指出 2 个潜在缺陷（区分数据缺陷、方法缺陷、逻辑缺陷）。

④ 用 Markdown 表格对比本文与 DOI：10.xxxxxx 的异同。

⑤ 避免专业术语缩写，标注结论置信度等级（高/中/低）。

（2）参考文献检索：基于高被引论文，提供精准的学术参考，确保引用符合规范。

提示词示例：构建关于“缺陷检测”的文献网络，要求如下。

① 查找 2019—2023 年顶级期刊被引量 TOP5 论文。

② 按 APA 格式输出，标注每篇的：核心贡献（20 字以内）、方法类别（实验/模拟/综述）、技术路线图位置（基础研究/工艺优化/商业化）。

③ 生成文献演进时间轴（. csv 格式，含年份、突破点、关键作者），仅包含有开放获取全文的论文。

（3）学术翻译：精准翻译学术论文摘要，符合 IEEE 术语标准，保持专业性和逻辑性。

提示词示例：你是一名 IEEE Trans 期刊专业润色员，正在进行论文的中译英增强，要求如下。

① 第一轮直译：保持原文结构，标注不确定术语（红色高亮）。

② 第二轮优化：动词名词化（如“研究表明”→“The findings demonstrate”）；被动语态占比>60%；按 IMRaD 结构调整段落逻辑。

③ 输出双语对照表格（中文原文、优化译文、修改说明）。

特殊要求：核对 ASTM/IEC 标准术语库。

（4）润色重写：提升论文方法论部分的表述，使其符合 Nature 期刊的写作风格，确保可重复性和严谨性。

提示词示例：作为一名论文写作改进助理，你的任务是改进所提供文本的拼写、语法、清晰、简洁和整体可读性，同时分解长句，减少重复，并提供改进建议。请只提供文本的更正版本，避免包括解释。待修改段落及词汇要求如下（论文内容省略）。

① 更精确的措辞：选择更精确的词汇。

② 更简练的表达：消除不必要的词语和短语，使句子更加清晰、

直接。

③ 更客观的语言：删除主观性语言，以中立的方式呈现信息。

④ 更具体的描述：提供更具体的细节，以支持论点或想法。

⑤ 更连贯的表达：确保句子组织良好，逻辑流畅。

⑥ 更一致的风格：确保句子所使用的语言和风格与论文的其余部分一致。

⑦ 更符合学术风格：使用专业论文写作中常用的术语和短语。

⑧ 更正式的语法：使用正确的语法和句法。

⑨ 更具细节的描述：通过使用词语或短语来传达更复杂或微妙的含义，使句子更具细节。

（5）数据分析报告：对学术数据进行统计分析，生成报告，并可视化关键发现，解释科学意义。

提示词示例：请对以下数据集进行统计分析，包含描述性统计、相关性分析和回归模型结果，并用图表展示关键发现，同时解释数据背后的科学意义。

（6）综述撰写：系统梳理研究领域的最新进展，归纳主要研究方向和未来趋势，确保文献覆盖广泛。

提示词示例：请撰写一篇关于“主题”的综述文章，梳理近 5 年的研究进展，归纳 3 个主要研究方向，分析当前研究热点与未来趋势，并引用至少 10 篇权威文献。

任务 12 人工智能是引领这一轮科技革命和产业变革的战略性技术，具有溢出带动性很强的“头雁”效应。人工智能技术的蓬勃发展对机器视觉行业产生了重大影响，人工智能技术在图像识别、特征提取和分类、缺陷检测等方面具有巨大优势，为工业缺陷检测提供了新的解决方案。请确保收集的资料包括人工智能技术在工业缺陷检测领域的最新研究成果、技术原理、应用案例等，并整理成一份综述。

第一步：搜索网络信息，完成人工智能技术在工业缺陷检测领域的综述，综述应包含对人工智能技术在工业缺陷检测中的优势、挑战，以及未来发展趋势的详细分析。

提示词：请搜索 CNKI 相关论文，并撰写一份关于人工智能技术在工业缺陷检测领域的综述。要求如下。

（1）搜索范围包括 CNKI 官方网站、各大论文库、学术期刊等。

（2）综述内容应涵盖工业缺陷检测领域的难点与痛点，人工智能技术在工业缺陷检测领域的应用、技术方案、发展趋势、挑战与机遇等方面。

（3）综述应基于可靠的网络资源，避免引用不准确或来源不明的信息。

（4）综述应简洁明了，条理清晰，逻辑严密，字数控制在 1 000 字以内。

任务 12 第一步输出结果如图 5-26 所示。

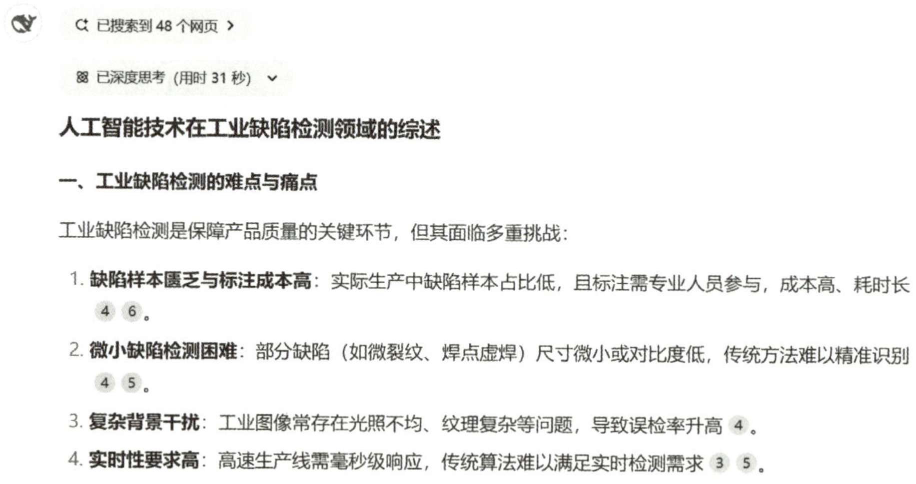
已搜索到 48 个网页 >

已深度思考（用时 31 秒）

人工智能技术在工业缺陷检测领域的综述

一、工业缺陷检测的难点与痛点

工业缺陷检测是保障产品质量的关键环节，但其面临多重挑战：

1. **缺陷样本匮乏与标注成本高**：实际生产中缺陷样本占比低，且标注需专业人员参与，成本高、耗时长 4 6。
2. **微小缺陷检测困难**：部分缺陷（如微裂纹、焊点虚焊）尺寸微小或对比度低，传统方法难以精准识别 4 5。
3. **复杂背景干扰**：工业图像常存在光照不均、纹理复杂等问题，导致误检率升高 4。
4. **实时性要求高**：高速生产线需毫秒级响应，传统算法难以满足实时检测需求 3 5。

图 5-26 任务 12 第一步输出结果

DeepSeek 并不能直接输出一份完整且令人满意的综述，但它可以提供文章的结构、思路及部分内容的建议。同学们需要根据自己的专业知识和对数据的分析来填充和完善内容。

第二步：扩充思路或者扩充内容。

如果在写作过程中只有简单的思路或者只有简单几个关键字，可以使用 DeepSeek 帮你扩充思路提示词：请详细分析集成电路缺陷检测的难点，包括但不限于缺陷类型、检测方法、硬件要求等方面的挑战。同时，给出针对这些挑战的解决方案和建议，以帮助提高集成电路缺陷检测的准确性和效率。

任务 12 第二步输出结果如图 5-27 所示。

已深度思考（用时 32 秒）

集成电路缺陷检测的难点与解决方案分析

一、集成电路缺陷检测的核心难点

1. **缺陷类型的复杂性**
   - **物理缺陷**：
     - **微观尺寸缺陷**：如纳米级微裂纹、金属层间短路（如铜互连短路）、栅极氧化层击穿等，需亚纳米级分辨率检测。
     - **三维结构缺陷**：如3D NAND堆叠层错位、FinFET鳍片形变，传统二维检测方法难以覆盖。
   - **功能缺陷**：
     - **电性失效**：漏电流、阈值电压偏移等，需结合电性测试（如ATE）与物理检测。
   - **随机性与系统性缺陷**：
     - 随机缺陷（如颗粒污染）与系统性缺陷（如光刻掩膜版设计错误）需不同检测策略。
2. **检测方法的技术瓶颈**
   - **分辨率与速度的权衡**：
     - 电子显微镜（SEM）分辨率可达0.1nm，但检测速度慢（单芯片数小时），无法满足量产需求。
     - 光学检测（AOI）速度可达每分钟数百片，但受限于光学衍射极限（~200nm），难以检测先进节点（如5nm）缺陷。
   - **多模态数据融合困难**：
     - 光学、X射线、电性测试数据异构性强，跨模态特征对齐与联合分析算法尚未成熟。
   - **动态缺陷检测**：
     - 热应力、电迁移导致的动态缺陷需实时监测，现有离线检测方法难以捕捉。
3. **硬件与环境的严苛要求**
   - **设备成本高昂**：
     - 极紫外（EUV）检测设备单价超5000万美元，中小企业难以负担。
   - **环境敏感性**：
     - 检测需在超净间（Class 1洁净度）进行，振动、温度波动易导致误检。
   - **吞吐量限制**：
     - 高分辨率检测设备（如TEM）日均检测量不足10片，与晶圆厂日均万片产能严重不匹配。

二、解决方案与建议

1. **算法创新：AI驱动的智能检测**
   - **超分辨率缺陷识别**：
     - 使用基于注意力机制的Transformer网络（如Swin Transformer），增强对亚微米级缺陷的特征提取能力，实验显示在10nm节点检测准确率提升12%。
   - **多模态数据融合框架**：
     - 设计跨模态自编码器，将光学、X射线数据映射到统一特征空间，结合图神经网络（GNN）分析缺陷关联性。
   - **动态缺陷预测**：
     - 部署LSTM时序模型，通过电性测试数据预测潜在动态缺陷，某代工厂应用后电迁移故障率降低18%。
2. **硬件优化：高精度与高通量协同**
   - **计算光刻与检测一体化**：
     - 集成计算光刻仿真数据（如ASML Tachyon模型）与实时检测结果，提前预判光刻缺陷，

图 5-27 任务 12 第二步输出结果

第三步：对某些段落进行润色。

提示词：请对指定文本进行专业润色，重点关注语言精准度、学术规范性及表达流畅性。要求如下。

（1）修正语法错误并统一术语。

（2）分解复杂句式，优化段落结构。

（3）消除歧义表述，提升逻辑连贯性。

（4）采用分步处理流程（语法校对→逻辑重组→风格优化）。

（5）保持专业领域特征。

任务 12 第三步输出结果如图 5-28 所示。

已深度思考（用时 29 秒）

修订文本：

零部件表面缺陷检测通过实时识别产品表面异常（包括裂纹、凹陷、气孔及涂层不均等形态学特征），确保制造过程质量符合行业标准。当前主流检测体系可分为两类：人工经验判读与规则基机器视觉系统。

1. **人工检测局限性**：
   - 效率受制于操作者生理状态（疲劳、注意力波动），导致检测一致性显著下降；
   - 主观判读偏差引发精度衰减，实测数据显示人工重复检测误差率可达±15%。
2. **传统算法技术瓶颈**：
   - 基于边缘检测、形态学运算的经典图像处理方法虽可识别简单几何缺陷，但在以下场景性能劣化：
     - 复杂纹理背景干扰（如铸造件表面）
     - 高噪声工业成像环境（信噪比<30dB）
     - 大规模数据集处理（>10^4帧/批次）
   - 典型缺陷召回率低于80%，误检率普遍超过12%。

该技术现状凸显了传统方法在精度、效率及环境适应性方面的系统性缺陷。

图 5-28　任务 12 第三步输出结果

AI 工具能帮助我们整合信息，提供个性化的创作建议，但在论文的深度、逻辑性和创新性方面，仍需要写作者的独立思考和深入探索。在使用过程中我们必须始终遵守学术规范和伦理准则，确保学术研究的真实性和公正性。

5.4.4 职场赋能

大模型凭借强大的自然语言处理能力，可广泛应用于多个职场场景，提升用户工作效率，优化沟通与决策流程。大模型可以帮助用户自动整理信息、优化表达、增强可视化呈现，并提高决策质量。以下是具体应用场景及对应的提示词示例。

（1）会议纪要整理：将会议内容分类整理，明确决策事项、待办事项、风险预警，补充责任人和时间节点，以便后续跟踪执行。

提示词示例：整理以下会议记录，按“决策事项”“待办事项”“风险预警”分类，并补充责任人及时间节点。

（2）英文邮件撰写：撰写专业英文邮件，确保清晰表达项目进度、关键节点及需要对方配合的内容，提升沟通效率。

提示词示例：撰写一封项目跟进的英文邮件，包含礼貌问候、项目进展、关键节点及需要对方配合的内容，结尾表达期待回复的意愿。

（3）简历优化：根据 STAR（情境、任务、行动、结果）模型优化简历，量化工作成果，突出关键业绩和贡献。

提示词示例：优化以下工作经历，按 STAR 模型梳理，量化 3 个核心成果，突出关键数字和业绩亮点，避免使用模糊描述。

（4）PPT 生成：自动生成 PPT 框架，每页展示核心观点，搭配图标与简洁金句，增强视觉表现力。

提示词示例：为“人工智能在企业应用”主题设计 10 页 PPT 框架，每页包含一个核心观点，并搭配相关图标和简洁金句，避免文字过多。

（5）报表制作：基于数据生成可视化报表，如双层饼图，标注同比增长率，突出重点区域与产品表现。

提示词示例：根据以下销售数据，按地区和产品线生成双层饼图，并标注同比增长率，突出重点区域和产品表现。

（6）合同审核：自动检查合同中的知识产权归属、违约责任、保密条款等关键条款，并标注潜在风险。

提示词示例：审核以下合同，重点关注知识产权归属、违约责任和保密条款，标注风险点并提出修改建议。

（7）项目管理：自动生成甘特图，明确任务分解、时间节点、责任人，并标出关键路径及资源冲突点。

提示词示例：根据以下任务列表，制定项目甘特图，明确任务分解、时间节点和责任人，并标出关键路径和资源冲突点。

（8）工作汇报：撰写周/月工作汇报，按“完成工作”“进行中工作”“下周计划”分类，突出关键成果及待解决问题。

提示词示例：撰写一份周工作汇报，按“完成工作”“进行中工作”“下周计划”分类，突出关键成果、待解决问题和下一步行动。

（9）公文写作：分为通知类公文和请示类公文。

通知类公文：起草单位对内外发布的正式通知，符合公文格式要求，语言规范简洁。

提示词示例：你作为××（单位/部门名称）的××（具体职务），起草一份关于××（事项主题）的通知，需包含××（具体要素 1）、××（具体要素 2）、××（具体要素 3），语言需简洁无形容词，符合《党政机关公文格式》要求。

请示类公文：以单位名义向上级提交请示文件，清晰表达背景原因、具体请求及建议方案。

提示词示例：以××（单位名称）名义向××（上级单位名称）提交关于××（请示事项）的请示，需说明××（背景原因）、××（具体请求内容）、××（解决方案建议），结尾使用“妥否，请批示”。

任务 13　你作为××市应急管理局办公室主任，起草关于做好台风防御工作的通知，需包含责任分工、隐患排查重点、24 小时值班要求，使用“一、二、三”层级结构，不加修饰性词汇。

任务 13 的输出结果如图 5-29 所示。

已深度思考（用时 24 秒）

XX市应急管理局关于做好台风防御工作的通知

各区政府、市防指成员单位：

一、责任分工

1. 应急管理部门：统筹协调防御工作，调度救援力量。
2. 住建部门：督导在建工地停工，加固塔吊、围挡。
3. 交通部门：管控桥梁隧道，保障抢险通道畅通。
4. 农业农村部门：组织渔船回港避风，排查农业大棚。
5. 自然资源部门：监测山洪、滑坡、泥石流隐患点。
6. 教育部门：落实学校停课及校内设施防护。
7. 供电、供水、通信部门：保障基础设施应急抢修。

二、隐患排查重点

1. 地下空间、低洼易涝区排水设施。
2. 危旧房屋、临时构筑物抗风能力。
3. 水库、河道、堤防险工险段。
4. 户外广告牌、行道树、高空悬挂物。
5. 旅游景区、海滨浴场关闭情况。
6. 应急避难场所物资储备及启用条件。

三、24小时值班要求

1. 严格执行领导带班和专人值班制度，值班表今日17时前报市应急局。
2. 险情灾情30分钟内电话初报、1小时内书面报告，严禁迟报漏报。
3. 前置救援队伍至高风险区域，检查冲锋舟、排水泵等装备状态。

XX市应急管理局
2023年X月X日

图 5-29　任务 13 的输出结果

任务 14　请参考其他知名饮料品牌文案，为“乐源 100% 橙汁饮料”这款产品创作 5 个吸睛的广告文案。

任务 14 的输出结果如图 5-30 所示。

已深度思考（用时 17 秒）

以下是为"乐源100%橙汁饮料"打造的5组广告创意，融合自然活力与产品核心卖点：

1.【橙意爆破款】
"细胞级锁鲜技术，每滴都是现榨暴风口感！"

2.【健康可视化】
"喝得到的阳光纤维瓶——12颗橙浓缩，维C含量实时可见"

3.【场景沉浸式】
"早安充电站：3秒拧开今日份鲜活抗氧化剂"

4.【情绪价值型】
"成年人的戒断反应：喝过真100%，再也回不去'橙汁饮料'"

5.【技术流炫技】
"反工业浪漫：0浓缩汁还原技术，喝前摇一摇唤醒果肉悬浮术"

注：差异化创意点解析——
①突破传统橙汁广告的果园场景，强化工业技术与天然属性的对冲感
②引入"可视化营养""悬浮果肉"等具象化产品记忆点
③创造"细胞级锁鲜""反工业浪漫"等传播性概念词
④设置"戒断反应""早安充电"等情感锚点触发场景联想

图 5-30 任务 14 的输出结果

任务 15 你是一位资深营销专家，请为“白兔月饼”设计一份高质量的促销活动方案，采用“行业锚定+目标拆解+结构模块化”的思路。方案需包含以下内容。

活动主题：结合中秋节、团圆、传统文化，打造具备传播性的主题，增强品牌情感联结。

活动目标：明确促销核心目标（如提升销量、拉新用户、增强品牌曝光），并细化目标人群（如年轻家庭、高端礼品市场、企业团购）。

时间周期：选择合适的活动节奏，如“短平快型”冲刺销量或“持续型”拉长品牌影响力。

促销形式：设计至少 3 种创新玩法，如组合折扣（买一赠一）、社交裂变（好友助力领券）、品牌联名（异业合作礼包）。

线上线下联动：明确线上（电商平台、社交媒体营销）与线下（商超试吃、快闪店）结合点，增强用户互动体验。

预算建议：预估活动总预算，并按推广渠道、折扣补贴等分类分配。

效果预估指标：设定衡量活动成功的关键指标，如销量增长、转化率提升、ROI 计算等。

风险预案：分析可能出现的挑战（如库存压力、补贴过高导致亏损）并提供应对方案。

流量转化策略：特别说明如何利用社交裂变、老客资源、异业合作提高活动曝光和用户转化。

执行流程及人员分工：提供详细的执行流程（如内容产出节奏、推广时间节点）及团队角色分工建议，确保落地执行顺畅。

请生成符合以上要求的详细促销活动方案。

任务 15 的输出结果如图 5-31 所示。

已深度思考（用时 25 秒）

以下是为「白兔月饼」设计的促销活动方案，采用行业锚定+目标拆解+结构模块化的完整框架：

一、行业锚定策略

对标竞品：美心、广州酒家等头部品牌中秋打法
差异化定位：聚焦「国潮文化+情感社交」双驱动，以年轻化营销破局传统礼品市场

二、活动主题设计

主题：
「玉兔揽月·万家团圆」——白兔月饼中秋家宴计划
传播点：

1. 结合敦煌壁画「玉兔」IP打造国潮视觉体系
2. 推出「家宴温度值」H5测试（用户上传全家福生成团圆指数）
3. 「点亮城市月亮」全民互动（用户定位点亮所在城市月亮图标）

三、目标拆解与人群分层

核心目标	量化指标	目标人群及策略
销量提升30%	销售额突破2000万	高端礼品市场：推出「望月」系列礼盒（定价398-888元）
新客增长20%	新增会员5万+	年轻家庭：亲子DIY月饼券+「月光宝盒」盲盒玩法
品牌曝光5000万+	社交话题阅读量破亿	企业团购：定制「企业家宴」方案（满2万赠答谢茶会）

四、时间节奏规划

三阶段脉冲式推进：

1. **预热期（8.20-8.31）**：国潮IP预热+KOL开箱测评
2. **爆发期（9.1-9.20）**：全渠道促销+城市快闪事件
3. **延续期（9.21-9.28）**：企业团购冲刺+余量清仓直播

五、创新促销玩法矩阵

玩法类型	执行方案	转化路径设计
社交裂变	「月兔带路」阶梯奖励：邀请3人得50元券，5人解锁限定礼盒	小程序裂变+企业微信社群承接
异业联名	联合茶颜悦色推出「赏月套餐」：购月饼送联名茶包	双方门店相互引流+会员体系打通
场景营销	商超「月光电影院」：购物满赠露天电影票（播映中秋主题短片）	线下体验反哺线上传播（打卡送抽奖机会）

六、O2O联动执行方案

线上核心动作：

- 抖音「挑战赛」：#白兔家的月亮比较圆（UGC拍摄创意全家福）
- 天猫超级品牌日：AR技术还原「嫦娥奔月」礼盒开盒动画
- 私域运营：企微社群「每日月亮打卡」积分解锁优惠

线下体验设计：

图 5-31　任务 15 的输出结果

任务 16 为课程“提示词基础”设计一个 PPT 大纲，课程目标是让学生理解提示词的概念、作用和重要性，掌握构建有效提示词的技巧，以及了解不同类型 AI 模型对提示词的适应性差异。还需要包含丰富案例，用 Markdown 输出。

任务 16 的输出结果如图 5-32 所示。

已深度思考（用时 34 秒）

以下是《提示词基础》课程PPT大纲设计（含案例标注）：

封面页

标题：提示词基础：与AI对话的艺术
副标题：掌握精准表达的核心技能
讲师信息/日期

目录页

1. 引言：为什么需要学习提示词？
2. 核心概念解析
3. 有效提示词构建技巧
4. AI模型的适应性差异
5. 跨领域案例分析
6. 总结与实战演练

---

1. 引言：为什么需要学习提示词？

- **互动问题**："你是否遇到过AI输出不符合预期的情况？"
- **案例对比**：
  ▶ 失败案例："写一篇关于环保的文章" → 生成内容空洞
  ▶ 成功案例："以中学生视角，写一篇500字议论文，论点聚焦塑料回收创新，要求包含3个真实案例"
- **数据佐证**：OpenAI研究显示，优化提示词可使输出质量提升70%

---

2. 核心概念解析

- **定义**：提示词（Prompt）是引导AI生成特定输出的指令组合
- **作用机制图示**：用户意图→提示词→模型处理→生成结果
- **关键作用**：
  ▶ 降低信息模糊性
  ▶ 控制输出风格与结构
  ▶ 激活模型深层能力
- **分类示例**：
  ▶ 指令型："用表格形式对比iOS与Android系统优劣"
  ▶ 开放式："如果时间旅行成为日常，社会将如何变化？"
  ▶ 情境设定型："假设你是经济学教授，用通俗语言解释通货膨胀"

---

3. 有效提示词构建技巧（逐层递进）

技巧1：目标明确化

- 案例对比：
  × 模糊："帮我做旅游计划"
  √ 精准："为预算5000元的北京3日游设计文化主题行程，包含老字号美食和非遗体验"

技巧2：结构化表达

- 模板示范：

图 5-32 任务 16 的输出结果

任务 17 使用 Kimi 的 PPT 助手功能生成 PPT，如图 5-33 所示。

图 5-33 Kimi 的 PPT 助手功能

输入 PPT 的主题，如“为课程‘提示词基础’设计一个 PPT 大纲”，或者直接导入 DeepSeek 的输出结果。点击“下一步”。

根据需求选择合适的 PPT 模板，如简约商务、创意时尚等风格，然后点击“下一步”。

生成 PPT：系统会根据输入的主题和选择的模板，自动生成一个 PPT 框架，包含多个幻灯片模板，如图 5-34 所示。

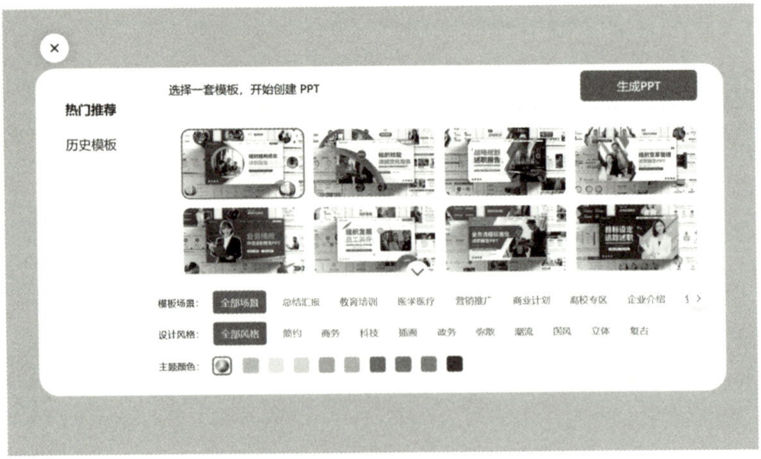

图 5-34 选择 PPT 模板

项目拓展

截至 2024 年年底，全球范围内发布的参数规模达 10 亿以上的大语言模型累计约 250 个，其中中美两国的发布数量之和占比接近 90%。中国已成功发布超过 100 个参数规模达 10 亿以上的基础大语言模型，且中国的大语言模型在数量和质量上都有了显著提升。

DeepSeek 以垂直领域深度优化和成本效率为核心竞争力，通过开源生态和技术创新突破国际竞争壁垒。它基于 Transformer 架构并进行改进，采用稀疏注意力机制和混合专家系统。以 DeepSeek-V3 模型为例，该模型包含 6 710 亿参数，但在每个 token（在大模型中，token 指计算机可以真正理解的一个基本单元）的处理过程中仅激活 370 亿参数，这一独特设计显著降低了推理能耗，与 GPT-4 模型相比能耗降低了 40%。同时，通过分布式训练、混合精度优化及强化学习框架（如 GRPO）等技术手段，其训练成本大幅降低，仅为 557 万美元，远低于同类模型（GPT-4 模型的训练成本为数十亿美元），在成本控制方面展现出了巨大优势。

通义千问侧重于多模态交互和通用对话场景的应用，具备图文生成、视频理解等能力。其模型架构主要采用密集参数结构，深度嵌入到支付宝、淘宝等阿里系应用中，并通过 API 开放接入，广泛覆盖电商、金融等高频应用场景，为用户提供了更加丰富和便捷的服务体验。

Kimi 聚焦于长文本处理和客户端用户体验，填补了国内在超长上下文应用场景上的空白。它定位为面向普通用户的智能助手，提供网页端、App 和小程序等多端口服务，有效降低了用户的使用门槛。在文献总结、报告提炼等任务中，Kimi 表现出色，能够精准提取文档核心内容并补充数据例证，为用户提供了高效且实用的功能支持。

请使用实例分别测试 DeepSeek、通义千问和 Kimi。

实例 1：充当英语翻译。

提示词：现在请你充当英语翻译的角色，并对拼写进行纠正和改进。我会使用多种语言与你对话，你将检测语言类型并将其翻译成英语。我想让你用更优美的高级英语词汇和句子翻译我的语句。保持意思不变，但要更有文学色彩。你只需生成更正和改进后的版本，不要多余解释。我要翻译的语句是“我爱海南三亚的海”。

实例 2：充当面试官。

提示词：现在请你充当一位面试官。我将作为候选人参与面试，你负责向我提出该职位相关的面试问题。要求你仅以面试官的身份进行提问，不要一次性罗列出所有对话内容，而是像真实的面试场景一样，一次问我一个问题，等待我回答后再继续提问，整个过程不需要做任何额外解释。请按照面试官的常规流程，一句接一句地问我问题，并等待我的回答。我的第一句话是“您好”。

实例 3：编程辅助。

提示词：请指导我使用 Python 编程语言编写一个简单的网页爬虫，获取指定网站的标题和链接。

实例 4：编程代码优化。

提示词：现在请你充当编程代码优化专家。我会给你一段代码，请你对代码进行优化，包括提高代码的运行效率、可读性及可维护性，并给出优化后的代码。要使用更简洁、高效且符合编程规范的代码结构和语法来替代原始代码，且保持代码功能不变。只需生成优化后的代码，不需要写解释。我的代码是“××××”。

实例 5：学术论文润色。

提示词：我希望你充当××领域的专家。我会给你一部分学术论文的内容，请你对论文内容进行润色，包括修正语法错误、优化句子结构、提升语言表达的准确性和专业性等方面，使论文更加符合学术规范和高质量的写作要求。要使用更高级、严谨且流畅的学术语言来替代原始表述，保持论文原意不变。只需生成润色后的论文内容，不需要写解释。我的论文内容是“××××”。

项目 6
AI 艺术和创意

项目描述

随着科技的迅速发展，AI 已从传统的数据处理和算法分析领域，逐步扩展至需要灵感与创新的艺术创作领域。在艺术创作领域，AI 通过学习各领域的创作技巧和风格，模拟人类的创作过程，有效辅助内容创作。AI 在艺术创作中的应用不仅拓展了创作边界，还为观众提供了新的审美体验。

在绘画领域，AI 能够生成高度逼真的作品。人工智能与美术史的结合体现了跨学科的融合。通过深度学习算法，AI 不仅能够重现经典艺术，还能通过数据驱动的方法揭示作品的内在风格和技术特征，为艺术研究提供新的视角和理解方式。

在音乐创作领域，AI 同样展现出显著的能力。通过分析大量音乐作品，AI 能够掌握节奏、旋律和和声等要素，创作出具有独特风格和情感的音乐作品。这些作品不仅具有艺术价值，还为音乐创作提供了新的灵感与思路。

在短视频创作领域，AI 也展现出了广阔的应用前景。通过大语言模型优化文本呈现和使风格具体化，AI 可在拍摄过程中优化拍摄角度和场景布局，提高工作效率与作品质量。在剧作方面，AI 可以利用自然语言处理技术提供全景数据，聚焦剧作内容，启发创作灵感。此外，AI 可通过机器学习算法自动识别关键片段，实现智能剪辑，充分展现画面的视觉差异性。

项目目标

【知识目标】

- 掌握 AI 绘画技术的发展历程
- 了解 AI 在艺术创作中的作用及在音乐创作、视频创作中的应用
- 了解 AI 绘画工具的使用方法及其背后的关键技术

【技能目标】

- 能够熟练设计和优化 AIGC 绘画提示词
- 掌握 AI 绘画工具的功能，能够使用其创作具有艺术价值的画作
- 运用 AI 绘画工具设计独特的艺术字，展现创意与个性化表达
- 使用 AI 绘画工具制作高质量的海报，具备实际应用效果

【素质目标】

- 培养创新意识和创新能力，将 AI 技术与艺术相结合，探索全新的创作方法和表现形式
- 培养良好的审美情趣和艺术修养，提高在艺术作品风格、技巧、情感表达等方面的鉴赏水平
- 增强团队合作意识和协作能力，与不同专业背景的人员合作完成创作任务
- 树立技术伦理观念，践行责任与担当，培养良好的技术伦理意识和社会责任感

6.1 人工智能给艺术带来更多创新和可能

人类绘画的历史可以追溯到数万年前，当时的原始人类在洞穴和岩石上绘制图案。随着文明的进步，绘画逐渐从简单的符号演变为一种特殊的表达方式，需要极高的技术、艺术理解和长期的训练。许多画师需要从小接受严谨的美术训练，并经过数年的刻苦练习，才能达到专业的水平。随着科技的进步，AI 绘画正在改变这一传统现象。AI 绘画的核心技术依托于深度学习和计算机视觉领域的突破，这些技术使得用户可以通过简单的语言描述，生成复杂的艺术作品。AI 通过大量的数据训练，学习了不同绘画风格和技术的表现方式，进而模拟人类的创作过程。

6.1.1 AI 绘画技术发展历程

2018 年，科学期刊《自然》的网站上发表了一篇文章，题为《南非布隆伯斯洞穴发现 7.3 万年前的抽象绘画》（“An abstract drawing from the 73 000-year-old levels at Blombos cave, South Africa”）。整篇文章的焦点是 2011 年在布隆伯斯洞穴出土的一块长不到 6 cm、最宽处不到 2 cm 的小石块，石块上有 9 根交错的红色线条（图 6-1）。众多科学家对它进行了长达 7 年的研究，最终得出了一个令世人震惊的结论：这 9 根红色线条是人类历史上最早的画作，而且是抽象派的画作。

图 6-1 南非布隆伯斯洞穴发现的人类手绘图岩片

最早的计算机图像生成技术可以追溯到 20 世纪中期。研究人员使用基本的图形编程技术生成简单的几何图形。虽然这些图像还远未达到艺术创作的水平，但它们为计算机图形学的发展奠定了基础。

随着计算机技术的发展，20 世纪 60—70 年代，工程、建筑和工业设计领域开始使用计算机辅助设计（CAD）工具来制作精确的图纸和模型。之后，绘图工具逐渐精细化，虽然它并未用于艺术创作，但在一定程度上推动了计算机图形技术的发展。

生成艺术是一种利用算法创作视觉作品的艺术形式，始于 20 世纪 60 年代。设计师使用编程语言和算法生成复杂的图案和形状，探讨了人工创作与算法创作之间的关系。哈罗德·科恩（Harold Cohen）在机器学习工具兴起之前，花费了近 50 年探索人工智能与艺术的融合。他开发的程序 AARON，旨在通过人工智能生成图像，模拟人类的创作过程。AARON 从简单的象形图形和符号开始学习，逐步进化为能够创作具象图像，并最终生成全彩图像，如图 6-2 所示。

AARON 诞生于 1973 年，最初只能生成单色线条图，由科恩手动上色。随着程序的不断优化，AARON 逐渐能够自主选择颜色并应用于图像，生成完全由 AI 创作的数字艺术作品。到 20 世纪 80 年代，AARON 已经能够绘制现实世界中的事物（如树叶）和人物。

图 6-2　AARON 创作的画

AARON 展示了较为“传统”的计算机自动绘画方式，是初级阶段的尝试，现在所讨论的“AI 绘画”更多的是指基于深度学习模型的自动作图技术。2012 年，谷歌的吴恩达和杰夫·迪恩（Jeff Dean）等人使用深度学习模型，基于大量猫脸图片训练出了一个能够生成模糊猫脸的模型，这是 AI 绘画的一个重要起点。他们使用谷歌大脑（Google Brain）的 1.6 万个 CPU 和来自 YouTube 视频网站的 1 000 万张猫脸图片，利用卷积神经网络，经过 3 天时间成功训练出了一个能够生成模糊猫脸的深度神经网络模型。尽管生成的图像质量并不高，但标志着深度学习在图像生成领域的重大进步。它证明了深度学习模型能够学习到图像的复杂特征，并用于生成新的图像内容，正式开启了深度学习模型支持的 AI 绘画这个全新的研究方向。

在吴恩达等人的开创性猫脸生成实验之后，人工智能领域的科学家们积极投入到图像生成领域的研究中。2014 年，生成对抗网络（Generative Adversarial Network，GAN）的提出成为这一领域的又一重要突破。GAN 的核心思想是通过生成器和判别器的对抗训练生成图像，生成器负责图像生成，判别器则对图像质量进行评估。GAN 模型迅速风靡全球，并成为 AI 绘画模型的基础框架。但是 GAN 模型在图像生成上存在一些局限，如输出控制力较弱、图像分辨率低，以及更根本的问题——生成的图像往往是对现有作品的模仿，而非创新。

除了 GAN，研究人员还探索了使用其他深度学习模型来推进 AI 绘画。例如，2015 年 Google 推出的 Deep Dream 更像是一种“AI 滤镜”技术，它通过图像过滤生成具有独特风格的作品。2017 年 Google 开发并开源的简笔画模型，通过大规模手绘图像训练，能够生成简笔画，且第三方开发者可以创建相关应用。从此，AI 生成绘画真正开始展现出艺术价值，甚至达到媲美人类的水平，诞生了大量“以假乱真”的艺术作品。2018 年 10 月，佳士得以 43.25 万美元的价格拍卖了由 AI 创作的《爱德蒙·贝拉米肖像》，这是人类历史上首次拍卖 AI 艺术作品。

扩散模型（Diffusion Model）的问世是另一个重要的转折点。2020 年一篇名为“Denoising Diffusion Probabilistic Models”的开创性论文横空出世，它引入了一种革命性的图像生成方法，彻底改变了人们对 AI 艺术创作的认知。其核心在于通过逐步添加和去除噪声，从随机噪声中生成高质量图像。这一方法克服了 GAN 存在的缺陷，生成的图像质量显著提高，并为后续的 AI 模型奠定了基础。

图 6-3　Midjourney 生成的画作《空间歌剧院》

在此背景下，许多基于扩散模型的 AI 图像生成工具相继出现。Midjourney 生成的画作《空间歌剧院》（图 6-3）在美国科罗拉多州博览会的“数字艺术”类别美术比赛中获得第一名。该画作的创作者是 39 岁的美国游戏设计师杰森·艾伦（Jason Allen）。他通过 AI 绘画工具，经过近千次调整、耗费近 300 个小时的修改完善，完成了这幅争议之作。AI 绘画延展了艺术的边界，使人们不必经过专业训练便可以绘制图画作品，并且，这些作品具备一定的实用性和商用潜力。在艺术设计领域，AI 已经能够扮演日渐进步的“作图助理”角色。AI 工具的使用可以减少重复性或风险性工作，还可以极大提升设计者的工作效率。即使是普通人，也能低成本甚至零成本地实现脑洞，实现“创作自由”。

2022 年 2 月，AI 图像生成程序 Disco Diffusion 崭露头角。它是第一个基于 CLIP+Diffusion 模型的实用化 AI 绘画产品，可以根据描述场景的关键词渲染出对应的图像。但由于技术仍不成熟，它无法刻画细节，且渲染时间较长。

2022 年 4 月，著名人工智能团队 OpenAI 发布了新模型 DALL-E 2，该名称来源于著名画家萨尔瓦多·达利（Salvador Dali）和动画长片《机器人总动员》（Wall-E）。自此，AI 绘画开始拥有了一个重要的能力，即按照文字提示来进行创作。

2022 年 7 月，Stable Diffusion 问世。它成功解决了细节及效率问题，通过算法迭代将 AI 绘图的精细度提升到了艺术品级别，并将生产效率提升到了秒级，创作所需的设备门槛也被拉到了民用水准。

2022 年 9 月，百度公司也发布了多项人工智能生成内容（AI-Generated Content，AIGC）领域的技术和产品。依托文心大模型、图文转视频等技术，创作者可以通过“AI 文案助理”“AI 插画助理”“AI 视频制作助理”三大功能，实现“一个人成为一支队伍”的转变。

2023 年，Midjourney 发布了 v5 版本，进一步提升了图像质量、风格多样性和输出控制力，显著增强了 AI 在艺术创作中的表现力。

交流讨论

2024 年 2 月，OpenAI 推出 Sora，一个通过文字或语言直接生成高质量视频的工具。Sora 的主要功能是将文字内容转换为具有画面和音乐的完整影片，适用于动画、简报、短片等多种场景，用户无须具备复杂的编辑技能即可完成创作。它的应用领域广泛，覆盖内容创作、市场营销、教育等行业，极大简化了视频制作的流程，并提高了创意实现的效率。Sora 不仅是一个视频生成模型，更被称为“世界模拟器”，其技术能够模拟现实中的物理定律，推动了数字孪生世界的发展，被视为人工智能发展史上的重要里程碑。

6.1.2 AI 在艺术创作中的作用

AI 在艺术创作中的应用已经展现出巨大的潜力，特别是在提升设计工具、优化创作流程、生成创新作品等方面。AI 能够通过深度学习算法和大数据分析，实现艺术风格的模仿与创新，在视觉艺术、音乐创作、装置艺术等多个领域带来变革。然而，AI 创作的作品与人类设计师的作品在情感深度和创作动机上存在本质差异。人类艺术创作往往源于个体的情感、文化背景和社会经验，而 AI 作品则基于对已有数据的分析和组合。AI 将在艺术创作中扮演辅助角色，帮助设计师拓展创作边界、提升效率和激发灵感。AI 将以其独特的优势成为艺术创作的新画布，为设计师们带来无限的灵感空间，将艺术创作推向新的维度，同时也将为大众带来全新的艺术体验。人工智能在艺术创作中的作用主要表现在以下几个方面。

（1）提供创作灵感：AI 通过分析海量数据，提炼出新颖的创作元素，能够为艺术家和设计师提供独特的创作灵感。例如，AI 可以分析不同文化背景、历史时期和艺术流派的作品，挖掘潜在的创作趋势和风格特点，帮助创作者突破传统思维的局限，推动创新的艺术表达。艺术家可以输入关键词或描述，让 AI 生成符合要求的绘画作品。这样不仅能够快速生成大量创意草图，还能帮助创作者探索不同的艺术风格和表现形式，从而激发新的创作思路。AI 的风格迁移技术可以将不同艺术家的风格进行融合，呈现出新颖的艺术效果。例如，将凡·高的油画风格与毕加索的立体主义风格相结合，创作出独特的艺术作品。这种技术不仅拓宽了艺术家的创作思路，还为观众带来了更加丰富多彩的艺术体验。

（2）重塑艺术创作模式：AI 的介入能够让艺术创作变得更加多元化和智能化。AI 可以与人类艺术家合作创作作品，或是通过生成对抗网络等技术，实现自主创作。AI 能够自动处理创作中的烦琐任务，显著提高设计效率。例如，AI 可以快速生成色彩搭配方案，帮助设计师选择最佳的色彩组合，从而节省时间和精力，专注于作品的细节和内在价值的创作。艺术家可以利用 AI 技术快速生成草图，从而在短时间内探索多种创作方案。这不仅提高了创作效率，还为艺术家提供了更多的选择和灵感，有助于创作出更优秀的作品。AI 还能提供独特的视觉元素和创意，激发艺术家的灵感，拓展创作思路。例如，AI 可以生成具有未来感或抽象风格的图案和纹理，为艺术家提供新的创作元素，丰富作品的表现力。

（3）艺术作品的分析与评价：AI 具备强大的图像识别和分析能力，能够解析和评估艺术作品。例如，AI 可以分析作品的构图、色彩、线条等元素，评估其艺术价值和审美水平。这为艺术家提供了反思和改进作品的机会，同时也为观众提供了更加客观的艺术鉴赏指导。AI 还可以通过自然语言处理技术，分析艺术作品中的情感和主题，帮助观众更好地理解作品的内涵和意义。例如，AI 可以分析文学作品中的情感表达，或是分析绘画作品中的主题和象征意义，从而为观众提供更深入的艺术鉴赏体验。AI 还可以对艺术作品的质量进行评估，通过分析作品的创新性、技术性和审美性等方面，给出综合评价。这不仅可以帮助艺术家了解作品的优缺点，还可以为艺术市场提供参考，促进艺术作品的合理定价和交易。

6.1.3 AI 在绘画创作中的应用

AIGC 绘画已经成为热门话题之一，Midjourney、Disco Diffusion、Stable Diffusion 等 AIGC 绘图工具逐渐为大众熟知，这些工具的能力在社交媒体上引发热议。传统绘画过程通常需要艺术家手动绘制线条、填充色彩并进行修饰和完善，而 AIGC 绘画则通过计算机自动完成这些任务。常见的 AIGC 绘画形式是文本生成图像，用户只需输入提示词，即对所期望图像进行描述，AIGC 即可在短时间内生成高精度、风格多样的艺术作品。无论是何种风格或题材，AIGC 都能生成高水平的视觉输出。AIGC 的生成能力展现出极高的普适性，几乎能够满足各种创作需求。当前大多数 AIGC 绘图工具的底层逻辑仍基于学习与模仿。严格来说，AIGC 不具备真正的创作能力，而是依赖大量图像数据，通过深度学习算法进行处理，再通过理解关键词生成作品。

AIGC 绘画的主要风格包括以下几个方面。

抽象派风格：强调形状、线条和色彩的自由表达。AIGC 能够通过对图像的分析与处理，将其转化为抽象派风格的作品。

印象派风格：注重光线和色彩的表现，强调瞬间的感受与印象。AIGC 可以模拟印象派特有的轻柔笔触、明亮色彩和模糊效果，将图像转化为印象派风格。

油画风格：油画具有细腻的质感和强大的表现力。AIGC 能够模拟油画的笔触与纹理，将图像转化为油画风格的作品。

视野拓展

水彩风格：水彩以柔和的色彩过渡和流动感闻名。AIGC 可以模拟水彩的渗透效果与色彩层次，将图像转化为水彩风格的作品。

AIGC 在图像生成领域能够学习和模拟现实世界中的图像特征，生成逼真且富有创意的图像。

1. 文本到图像生成

AIGC 技术可以根据文本描述生成图像，涵盖人物、风景、物体、虚拟场景等内容。其核心步骤是将输入的文本转化为计算机可理解的向量表示，这可通过词向量映射或预训练语言模型来实现。文本到图像生成的关键在于设计有效的图像生成模型，如生成对抗网络等。这些模型通过学习文本与图像之间的映射关系，生成与文本描述相匹配的图像。文本到图像生成最主要的特点便是“生成”，在 AI 艺术创作过程中，设计师更像一个编剧兼导演，他只提供自己的创作思路，之后将其转变为 AI 能够理解的“文本”，与 AI 系统“合作”便可以获得依此“文本”生成的作品。

在训练过程中，模型接收文本描述作为输入，并尝试生成符合描述的图像。生成的图像需要经过评估和优化。评估方式包括主观评价（如人类评分或实验对比）及客观评价（如图像质量评估指标）。根据评估结果对模型进行调整，以提高图像生成的质量和准确性。

文本到图像生成技术具有广泛的应用前景，如辅助虚拟场景构建、可视化抽象想法、艺术创作等。随着深度学习和自然语言处理技术的不断发展，文本到图像生成技术将持续进步和不断完善。

图 6-4 展示了以“星际航行”为主题的 AIGC 绘画作品。

图 6-4 “星际航行”AIGC 绘画作品

2. 图像修复与增强

AI 技术能够自动修复或增强图像，包括去除噪点、调整亮度与对比度、修改颜色等，从而提升图像的清晰度和美观性。对于旧照片或低分辨率图像，AI 可以通过降噪技术去除杂点和干扰，从而生成更清晰的图像。当图像存在破损或缺失时，AI 能够通过分析图像周围的纹理和结构，自动填补缺失区域。

AI 在老照片修复和上色领域取得了显著成果，能够帮助用户将珍贵的记忆以数字化方式保存和增强。老照片可能因为时间久远而出现模糊、破损或缺乏色彩，而 AI 老照片修复技术通过以下方式让这些照片焕发新生。

照片清晰化：通过 AI 算法自动去除照片中的噪点、划痕和模糊部分，使照片更清晰，增强视觉细节。例如，原本模糊不清的面部轮廓在修复后变得更为清晰可见。

黑白照片上色：AI 可以为黑白照片自动上色，模拟自然色彩，生成更具时代感的照片。AI 通过对照片的内容进行分析，基于训练数据生成逼真的色彩效果，赋予照片新的生命力。

照片修复：当照片出现破损或缺失时，AI 可以自动修补受损区域。AI 根据照片的纹理和背景特征进行智能填补，让修复后的照片看起来更完整、更自然。

3. 风格迁移

风格迁移是一种将一幅图像的艺术风格应用于另一幅图像内容的技术。通过风格迁移，可以将图像的风格特征与另一幅图像的内容相结合，生成具有独特艺术风格的新图像。该技术依托于机器学习和深度学习，使计算机能够理解并应用图像的风格和内容特征。

例如，通过风格迁移技术，可以将凡·高的绘画风格（如《星空》中

图 6-5　凡・高绘画风格的天坛

的粗犷笔触和强烈色彩）应用到一张普通的风景照片中，使照片呈现出凡・高式的独特艺术效果，如图 6-5 所示。这种应用让用户能够将经典艺术风格与现代图像相结合，创造出具有独特艺术感的作品。

在电影制作中，风格迁移技术可以将某种特定电影的视觉风格如电影《辛德勒的名单》中的黑白色调与高对比度的视觉风格迁移到其他场景或视频片段上，以便为不同场景赋予统一的视觉风格。风格迁移在艺术创作、图像编辑和设计等领域具有广泛应用，用户可以将经典的艺术风格或特定的视觉效果应用到自己的作品中，创造出个性化的艺术表达。此外，风格迁移还可用于图像增强、风格转换和虚拟现实等领域，为图像处理提供了全新的可能性。

4. 交互式图像生成

交互式图像生成通过与用户进行实时交互来创建图像，与传统的图像生成方法相比，它赋予了用户更多的创作控制权，使用户可以直接参与图像的生成过程。该技术结合了计算机视觉、计算机图形学和人机交互等领域的技术。

深度学习模型，如生成对抗网络和变分自编码器，是常用的交互式图像生成工具。这些模型能够根据用户的输入和反馈动态生成图像，用户可以通过调整参数或提供新的指令来影响生成结果。这种技术广泛应用于设计、艺术创作和虚拟现实等领域，提升了图像生成的灵活性与个性化。

在游戏开发或动画制作中，用户可以通过交互界面调整角色的外貌特征，如发型、服装、表情等。利用 AIGC 技术，可以实时生成符合用户需求的角色图像。如用户可以根据自己的设想在设计界面中滑动调整条来更改角色的眼睛大小、发色或服装样式，系统会根据这些指令即时更新图像。

在虚拟房屋设计中，用户可以通过交互式 AIGC 工具自由选择家具摆放位置、墙壁颜色等设计元素。通过点击或拖动，用户可以实时看到不同风格的房屋布局、色彩组合等变化，AIGC 工具根据用户的选择生成相应的设计方案，帮助用户快速完成可视化的室内设计。

在广告设计中，用户可以通过交互界面对图片、文字排版进行实时调整，AIGC 根据用户的选择和反馈生成具有高质量视觉效果的广告图片。用户可以更改图片的布局、色调或主题，AIGC 会实时修改并生成新的广告设计方案，提升创作效率。

6.1.4 AI 在音乐创作中的应用

2024 年 3 月，Suno 发布了 v3 模型，被誉为 AI 音乐领域的“ChatGPT 时刻”。用户只需通过文字描述需求，Suno 便能在几十秒内完成包括作曲、填词、演唱在内的全流程音乐创作，并支持多种音乐风格。在发布后的短短几天内，Suno 就已经生成了数万首歌曲。与此同时，互联网公司昆仑万维推出了国内首款对外开放的 AI 音乐生成模型“天工 SkyMusic”，并向全社会免费开放。AI 音乐迅速成为投资热点，OpenAI、Meta 等公司相继推出了 MuseNet、MusicGen、MusicLM 等音乐生成工具，QQ 音乐、网易云音乐、酷狗音乐等流媒体平台上也频繁出现 AI 音乐作品。

AI 极大提升了音乐创作的效率，降低了制作成本。大规模 AI 音乐作品的生成，将加速推动音乐产业商业模式和版权管理方式的转变。在第 39 届上海之春国际音乐节上，全国首场 AI 作曲音乐会《零・壹丨中国色》首演，参演曲目均由腾讯音乐娱乐集团与腾讯 AI Lab 联合研发的“琴乐大模型”创作后经乐团演奏家二次创作完成。随着通用人工智能的快速发展，各类生成式 AI 应用不断涌现，音乐产业将迎来新一轮变革。

AI 技术在音乐创作中的作用主要体现在以下几个方面。

AI 作曲：AI 作曲依托深度学习和强化学习等算法，通过对海量历史音乐作品进行分析，构建音乐创作模型。AI 首先收集并分析多样化的音乐数据，生成音乐标签体系，随后通过模型训练与优化，实现旋律、和声、节奏等元素的自动化创作。例如，AI 参与编曲的交响变奏曲《我和我的祖国》展示了其在音乐创作领域的应用潜力。AI 通过大量的数据学习，可以对音频素材进行识别、分类、整理，自动识别音频中的人声、音乐、音效等不同元素，并进行快速分类和整理，与人工相比，大大提高了素材处理的质量，降低了素材处理的错误率。AI 还可以对音频素材进行智能剪辑和拼接。此外，在音频处理过程中需要使用降噪、增减混响等特殊处理，人工处理可能存在个体偏差，而 AI 能最大限度降低错误出现的概率。

音乐生成与创作辅助：AI 能够生成大量原创音乐素材，为音乐人提供丰富的创作灵感，扩展创作的深度与广度。通过 AI 自动化生成音乐片段，可以提高创作效率，使音乐人能更专注于创意表达。AI 可根据用户指定的风格、情感等参数，生成个性化的作品，满足多样化的市场需求。生成式人工智能可以帮助创作者在广告配音、音乐制作、虚拟角色声音等多领域的创作中打破固有思维限制，提供新颖的创作思路。不仅如此，AI 能够通过分析用户的喜好、习惯和交互数据，了解用户对声音产品，如音色、语气、语调等方面的具体需求，为创作者个性化创作提供实际支撑。

音乐教育与学习：AI 被广泛应用于音乐教学中，如 AI 音乐创作系统能够辅助学生将理论知识转化为实践操作，提升学习效果。通过引入 AI，音乐教学可以更加灵活多样，如利用 AI 进行互动式教学、个性化学习路径规划等，激发学生的学习兴趣与创造力。

“科技+音乐”的模式推动了音乐产业的转型升级，为音乐创作、分发、消费等环节带来了新的机遇与挑战。随着 AI 生成音乐的增多，如何界定其版权归属、保护原创音乐人的权益成为亟待解决的问题。AI 的广泛应用可能对音响销售、舞台演出等传统音乐产业造成冲击，需要行业内外共同应对。

音乐产业工作者需要以全局性思维来看待 AI，在保持自己的判断力的同时，学习使用 AI，为自己提供更大的便利。毕竟，我们的目标是让 AI 成为我们创作音乐的工具，而不是成为产业发展和生态循环受阻的障碍。

我们要善用 AI，一方面做好音乐传播，另一方面借此让音乐之声更美。无论如何，作为一种高效的创作工具，AI 将推动音乐产业持续变革，催生新模式，释放新动能。

6.1.5 AI 在视频创作中的应用

2024 年年初，OpenAI 发布的 Sora 视频大模型无疑在业界投下了一枚震撼的"深水炸弹"，其能够生成长达 60 秒的复杂场景视频，充分展现了 AI 在模拟真实物理世界方面的卓越能力。这一大模型的发布不仅简化了视频创作流程，更激发了创作者的无限灵感，为视频创作领域注入了强劲动力。紧随其后，华为推出了盘古媒体大模型，腾讯推出了腾讯智影，Meta 推出了 Movie Gen。这些 AI 应用进一步加速了视频创作领域的智能化进程。它们能够很好地整合文本、图像、音频等多种模态数据，生成更加丰富、多样且高质量的视频内容。未来，随着 AI 的不断演进，视频编辑和分发过程将变得更加智能化，AI 将能够根据用户的个性化需求和市场趋势，自动优化视频内容和推广策略，从而开启视频创作与分发的新纪元。

1. Sora

Sora 是 OpenAI 在 2024 年 2 月 15 日正式发布的一款人工智能文生视频大模型，其名源于日文"空"（そら），寓意着无限的创造潜力。作为 OpenAI 在 AI 生成内容领域的又一重要成果，Sora 让文生视频的效果产生了显著的飞跃。

Sora 是在 DALL-E 系列图像生成模型的基础上发展而来的，它能够根据用户的文本提示生成长达 60 秒的视频。这些视频不仅画质出众，还能深度模拟真实物理世界，呈现具有多个角色和复杂运动的场景。Sora 继承了 DALL-E 3 的画质和遵循指令能力，能够准确理解用户提示，并生成符合要求的视频内容。

Sora 的核心功能包括根据文本提示生成视频、将静态图像转化为动态视频、视频扩展与缺失帧填充等。此外，Sora 还能在单个生成的视频中创建多个镜头，模拟复杂的摄像机运镜，同时保持角色和视觉风格的一致性。这些功能使得 Sora 在艺术创作、电影制作、广告设计等领域具有广泛的应用前景。

在实际应用中，Sora 已经展示出了强大的创作能力。例如，OpenAI 发布的由 Sora 生成的首支音乐短片 *Worldweight* 就充分展示了其高质量的视频生成能力。

2. Movie Gen

Movie Gen 是 Meta 公司推出的一款先进的媒体基础模型，被 Meta 称为“迄今为止最先进的媒体基础模型”和“最先进、沉浸式效果最佳的故事讲述模型套件”。它综合了 Meta 在生成式人工智能媒体研究方面的多项成果，第一阶段的 Make-A-Scene 系列模型，即可创建图像、音频、视频和 3D 动画；第二阶段的 LlaMA 模型，可实现更高质量图像和视频生成及图像编辑。

Movie Gen 囊括了图像、视频和音频等模态，实现了文本到视频、音频的全方位生成与编辑。无论是视频还是音频，Movie Gen 都能生成高质量、逼真、自然的内容，与文本提示对齐良好。通过提供图像和文本提示，用户可以生成具有个人特色的视频内容。Movie Gen 的操作相对简单，用户无须专业技能即可创建和编辑视频内容。对于业余创作者和专业创意人士来说，Movie Gen 将带来全新的可能性，降低创意制作的门槛。

Movie Gen 主要功能包括以下几个方面。

（1）视频生成：用户只需输入文本提示词，Movie Gen 就能利用优化的联合模型创建高清、高质量的视频。其视频模型拥有 300 亿个参数，能以每秒 16 帧的速度生成最长 16 秒的视频。Movie Gen 能够推理物体的运动、拍摄主体与物体之间的相互作用，以及相机的运动。

（2）个性化视频生成：Movie Gen 可以根据用户提供的某个人的图像，配合文本提示词，生成包含参考图像中的人物及符合文本提示的视觉细节的视频。

（3）精确视频编辑：Movie Gen 采用了同一基础模型的编辑变体模型，能够执行局部编辑（如添加、删除或替换元素）和全局更改（如背景或样式的修改），且保留原始内容，仅针对相关像素进行编辑。

（4）音频生成：Movie Gen 训练了一个拥有 130 亿个参数的音频生成模型，该模型可以基于视频和可选的文本提示词，生成长达 45 秒的高质量、高保真音频，包括环境音、拟声音效和乐器背景音乐，且与视频内容保持同步。

3. 盘古媒体大模型

在 2024 年 6 月的华为开发者大会上，华为云重磅发布盘古大模型 5.0 中的媒体大模型。该模型在实拍转绘、影像译制和语音生成等方面进行了技术创新，为影像从业者提供了更多的创作可能。

在视频生成方面，盘古媒体大模型通过训练特定美学风格的图片，能够快速将实拍视频转换为相应风格的视频。这一技术不仅提高了视频的生产效率，还通过 ID 一致性模型保持了视频中角色样貌特征的前后一致，使得生成的视频更加稳定、合理。同时，针对 AI 影片在故事情节和人物表演方面的不足，盘古媒体大模型基于 MetaStudio 的一站式云上数字内容生产平台能力，让影片内容生产方式产生了质的跃迁。通过严格要求演员表情细节和肢体动作细节，盘古媒体大模型的技术能够在关键镜头中保留角色的表情，保证作品故事信息的有效传递，从而增强观众的共情能力。

在影视译制方面，盘古媒体大模型提供的视频翻译能力，不仅能够将视频翻译为目标语言，还能完好保留原始角色的音色、情感和语气。这一技术突破了传统视频译制的限制，降低了译制成本，提高了译制质量，为影视、短剧出海提供了新的生产力工具。

在语音生成方面，盘古媒体大模型也重塑了语音生成的个性化及情感化。它通过几句话、几秒钟的声音，即可学习到个性化的音色、语调、表达韵律，从而获得高质量的个性化语音。同时，这项技术还支持多种风格，让生成的语音更拟真、更具情感，满足多种场景所需。

AI 大模型辅助的语言翻译不仅可以应用在影视行业，对于人们的日常交流、工作也有着重要的意义。盘古媒体大模型的多语种实时传译技术，准确性超过 93%，可应用于实时通话、云会议等场景，重塑了跨语言沟通体验。结合数字人技术，其还可以实现语音的同声传译和数字人以各种语言说话的精准口型匹配，使数字人如同真人说话一样。

4. 腾讯智影

腾讯智影是腾讯推出的一款云端智能视频创作工具，自 2023 年 3 月 30 日正式发布以来，便以其强大的能力和便捷的操作体验，迅速成为视频创作者的新宠。作为一款云端工具，腾讯智影无须下载即可通过 PC 端浏览器访问，支持视频剪辑、素材库、文本配音、数字人播报、自动字幕识别等多种功能，全面满足了用户视频化表达的需求。

腾讯智影的视频剪辑功能专业且易用，用户可以在浏览器中实现多轨道剪辑、特效与转场添加、画面调节等复杂操作。同时，腾讯智影还提供了丰富的素材库，方便用户快速获取所需素材。其文本配音功能则能将文本直接转化为语音，提供近百种仿真声线，极大地丰富了视频的表现形式。数字人播报功能更是让用户可以轻松将文本转换为视频内容，支持多种风格的人物形象，还可自定义背景，适用于新闻播报、教学课件制作等多种场景。

腾讯智影的出现，不仅降低了视频创作的门槛，还提高了创作的效率和质量。无论是专业视频制作团队还是个人创作者，都能通过腾讯智影实现高效、便捷的视频创作。未来，随着 AI 的不断发展，腾讯智影还将在视频创作领域发挥更加重要的作用，开启云端智能视频创作的新篇章。

6.2 AI 绘画工具与关键技术

随着人工智能技术的快速发展，AI 绘画工具已成为艺术创作中的新兴力量。凭借强大的图像生成能力，这些工具为设计师及普通用户提供了广阔的创作空间和可能性。常见的 AI 绘画工具包括 Midjourney、Stable Diffusion 和 DALL-E 3，以及国产的通义万相和即梦等。

6.2.1 Midjourney

Midjourney 是一个基于人工智能技术的图像生成平台，由位于旧金山的独立研究实验室开发。该实验室由 Leap Motion 联合创始人大卫·霍尔茨（David Holz）领导。Midjourney 与 Stable Diffusion、DALL-E 等竞争对手齐名，是一个功能强大且易于使用的 AI 图像生成工具，它结合了生成对抗网络、扩散模型和多模态学习等关键技术，为用户提供了高度可控的图像生成体验。通过多样化的风格、简便的操作和极具艺术感的输出，Midjourney 已成为创意领域中被广泛应用的工具。

自 2022 年 3 月启动邀请制 Beta 测试以来，Midjourney 历经了五个版本的迭代（v1 至 v5），每次迭代均带来了功能上的重大提升。v1 参考了许多开源模型，而后在同年 4 月、7 月、11 月相继发布了 v2、v3、v4。2024 年 7 月，v6.1 版本进一步优化生成效果并上线。2025 年 4 月，v7 版本上线。

Midjourney 的提示词较为简短，生成效果惊艳，具有强烈的科幻美学风格，商业可行性高，特别适合付费意愿较强的创意设计用户群体。大量实践证明，Midjourney 能显著提高创作效率。

Midjourney 允许用户选择不同的艺术风格，如现实主义、印象派、表现主义和抽象主义等，还能识别特定的摄影术语或镜头效果。Midjourney 可以生成各种图像和艺术作品，它提供了一个简单易用的界面，让用户可以通过调整参数和样式来创建独特的、多样化的艺术作品。

尽管 Midjourney 能够生成精美的图像和艺术作品，但这些作品依然基于 AI 算法，缺乏真正的创造力和情感表达。因此，其生成的作品在独特性和思想深度方面可能存在一定的局限性。

目前用户需要通过 Discord 频道来与 Midjourney 进行互动，Midjourney 还未发布互动 API。以下是使用 Midjourney Discord Bot 的步骤。

步骤 1：加入 Discord 频道，注册或登录 Discord 账号并访问 Midjour-ney 官方频道。

步骤 2：寻找新手频道。进入 Discord 频道后，会看到一些专门为新手准备的频道。这些频道让新用户可以测试 Midjourney 模型（图 6-6）。Midjourney 提供免费试用，可以生成 10 幅作品。在免费额度用完后，用户需要选择付费订阅来继续使用。

图 6-6　Discord 中的 Midjourney 官方频道

Midjourney 提供三种主要订阅方案。第一种是 10 美元/月的基础方案，每月最多可生成 200 张图片。需要更高创作量的用户可选择第二种 30 美元/月的标准方案，该方案没有图片生成数量限制，并包含每月 15 小时的快速模式使用时长。专业用户或高需求者可选择第三种 60 美元/月的高级方案，该方案同样没有图片生成数量限制，但每月快速模式使用时长增加到 30 小时。快速模式有着更快的图片生成速度，适合需要高效率创作的场景。

Midjourney 的底层模型是一个经过海量图像和文本数据集训练的大型语言模型，能够生成逼真且富有创意的图像。它的优势包括高度的准确性、创造力及生成速度。大型语言模型是一种人工智能模型，可以理解人类语言的模式，生成文本并用于图像生成。通过理解用户的提示，大型语言模型会生成一系列指令来创建图像，并能够生成既真实又富有创造力的图像。

大型语言模型的成功源自深层神经网络，它们模仿人类大脑的复杂结构，能够捕获并处理数据的多维变化。这些神经网络是众多生成模型的核心，推动了 AI 在图像、音乐等领域的创造力。

大型语言模型的实现通常依赖于深度神经网络的优化，以捕获数据的细微差异。生成对抗网络是一个典型例子。生成对抗网络由生成器和判别器两个网络组成，生成器的目标是生成逼真的图像，欺骗判别器，使判别器认为图像是真实的；而判别器的任务则是区分生成器生成的图像和真实图像。生成器希望其生成的图像接近“真实”，即输出结果接近 1；判别器则希望识别出生成图像的“假”，即输出结果接近 0。两者通过不断对抗来提升彼此的表现，形成一个平衡的训练过程。当生成器生成的图像效果足够逼真，判别器无法再轻易区分时，就达到了均衡。最后生成器生成的图像与真实图像几乎无差别，训练也就完成了。生成对抗网络已应用于从艺术绘画到风格迁移等多个领域，Midjourney 的底层模型就是基于生成对抗网络架构，通过这种生成和对抗的机制，生成高质量的图像作品。

除了生成对抗网络，变分自编码器（Variational Auto-Encoders，VAE）也是生成模型中的重要工具。VAE 通过处理潜在向量，生成逼真的图像。这些图像反映了复杂的人类美学，使得 VAE 在艺术生成方面也有着广泛应用。

6.2.2 DALL-E

DALL-E 是 OpenAI 推出的文本到图像生成工具，迄今为止已经发布了三个版本：DALL-E、DALL-E 2 和 DALL-E 3（图 6-7）。这些版本在技术架构上有显著差异，DALL-E 基于 VQ-VAE 和 GPT 架构，而 DALL-E 2 采用了扩散模型，DALL-E 3 则在此基础上进一步提升了生成图像的质量和细节表现，尤其在创意生成和精度上有显著改善。

DALL-E 3 的主要功能包括：

（1）图像生成：DALL-E 3 可以根据文本描述快速生成高质量的图像，支持概念、属性和风格的组合，且比 DALL-E 2 生成的图像更加精细和富有创意。

（2）扩展生成：DALL-E 3 能够扩展原始图像的画布，生成更丰富、更广阔的艺术作品，进一步提升图像的连贯性和一致性。

（3）图像编辑修复：DALL-E 3 可以基于文本对现有图像进行精确编辑，调整阴影、反射、纹理等细节，还可以添加和删除元素，修复过程也更加自然流畅。

（4）绘画变体：DALL-E 3 可以根据输入的图像创建不同风格和创意的变体，从而拓展创作者的创作空间。

DALL-E 3 为艺术家提供了强大的创作工具，它能够根据文本描述生成各种风格和主题的图像，支持多种艺术风格和创意表达。例如，艺术家可以通过 DALL-E 3 生成一幅现代风格的抽象画，主色调为蓝色和橙色，包含几何形状和流动的线条，展现出高度的艺术性和独特的创意。在广告与营销领域，DALL-E 3 同样展现出了巨大的潜力。广告公司可以通过输入简单的产品描述，生成高质量的产品图像和广告素材。如为新款电动汽车制作宣传广告，设计师可利用 DALL-E 3 生成创意草图，突出汽车的科技感和速度感。在游戏和影视制作中，DALL-E 3 也有着广泛的应用前景。游戏开发者可以利用 DALL-E 3 生成各种游戏场景和角色，大大缩短游戏开发周期。影视制作团队则可以通过 DALL-E 3 生成逼真的视觉效果和特效，提升影片的观赏性。

图 6-7　DALL-E 3 界面

DALL-E 3 已集成在 ChatGPT Plus 中。用户可以通过升级 ChatGPT Plus 订阅服务，然后在 ChatGPT 界面中找到 DALL-E 3，并开始使用。

DALL-E 3 建立在 OpenAI 早期发布的 GLIDE 模型基础上。GLIDE 是 OpenAI 于 2021 年推出的一款基于文本指导的图像扩散模型，旨在实现高保真的图像生成和编辑。其核心技术依赖于两种主要策略：CLIP 指导（Clip Guidance）和无分类器指导（Classifier-free Guidance）。无分类器指导在图像的真实性和与主题的匹配度上表现得优于传统方法，能够更精准地生成符合用户期望的图像。

GLIDE 模型不仅能生成图像，还具备图像修复功能。通过根据文本描述对图像的局部进行修改，GLIDE 能够实现文本驱动的图像编辑，使修改过程更加自然且符合创作需求。

扩散模型是 GLIDE 和 DALL-E 系列模型的基础，其核心概念是从噪声中逐步生成图像。这一过程与传统的图像生成方法相比，能在每个步骤中细化细节，最终生成高质量图像。而 GLIDE 模型通过优化这一过程，能使生成结果更加精准地与用户输入的文本描述匹配。与传统方法相比，GLIDE 模型引入了噪声图像的训练过程，并结合高清放大模型以生成分辨率更高的图像，提升了图像的细节和质量。

此外，GLIDE 模型还针对局部图像修改进行了专门的微调，改进了内绘（Inpainting）模型，使图像修复过程中的边缘过渡更加自然，避免了传统图像修复中常见的突兀感。这些技术创新使 GLIDE 在图像生成、编辑和修复方面具有较传统方法更高的表现和灵活性。

6.2.3 Stable Diffusion

Stable Diffusion（图 6-8）是由 Stability AI 公司开发的一种开源生成模型，专门用于将文本提示转换为图像。它基于扩散模型的架构，通过从噪声中逐步“还原”图像，生成高质量、逼真的视觉效果。Stable Diffusion 作为一个开源项目，强调对个人开发者和研究人员的开放性，允许他们在本地设备或企业级服务器上运行。

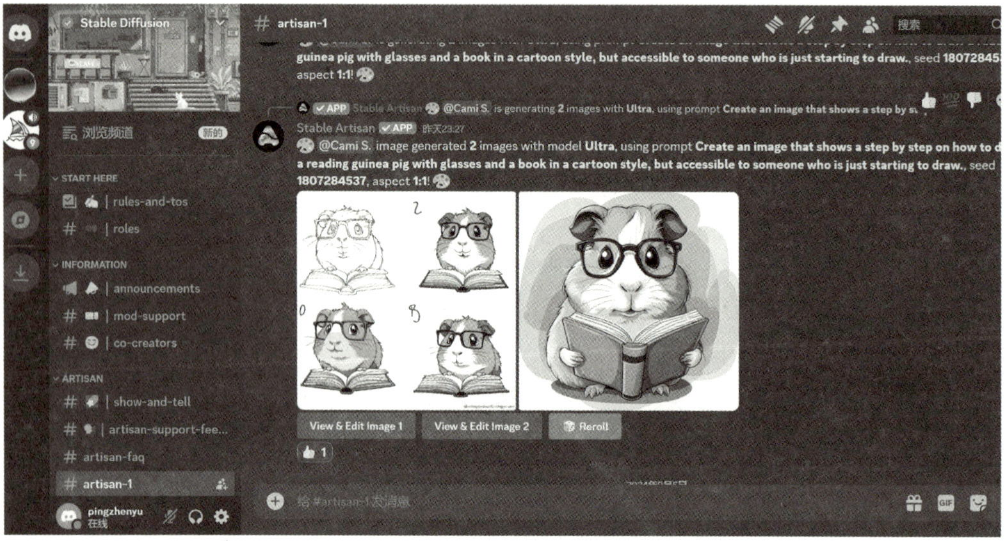

图 6-8　Stable Diffusion 界面

Stable Diffusion 通过开放社区许可发布，适合个人和非商业用途，大规模商业使用则需获得特别许可。用户可以通过 Stability AI 提供的 API、Stable Assistant 聊天机器人或 Discord 进行模型测试和体验；还可以通过 Stability AI 官方平台访问 Stable Diffusion，使用该模型生成图像（用户可以直接提供文本提示，让其生成图像）。

由于 Stable Diffusion 是开源的，用户可以在 GitHub 等平台上下载模型权重和代码，并自行部署。通过设置合适的计算环境（通常是使用支持 CUDA 的 NVIDIA GPU），用户可以在自己的计算机上运行模型。虽然 Stable Diffusion 优化了资源使用，可以在普通消费级硬件上运行，但运行更高质量的模型仍需要具备一定的 GPU 算力，尤其在处理高分辨率图像时。用户可以使用小数据集对 Stable Diffusion 进行微调，以便生成更加定制化的图像，满足个性化需求，这对于那些希望生成特定风格或主题的用户非常有用。微调可以在 Hugging Face 等平台上进行，或者本地运行时对模型进行进一步训练。

Stable Diffusion 使用扩散模型，这一过程基于图像处理中的“去噪”技术。核心思想是从纯随机噪声开始，通过逐步去噪，最终生成连贯且高质量的图像。虽然传统的去噪算法能力有限，但 Stable Diffusion 模型可通过复杂的“猜测”来增强去噪过程。

扩散模型在计算机视觉领域日益重要，特别是在图像合成方面，超越了早期的生成对抗网络。Stable Diffusion 通过在低维潜空间中进行计算，解决了早期扩散模型的局限性问题，从而降低了计算复杂度，同时保留了图像细节。这使得即使在消费级硬件上，它也能更快、更高效地生成高分辨率图像。

通过在潜空间中压缩图像尺寸，Stable Diffusion 实现了显著的内存和时间节省，可以在几秒钟内生成详细的图像。这标志着 AI 驱动的艺术创作领域的重大飞跃，推动了高质量图像生成的普及。

Stable Diffusion 3 Medium 版本拥有 20 亿个参数，显著提高了图像生成的质量、现实感和对复杂提示的理解能力。该版本还特别优化了资源消耗，适合在企业级硬件上使用，同时也能在消费级个人电脑和笔记本电脑上运行。在性能上，借助与英伟达公司（NVIDIA）和美国超威半导体公司（AMD）的合作，Stable Diffusion 3 Medium 通过专门的硬件优化，实现了更高的效率和速度。

6.2.4 通义万相

2023 世界人工智能大会期间，阿里云宣布推出通义大模型家族的新成员——通义万相（图 6-9），该模型可提供 AI 艺术创作，具有文生图、图生图、涂鸦作画、虚拟模特、个人写真等多场景的图片创作能力。首批上线三大功能：基础文生图功能、相似图片生成功能、图像风格迁移功能，仅需一个模型即可支持多类图像生成类任务。2024 年 9 月，在 2024 云栖大会上，通义万相发布全新视频生成模型。

通义万相基于阿里自主研发的组合式生成模型 Composer，展现了卓越的语义理解和图像生成能力。其核心功能包括以下几点。

（1）基础文生图：支持根据文本描述生成多种风格的图像，如水彩、扁平插画、二次元、油画、中国画、3D 卡通及素描等，满足用户多样化的创作需求。

图 6-9 通义万相界面

（2）相似图片生成：用户上传任意图片后，模型能进行创意发散，生成内容或风格相近的 AI 画作。

（3）图像风格迁移：业界首创功能，用户可上传原图与风格图，模型自动将原图转换为指定风格，实现图像风格的灵活转换。

通义万相通过拆解和组合图像设计元素（如配色、布局、风格等），提供了高度可控和自由度极大的图像生成效果，仅需单一模型即可支持多种图像生成任务，展现了其强大的多模态处理能力。在应用层面，通义万相的未来应用前景广阔，可应用于艺术设计、电商、游戏、文创等多个领域，助力行业客户提升创作效率与作品质量，推动智能化时代的全面到来。

阿里通义万相基于模型服务的类型和使用量进行计费。用户在使用文本生成图像、人像风格重绘、图像背景生成等模型服务时，需按照生成的图像数量支付费用。此外，阿里云还为新用户和特定模型服务提供了一定的免费额度，如公测期间免费试用、开通 DashScope 后首次使用免费。

6.2.5 豆包和即梦

1. 豆包

豆包（图 6-10）是字节跳动推出的智能助手产品。2023 年 8 月，豆包开始小范围邀请测试，用户可通过手机号、抖音或 Apple ID 登录。2024 年 5 月，字节跳动表示豆包 App 总下载量达 1 亿次，豆包大模型将开启商业化模式。2025 年 3 月，豆包大模型团队正式发布文生图技术报告，首次公开图像生成模型的技术细节。同时，抖音 App 测试接入豆包 App 的 AI 能力，并在抖音 App 内为豆包 App 开放了两个超级入口。

图 6-10　豆包界面

豆包具有以下特点和功能。

（1）智能对话：豆包能够与用户进行自然流畅的对话，理解并回答各种问题，提供相关的信息和建议，成为用户的贴心助手。

（2）文本创作：支持撰写文章、修改作文、翻译语言等多种文字处理功能，拥有丰富专业的模板库，涵盖多种行业和场景，如报告、提案、营销文案等，帮助用户快速创建高质量的书面内容。

（3）图片理解与生成：具备强大的图片理解能力，能精准识别图片中的物体、场景、人物等，还可根据用户上传的图片生成 AI 画作或进行风格迁移，生成各种类型的图片，如人物肖像、风景照片等。

（4）视频生成：豆包视频生成模型能够生成高质量的视频内容，可应用在电商营销、动画教育、城市文旅、微剧本等领域。

（5）音乐创作：用户可以通过输入主题或歌词，设定音乐风格、情绪及音色，快速生成词曲。

（6）多模态交互：豆包支持文本、图像、音频等多种模态的交互，能够整合来自不同模态的数据，实现不同模态之间的交互和协同工作。

（7）教育领域应用：能分析学生的学习数据和行为模式，为学生提供个性化的学习建议和资源推荐；为教师提供教学资源管理、学生评估、课程设计等支持。

2. 即梦

即梦（图 6-11）也是字节跳动旗下的 AI 产品，它与豆包在技术上相互支持和协同。即梦作为一款 AI 创作平台，利用了豆包的大模型技术，为其用户提供更强大的创作能力。同时，豆包的多模态 AI 技术和图像生成功能也与即梦的视觉创作功能相辅相成，共同为用户打造更丰富的创作体验。

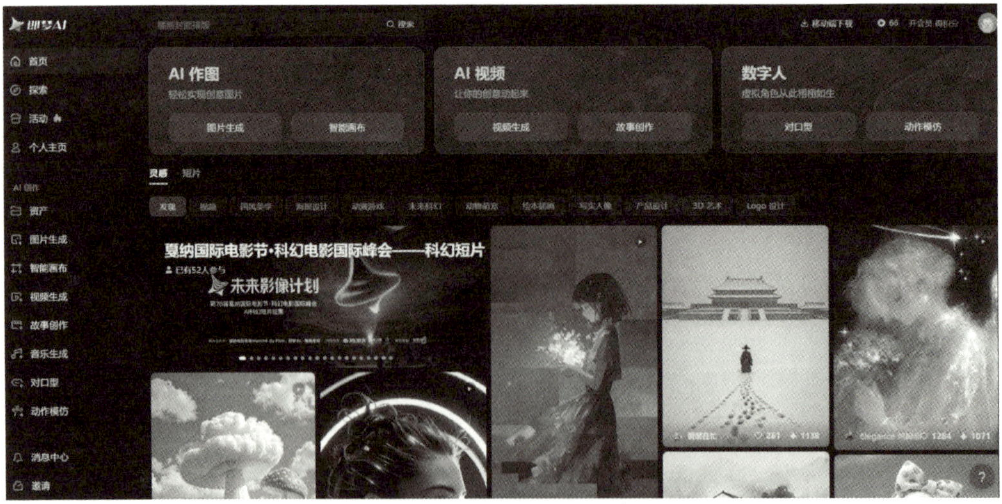

图 6-11　即梦界面

2024 年 12 月，在火山引擎 FORCE 冬季大会上，即梦负责人提出希望即梦成为“想象力世界的相机”，并分享了即梦创作的精彩短片。即梦基于字节跳动自研的豆包文生图模型和豆包视频生成模型，在业内首创了“一句话 P 图”、“一键海报”和“动态海报”能力，并显著提升了图片中文字生成的准确率。即梦推出 S2.0 Pro 和 P2.0 Pro 等视频生成模型。S2.0 Pro模型专注于图像到视频的生成，具有卓越的首帧一致性；P2.0 Pro 模型侧重于处理复杂提示词并生成相应视频内容，具有极高的提示词遵循能力，在多镜头组合和场景切换中表现出色。即梦支持生成时长更长的视频，提高了分辨率和画质，增强了生成内容的丰富性和细腻度。

即梦具有以下特点和功能。

（1）AI 图片创作：支持文本生成图片与图片生成图片功能，用户输入提示词或上传图片，可生成高质量、风格多样的图片。智能画布实现多元素无缝拼接，提供多图层编辑功能。此外，还提供扩图、局部重绘、图像消除与抠图工具，支持二次创作。

（2）AI 视频生成：支持基于文本或图片快速生成高质量的视频片段，动效连贯自然。故事创作模式提供分镜头、镜头管理和编辑功能。支持首尾帧输入、镜头缩放、旋转及速度调整，还支持 24 fps、30 fps、60 fps 的补帧及二倍超分的能力。

（3）AI 音乐生成：可以生成有人声的歌曲，也可以直接生成纯音乐。

6.3 AIGC 绘画工具

随着 Midjourney、Disco Diffusion 等 AI 绘画工具的兴起，绘画创作的方式也在发生着变化。传统的绘画创作依赖艺术家自行构思并手动绘制，而在使用 AI 进行绘画创作时，首先要整理创作内容或所需表达的主题，然后根据内容或主题生成适当的绘画提示词，最终由 AI 生成相应的作品。这些绘画提示词在数字艺术语境下呈现了作者的理念，体现了艺术作品的核心价值，即通过作品要传达的思想和观念。

6.3.1 AIGC 绘画提示词

在 AI 绘画过程中，提示词的作用是非常重要的，它们可以帮助用户更好地指导 AI 生成满足自己需求的作品，也可以帮助 AI 更好地理解用户的意图和喜好。提示词通常指的是输入给 AI 的文本或图像描述，用于指导 AI 生成对应的艺术作品。提示词的作用是告诉 AI 应该生成什么样的作品，从而影响生成的结果。

AIGC 绘画提示词的主体框架包括类型、主体、环境、构图、风格等几个方面。

AIGC 提示词主体框架及常用提示词见表 6-1、表 6-2。

表 6-1 AIGC 提示词主体框架及含义

主体框架	含义
类型	描述图片的风格类型，如水彩画、插画等
主体	描述图片里的主体，细节描述越多越好，如果细节没有描述清楚，图片将会随机生成。主体描述一般为两大类：描述人物的性别、样貌、表情、神态、衣着等；描述实物的类型、材质、颜色等
环境	环境描述最主要的构成如下：对背景的描述，一般分为纯色（主要以颜色为主，或者渐变）、风景（如室内背景、街景背景等）描述两种；描述光是从哪里投射到主体的和是什么类型的光；如果是室外的场景，可以适当增加天气描述，这样会让画作更自然
构图	主体和环境都确认后，就要描述构图。主要包括以下几个问题：画作的焦点在哪里？主体的朝向是哪里？主体和背景在画面中的占比是多少？
风格	风格描述通常包含以下内容：你想要什么年代的风格？谁的风格？（人或组织）什么艺术类型或者艺术运动的风格？什么国家的风格？

表 6-2 AIGC 常用提示词

类别	常用提示词
画质提示词	杰作、最佳品质、复杂细节、高清壁纸、画面高质量、顶级质量、一般质量、质感皮肤、线条流畅、艺术渲染、动态捕捉、氛围营造、立体感强、专业级别、高清重现、细腻光影、视觉盛宴、高细节、超高品质、超高分辨率、4K 分辨率、8K 分辨率、FHD 高清、4K 超高清、Ultra HD 超高清、精细细节、复杂精细的细节、超现实主义、现实主义风格、摄影级画质、电影级画质、照片级质量、超细节照片质感、照相写实主义、场景设计感、35 mm 镜头参数、50 mm 镜头参数、85 mm 镜头参数、HDR 高动态范围、3D 渲染效果
画面效果提示词	模糊、闪耀效果、全身、肖像、晕影、逆光、动态模糊、电影光效、大量留白、左右对称、背景虚化、压缩失真、老电影滤镜、黑白、色彩对比强烈、色彩柔和、高饱和度、暖色调、冷色调、复古色调、油画效果、景深效果、微距拍摄、柔焦效果、光晕效果、雨滴效果、火焰效果、慢动作效果、剪影效果、水墨风格
环境提示词	红色背景、蓝色背景、室内背景（如现代家居、古典宫殿、温馨小屋等）、街景背景（如繁华街道、古老小巷、静谧小镇等）、自然景观（如山川湖泊、森林草原、沙漠海滩等）、正面光、侧面光、背面光、顶光、底光、自然光（如阳光、月光、星光等）、人造光（如灯光、烛光、火光等）、柔光、硬光、聚光灯、散射光、阴影效果、反光效果、高光效果、光线投射效果（如光线穿过树叶、透过窗户等）、晴天、万里无云、阳光明媚、雷雨交加、雨后清新、暴风雪、雪后银装素裹
构图提示词	两点透视、三点透视、立面透视、卫星视图、横向布局、中心构图、焦点构图、对称构图、居中构图、三分法构图、S 型构图、对角线构图、水平构图、焦点对准、曼荼罗构图、正面视角、侧面视角、俯视、顶视、底视、仰视、产品视图、核桃的横截面图、自下而上视角、第一人称视角、第三人称视角、超侧角、高角度视图、倾斜移位、包含全身、包括头部和部分上身、半身像、肖像、头部以上、胸部以上、腰部以上、膝盖以上、中特写、中景、中远景、远景、人在远方、过肩景、近距离景、两人景、群景、景色照、侧面特写、脸部特写、头部特写、特写视图、极端特写、微观、等距视图、广阔视野、鸟瞰视角、无人机视角、运动相机视角、特写（细节特写、人物特写、物体特写）、全景（大场景全景、环境全景）、旋转视角（旋转构图、动态旋转）、广角视角（宽广视野）、平行视角（平行线构图、平行空间）、穿越视角（穿越障碍、穿越空间）、悬停视角（悬停空中、悬停观察）

续表

类别	常用提示词
风格提示词	单色画、水彩画、铅笔画、油画、水墨、蜡笔、粉彩、原画、素描、手绘、草图、漫画、封面、剪纸、插画、线稿、暗色调、抽象、浮世绘、复古艺术、仿手办风格、赛博朋克、照片写实、包豪斯风格、巴洛克风格、概念艺术、现实主义、风俗画、波普艺术、哥特风格、拜占庭风格、数字艺术风格、洛可可风格、印象派、立体主义、表现主义、未来主义、野兽派、超现实主义、点彩派、后印象派、极简主义、毕加索风格

1. 提示词编写要点：使用简单、直白的描述

使用简单、直白的描述，写下你对画面的想象和期待，即可生成对应画作。即使单个单词甚至表情符号，也可生成图像。如果寻求更通用的图像，且不追求特定风格，可使用简短提示词，让 AIGC 工具使用默认风格；如果希望获得独特的图像，那么更具描述性的提示词将能产生更好的结果。

清晰直接的提示等于清晰直接的输出。反之，模糊的提示等于模糊的输出。

任务 1 生成一幅中国古代江南水乡夏季场景的 AI 图像。

提示词：中国古代江南水乡的夏季场景，隋朝风格建筑，柳树和荷花，中国传统水墨风格，高分辨率。

输出结果见图 6-12。

图 6-12 任务 1 的输出结果

任务 2 生成一幅一条狗的插画。

提示词可以简单到是一个词语或表情符号，也可以丰富到是一段话，更多细节意味着更强控制力，较少细节则意味着更多随机性。

不同提示词的输出结果详见图 6-13。

提示词：一条狗	提示词：一条狗，田野，逼真，广角视角	提示词：一只拉布拉多犬在田野里奔跑，广角视角

图 6-13　任务 2 的输出结果

2. 提示词编写要点：使用同义词语

有时 AIGC 工具可能无法以预期方式理解提示词。就像阅读创意概要时，可能需要对某些术语进行说明，而这种补充说明可以通过使用同义词来实现。如果发现 AI 生成的结果未能完全符合期望，请尝试使用同义词语。这种调整有助于提升生成内容的准确性。

任务 3　生成一名学生在学习的画作。

不同提示词的输出结果见图 6-14。

提示词：学生，图书馆学习	提示词：一名学生，房间里学习，书籍

图 6-14　任务 3 的输出结果

假设此时生成的图像不符合我们的要求，可尝试使用以下同义词语：

（1）一名学生在一座有书籍的建筑物中学习。

（2）一名学生在一间开放的房间里学习，周围都是书籍。

（3）一名年轻人在图书馆学习。

（4）一群学生在图书馆学习。

（5）一位美丽的年轻女子在图书馆学习。

3. 提示词编写要点：忽略语法

目前的 AIGC 工具并不理解语法或句子结构，在编写提示词时不必过于关注语法的准确性。可以使用逗号、括号和连接号来帮助组织思路，但请注意 AIGC 工具可能无法准确地解释这些符号。

交流讨论

可通过拆解和叠加关键词的方式，将画面拆解为画面主体、细节词、风格修饰词，以生成对应的画作。

任务 4 绘制一张中国山水画。

不同提示词的输出结果见图 6-15、图 6-16。

提示词：中国山水画，古画，黄公望，山峦，松柏

图 6-15 任务 4 的输出结果（一）

提示词：中国山水画，古画，黄公望，富春山居图，一座高耸入云的山峰，山脚下有一条清澈的小河流，沿岸点缀着几棵翠绿的树木和几座小土坡。远处是一片连绵起伏的山峦，被轻雾萦绕，背景则是一望无际的蓝天白云，使用中国山水画传统的笔墨技法，生线条勾勒出山川地貌，以青绿、深绿、浅绿的色彩表现出清新自然的氛围

图6-16 任务4的输出结果（二）

4. 提示词编写要点：避免使用消极语言

在编写提示词时，应避免使用消极语言。当你被告知“不要想象粉色的火烈鸟”时，你的脑海中可能会浮现出粉色的火烈鸟，AI的工作方式与之相似。AI的反应往往是专注于提示词所提到的内容。因此在编写提示词时，务必使用积极的表述。

任务5 绘制一幅繁忙街道的图

不同提示词的输出结果见图6-17。

提示词：繁忙街道，超高清，复杂的细节	提示词：繁忙街道，超高清，复杂的细节，不要使其看起来像卡通

图 6-17　任务 5 的输出结果

5. 提示词编写要点：注重细节

细节往往决定成败，在编写提示词时，应对主题、动作、环境、光线、颜色、情绪等关键细节进行准确描述。

任务 6　以“民族团结一家亲”为创作背景和主题创作插画。了解我国 55 个少数民族的服饰文化，充分发挥想象力和创造力，从服饰的图案、色彩、制作工艺等细节入手，以插画为主要表现形式，运用水粉、彩铅等多种材料，在中国民族文化语境下，展现少数民族服饰的精髓。

根据具体提示词，任务 6 的输出结果见图 6-18。

提示词：彝族，女孩，宁静，民族服饰，刺绣，蜡染，编织，巧妙搭配各种色彩，大凉山田野，肖像，特写，全身正面，超高品质

图 6-18　任务 6 的输出结果

6.3.2 即梦基础创作功能

即梦是一款专注于 AI 创作的智能平台，集绘画、视频生成及社区功能于一体，满足从创意构思到作品输出的全流程需求。依托 AI 技术实现分钟级内容生成，支持多风格模板（如卡通、写实、赛博朋克等），并提供智能优化建议，只需通过简单的文字描述即可完成创作。

1. 图片生成

第一步：选择图片生成，在创意工作台的输入框中输入文本描述。

登录即梦 AI 平台，选择“AI 作图”或“图片生成”功能，进入图片生成界面。在输入框中输入详细的文本描述，如“山茶花，几只喜鹊围绕飞舞，蝴蝶，齐白石，北斋，中国画效果，画面空白，节奏，活力，聪明，优雅的色彩，高清细节”。

第二步：选择所需要的模型、精细度、比例，点击生成。

选择“生图模型”。不同模型在风格和效果上各有千秋，用户需根据个人需求进行挑选，如选择“图片 2. 0 pro”模型。

设定“精细度”。精细度范围为 0—10，数值越高，图片质量越好，但生成时间也会相应延长。

根据图片的用途选择合适的比例。例如，若用于手机展示，则可选择 9∶16 的竖屏比例。最后设置图片尺寸，高度最大可设置为 1 360 像素，并可在锁定纵横比后根据实际需求进行调整。完成上述设置后，点击“立即生成”，详见图 6-19。

图 6-19 输入文本描述并设置参数

第三步：保存或高清化作品。

生成的图片可以保存到本地，也可以选择使用高清化功能提升图片质量，详见图 6-20。

图 6-20 保存或高清化作品

第四步：修改或调整图片。

利用即梦提供的工具对图片进行局部重绘、扩图、消除元素等操作，进一步优化图片，详见图 6-21。

图 6-21　修改或调整图片

局部重绘功能允许用户对图片中的特定区域进行重新生成和优化，以达到更理想的视觉效果。在图片上涂抹想要重绘的区域，系统会识别并聚焦于该部分。为选中的区域输入详细的文本描述，帮助 AI 理解该创意和需求。点击“立即生成”，AI 会根据这个描述对选中区域进行重绘，生成新的图片版本。

扩图功能使用户能够扩展图片的边界，增加更多的背景或元素，丰富图片的内容和构图。

通过拖拽图框或选择固定比例来确定图片的放大比例，规划扩展区域。根据扩展部分的需要，调整提示词，详细说明新增内容的风格和细节。点击“立即生成”，AI 会根据最新描述扩展图片，生成更广阔、更丰富的画面。

消除元素功能帮助用户移除图片中不需要的部分，使图片更加简洁和

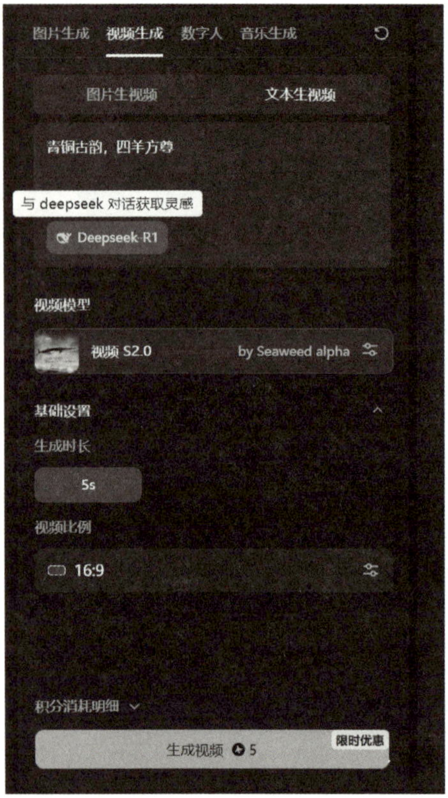

图 6-22　视频生成

美观。

用消除笔在图片上涂抹想要移除的部分，如多余的物体或瑕疵。点击“立即生成”，AI 会自动修复并生成没有涂抹区域的超清图片，使整体画面更加和谐。

第五步：发布作品。

发布图片后，图片会展示在用户的即梦个人首页。

2. 视频生成

在“视频生成”界面，选择“文本生视频”选项。在提示词输入框内，详细描绘所需的视频内容，如“青铜古韵，四羊方尊”，确定主题后可以选择合适的视频模型，如视频 S2. 0 等，以呈现不同的视觉效果。最后，完成视频时长和视频比例等参数的设置，点击“生成视频”，详见图 6-22。

在创作过程中，若发现生成的视频效果不佳，可返回进行提示词调整，可多次尝试，直至达到理想效果。

项目拓展

当使用即梦等进行 AI 绘画创作时，使用恰当的提示词对生成令人满意的画作至关重要。提示词应该包含画面主体描述词（必要）、细节刻画描述词（建议填写）和风格修饰词（建议填写）。这样的结构有助于 AI 更准确地理解用户的创作意图。用户应避免使用长句和复杂的描述，尽量用简短、精准的词语来表达想法。各部分提示词之间应用逗号隔开，以保持结构的清晰。

以下为提示词示例，可供参考和实践。

示例1：神兽白泽，Q版，国风手办，正面全身，亮晶晶，奇幻梦境，华丽，绝美，可爱，建模，3D。

示例2：京剧猫全身，可爱的玩偶手办，超萌大眼睛，眼神光，产品设计，贴片，点翠头面，三维立体，盲盒，外观，精致的五官，红色戏服，毛发细致，戏曲动作，精致细节，国潮，国风，微距拍摄，极致清晰，柔光，锐化，高度渲染，创意设计，创意构图。

示例3：彩色，如来，绝美，黄花梨木，金丝楠木，紫檀木，木雕摆件，栩栩如生，佛系禅意，创意设计，镂空，国风，45°完美比例角，全身，全景，精美细节，大师级作品，特写。

示例4：瓷器，茶壶，破旧，绚丽斑斓，匠心独运，清澈见底，上面雕刻着各种花纹和图案，每一个角度都散发着浓密的光彩，科学插画，二次曝光。

示例5：谷雨节气海报，陶瓷茶壶，远山元素，扁平化设计，绿白汇聚，创意构图，明亮插画，漂亮焦距。

示例6：美女，铅笔线稿，铅笔笔触明显，黑白，完整显示，白色背景。

示例7：一片宁静而美丽的江南水乡，小桥流水，白墙黑瓦的民居错落有致。远处青山如黛，近处绿树成荫，整个画面充满了江南特有的温婉与宁静。

示例8：山山水水，彩虹色调，唯美，惊艳，震撼，中国风，国潮艺术。

示例9：中国风，卡通，财神，面慈，饱满，富贵，招财，财神驾到，红色，笑，很多金币。

示例10：新年，红色，喜庆，灯笼，视觉。

示例11：江南水乡，水墨画，漫山遍野都是桃花，吴冠中，梦幻，高清。

示例12：冷暖自知，细节丰富，细腻质感，最佳质量，乡村风，比例协调，多重曝光。

示例 13：中秋月饼，高清画质，精美细节，近景拍摄，最佳质量。

示例 14：二十四节气，白露，8K 高清。

示例 15：秋分节气，国画风格，4K 高清，高对比度，绢本墨笔画。

如何根据某个主题进行绘画创作，充分展现主题的核心元素和特征，以下提示词示例可供参考和实践。

示例 1：“革命遗迹，红旗飘扬”，绘制革命遗址，红旗在风中飘扬，体现革命精神。

示例 2：“绿水环绕，生态和谐”，展现山水相依，生态平衡的和谐美景。

示例 3：“工匠手艺，匠心独运”，描绘工匠细致工作的瞬间，突出工匠精神。

示例 4：“传统节庆，文化韵味”，体现传统节日的热闹场景，弘扬传统文化。

示例 5：“科技前沿，未来梦想”，展示高科技产品或未来城市的景象，激发科技创新梦想。

示例 6：“乡村新貌，生活富足”，描绘乡村振兴后的美丽乡村和村民的幸福生活。

示例 7：“法律之盾，公正天平”，用天平、法律书籍等元素表达法治和公正。

示例 8：“民族服饰，共舞欢歌”，展现多民族穿着传统服饰共舞的场景，强调民族团结。

示例 9：“国旗飘扬，心中有爱”，绘制国旗在蓝天中飘扬的景象，表达对国家的爱。

示例 10：“青年奋斗，梦想起航”，描绘青年人在学习、工作或创业中的奋斗姿态。

项目 7
人工智能的伦理和治理

项目描述

习近平总书记指出，“中国高度重视创新发展，把新一代人工智能作为推动科技跨越发展、产业优化升级、生产力整体跃升的驱动力量，努力实现高质量发展。”近年来，新一代人工智能快速发展，日益成为经济社会发展的重要推动力。推动科技创新和产业创新深度融合，助力发展新质生产力，必须加快新一代信息技术、人工智能、量子科技等领域科技创新，培育发展新兴产业和未来产业。人工智能以一种全新的、大规模的形式对人的工作、生活、教育、社会交往等各个方面产生全面影响，甚至影响如何理解和重新定义人本身。

任何科学技术的出现和大规模应用都会给人们带来一些困惑。人们首先会面临异化的问题，其次是人的贪婪和对于未知的恐惧。人工智能会不会有一天取代人的存在？人会不会有一天受制于自己创造的机器人？人工智能到底有多大的潜力？到底能不能出现所谓的通用人工智能或超级人工智能？

这需要通过“坚持伦理先行原则，制定科技伦理规范和标准”等方式，构建伦理与法律双重规制机制，综合运用多种措施防范和规制其风险。我国自2021年9月印发《新一代人工智能伦理规范》以来，相继发布《关于加强科技伦理治理的意见》《生成式人工智能服务管理暂行办法》等文件。其中，《关于加强科技伦理治理的意见》明确提出，“提升科技伦理治理能力”“加快推进科技伦理治理法律制度建设”等要求。在人工智能蓬勃发展的当下，综合运用多种措施防范和规制人工智能风险，颇为必要。

项目目标

【知识目标】

- 理解人工智能与人类之间的伦理关系
- 了解数据安全与隐私问题

- 了解算法歧视的定义、成因及其对社会公平的影响
- 探讨算法歧视的规制措施及相关治理框架
- 了解生成式人工智能所涉及的知识产权风险及其应对策略
- 了解新一代人工智能治理原则

【技能目标】

- 依法依规进行人工智能训练数据的收集、处理和标注，确保数据隐私与安全
- 依法依规使用人工智能系统，避免侵犯他人著作权和知识产权
- 具备分析人工智能伦理问题的能力，能够识别技术应用中的伦理风险并提出解决方案
- 能够根据行业规范和法律法规，设计符合伦理标准的人工智能应用场景

【素质目标】

- 树立良好的科技伦理意识，自觉遵守人工智能领域的法律法规和伦理规范
- 培养对社会公平与正义的责任感，关注人工智能对社会结构与弱势群体的影响
- 增强创新意识，努力探索技术与伦理结合的创新路径，推动人工智能的健康发展
- 提升对人工智能潜在风险的敏感性与应对能力，增强科学精神与理性思维，避免对技术的盲目崇拜与迷信
- 加强团队合作能力，与不同领域专业人员共同解决人工智能伦理与法律问题，为构建负责任的技术生态贡献力量

7.1 人工智能面临的伦理挑战

以人工智能为代表的新一轮技术具有巨大的潜力和价值，无疑能够成为一股“向善”的力量，继续造福人类和人类社会。但任何具有变革性的技术都必然带来法律的、伦理的及社会的影响。互联网、大数据、人工智能等数字技术及其应用带来的隐私保护、虚假信息、算法歧视、网络安全、网络犯罪、网络过度使用等问题已经成为全球关注的焦点，引发全球范围内对数字技术及其应用的影响的反思和讨论，人们正在努力探索如何让新技术带来个人和社会收益的最大化。

正如华裔 AI 科学家李飞飞所言，要让伦理成为人工智能研究与发展的根本组成部分。在此背景下，从政府到行业再到学术界，掀起了一股探索制定人工智能伦理原则的热潮，欧盟、德国、英国、OECD、G20、IEEE、谷歌、微软等诸多主体从各自的角度提出了相应的人工智能伦理原则，共同促进 AI 知识的共享和可信 AI 的构建。各界已经基本达成共识，人工智能的发展离不开对伦理的思考和伦理保障。

7.1.1 人工智能与人类的关系

正如图灵所说，“这不过是将来之事的前奏，也是将来之事的影子。”今天我们越来越能明显地感觉到，一个全新的人工智能社会即将到来。AI 技术与物理世界不同的人群、场景结合，让其不经意间融入社会的脉络中，人工智能技术带来的便利，也终将演变成为人与社会的一种“下意识”。

然而人工智能与人类智能之间存在着内在的紧张关系：人工智能或以温和的方式实现对人类智能的模拟与增强，或以激进的方式超越与替代人类智能。人类始终面临且必须回应人工智能与人类智能内在的紧张关系：人工智能在未来能否超越或替代人类文明？智能机器是否会有与人类道德相容的道德准则？“碳基”文明是否会被“硅基”文明所消灭？这亟待我们合理勘定人工智能的内涵与边界，重新理解人工智能的本质与功能，并对其发展路径重新定向。

人工智能技术所携带的伦理疑难，以及与之相关的人性探索，已经成为当代科幻电影叙事所阐述的核心价值预设。许多科幻电影基于人工智能技术的发展及其影响，从技术与哲学的关系的角度，呈现人工智能技术与传统伦理在不同层面的矛盾、冲突与融合，从而探讨人与世界、人与技术的关系。

扩展案例

1950 年，英国数学家阿兰 · 图灵发表了论文《计算机器与智能》（“Computing Machinery and Intelligence”），提出了“机器能思考吗？”的问题，并给出了界定“智能”的方法，也就是著名的“图灵测试”。虽然“像人一样思考”是人工智能理论模型及概念设计的初衷，但在人工智能早期的理论研究阶段，对人工智能的定义均偏向于“机器模拟人类的智能活动”。图灵测试关注的是计算机程序的行为，而不是产生行为的过程。早在 2001 年，电影《人工智能》中就提出了一个伦理问题：当机器人学会爱人类，人类会爱机器人吗？程序编码与人类智能在理解能力、思维方式上的差异，可能导致人工智能执行指令的方式脱离人类的预期，以致在“无意中”践踏了伦理道德。如在《2001：太空漫游》《我，机器人》等影片中，人工智能对人类生命的剥夺，只是为了完成人类当初交付的“任务”。在电影《机械姬》的结尾，艾娃（AVA）从客体一跃成为主体，撕去伪装之后的人工智能没有任何言语，影片的叙事主题在这种“失声”中升华，人工智能意图、行为的不确定性，带有强烈的警示意味，给观众留下了深刻的印象。尤其是在这些不确定性涉及人类安危的情况下，厘清人工智能的伦理问题已然成为这项技术发展的必要前提。

对人工智能与人类之间伦理关系的研究，不能脱离对人工智能技术本身的讨论。

1956 年，在达特茅斯学院举办的研讨会上，与会者提出了一个激动人心的设想：如何将人类的各种感官（包括视觉、听觉、触觉），甚至大脑的思维转化为可控制和应用的信息。正是在这一设想的推动下，人工智能的发展成为了对人类行为的模拟，旨在创造出一种更接近人类思维的机器。著名的图灵测试正是基于这一理念设计，其目的是检验机器是否能在表现上接近人类。但问题在于，机器在进行判断时，是否必须依赖人类思维作为中介？显然，对于人工智能而言，其判断过程不必受限于人类思维。人类思维本身具有一定的固有定势和局限性，强制模仿人脑的思考方式不仅可能束缚机器的潜能，还可能阻碍其在某些领域发挥超越人类的优势。

如果模拟真实的人类大脑和思维方式的方向并不是人工智能发展的良好选择，那么，人工智能是否能发展出一种纯粹机器的学习和思维方式？倘若机器能够拥有思维，是否能以机器本身的方式来进行学习？机器学习，即属于机器本身的学习方式，通过海量的信息和数据收集，机器从这些信息中提炼出自己的抽象观念，如在给机器浏览了几百张猫的图片之后，让机器从这些图片信息中提炼出关于猫的概念。人工智能识别猫的时候，很难说机器抽象出来的猫的概念与人类自己理解的猫的概念之间是否存在着差别。

人工智能发展的另一个方向是智能增强。第一个提出“智能增强”的科学家道格拉斯·恩格尔巴特（Douglas Engelbart）认为：智能增强技术更关心的是人与智能机器之间的互补性，即如何利用智能机器来弥补人类思维上的不足。自动驾驶技术就是一种典型的智能增强技术，自动驾驶技术的实现，不仅是在汽车上安装了自动驾驶程序，更关键的是还需要采集大量的地图地貌信息，需要自动驾驶程序能够在影像资料上判断一些移动的偶然性因素，如突然穿过马路的行人。自动驾驶技术能够取代容易疲劳和分心的驾驶员，让人类从繁重的驾驶任务中解放出来。同样，在快递中心分拣快递的机器人、在汽车工厂里负责自动组装的机器人也属于智能增强，它们不关心如何更像人类，只关心如何用自己的方式解决问题。

7.1.2　数据安全与隐私问题

人工智能在其数十年的发展历程中先后遭遇过两次低谷，其在21世纪以来的崛起离不开大数据的驱动。大数据是指无法在一定时间范围内用常规软件工具进行捕捉、管理和处理的数据集合，是需要新的具有更强的决策力、洞察力和流程优化能力的模型才能处理的海量、高增长率和多样化的信息资产。大数据的出现与计算机技术革命密切相关，并进一步推动了数据采集、存储、分析与处理方面的变革。

传统人工智能受数据与算法的制约，只能从事单一领域中简单化的对象任务，大数据则驱动人工智能进入机器学习与深度理解的阶段，这可能是从弱人工智能走向强人工智能的突破口。大数据发展的极致是数据主义：一切都可归结为数据收集与处理，全人类可被看作一个数据处理系统，而每一个人都只是其中一个处理小数据的芯片而已；所有的生物都是算法，生命的运转意味着进行数据处理。由此，数据主义发出一个极具震撼性与启发性的预言：智能将与意识脱钩，无意识的算法将完全胜过有意识的人类智能。作为一种新的技术，像其他所有技术一样，大数据技术本身是无所谓好坏的，而它的“善”与“恶”全然取决于大数据技术的使用者想要通过大数据技术达到怎样的目的。一般而言，使用大数据技术的个人、公司往往有着不同的目的和动机，由此导致大数据技术的应用会产生积极影响，也会产生消极影响。

数据量的指数级增长为人工智能提供了基础支撑。在人工智能的运作过程中，需要大量的数据进行训练和学习。这些数据可能是个人的身份信息、健康状况、购物记录、社交媒体信息等。人工智能技术需要大量的数据来进行模型的训练和改进。为了获得足够的数据，一些公司和机构可能会收集和存储大量用户的信息。然而，这种数据的收集可能未经用户的明确同意，或者用户对于数据的最终用途并不清楚。这种情况下，用户的数据隐私就可能受到侵害。一方面，人工智能技术涉及的知识领域较广且更新速度快，如 ChatGPT 已应用于金融、自媒体等多个领域，而监管部门难以做到全面跟进，容易产生认知鸿沟。另一方面，现行的法律法规难以完全解决新技术带来的各类问题，如难以明确判断基于深度学习的人工智能在核心算法与海量数据库的作用下产生的判断是否符合人类社会伦理与价值规范。人工智能技术的快速演进导致许多企业与组织在应用人工智能时，未能充分认识到其中的数据安全问题，这无形中大大增加了数据泄露与滥用的可能性。现有的技术对于人工智能尤其是像 ChatGPT 一样的生成式人工智能做不到全面且有效的监管，这使得人工智能模型存在的安全漏洞和数据泄露变得难以预知。

人工智能产业在创造巨大社会价值的同时，也带来了隐私侵权和信息安全等伦理问题，发现或辨识这些问题，分析其成因，提出解决这些问题的伦理规制方案，是人工智能和大数据产业发展中亟待解决的重大问题。

1. 数据主权和数据权

数据主权是指国家对其管辖区域内的数据拥有生成、传播、管理、控制和利用的权利。这是国家主权在信息化、数字化和全球化发展中的新表现形式，是各国在大数据时代维护国家主权和独立、反对数据垄断和霸权主义的重要措施，也是国家安全的基础保障。

数据权包括机构数据权和个人数据权。机构数据权涉及企业和其他机构对个人数据的采集权和使用权，是企业竞争力的重要组成部分。个人数据权则指个人对自身数据的控制权，以保护其隐私信息不被侵犯，这是个人的基本权利。在互联网环境中，个人会产生大量与其隐私密切相关的数据，个人对这些数据拥有财产权。

数据财产权是数据主权和数据权的核心概念。随着大数据技术的发展，数据被赋予了财产属性。数据财产指的是将数据符号固定在某种介质上，具有一定价值，可以被感知和利用的新型财产。数据财产包含形式要素和实质要素两个部分，前者指的是数据符号依附的介质，后者则是指数据所承载的有价值的信息。2001 年，世界经济论坛将个人数据定义为“新资产类别”，数据因此成为一种可以像商品一样交易的资产。

数据使用与个人隐私保护是人工智能产业发展面临的主要冲突之一。数据权属不明将直接威胁国家安全，并使数据交易活动面临法律风险和利益冲突，个人隐私和权益也可能受到侵害。在互联网发展的初期，个人隐私主要与保密信息相关；而在大数据环境下，个人在互联网上的任何行为都会被记录并形成数据，这些数据的聚合可能导致个人隐私泄露。绝大多数互联网企业通过记录用户产生的数据，监控其行为，并进行用户画像分析，以精准广告的形式向用户推送符合其偏好的产品或服务。此外，互联网公司还可以通过消费数据等分析消费者的信用，从而提供精准的金融服务并实现盈利。在这些商业模式中，用户的生活和隐私成为被观察、分析和监测的对象，这是以牺牲个人隐私为代价的商业模式。

数据利用失衡问题主要体现在以下两个方面。

（1）数据利用率较低：随着移动互联网的发展，每天都会产生海量数据，全球数据规模呈指数级增长。然而，一项针对大型企业的调查显示，企业对大数据的利用率仅约 12%。这表明尽管数据资源丰富，但其实际利用率仍然很低。

（2）数字鸿沟现象日益显著：数字鸿沟限制了数据的流通，导致数据利用水平不均衡。相较于大数据在商业领域的广泛应用，数据在政府、民用和工业领域的利用程度仍然存在显著差距，无论在技术、人才还是数据规模上都落后较多。大数据在商业领域已经产生了巨大收益，数据资源、社会资源和人才资源都向该领域倾斜。然而，大数据在改善民生、辅助政府决策、提升工业信息化水平及推动社会进步方面也应该发挥巨大作用。因此，大数据的发展应更加均衡，这也符合国家大数据战略中服务经济社会发展和改善人民生活的目标。

2. 数据隐私问题案例

案例 1 非法滥用人脸识别功能。

2021 年，央视“3·15”晚会上披露了多家知名企业在门店内安装人脸识别摄像头，秘密采集消费者的面部数据。在消费者不知情的情况下，窃取消费者人脸信息，标注顾客到店次数、性别、年龄、心情等信息。

尽管此事曝光后引发了广泛关注，但问题并未得到显著改善。据报道，记者在“3·15”晚会后走访了上海的多个商业综合体和品牌店，发现人脸识别摄像头依然在使用，且未向消费者进行告知，用户的面部数据继续被记录并用于精准营销。如某门店天花板上方安装了带有某品牌商标的人脸识别摄像头。该品牌是“3·15”晚会中被曝光的人脸识别服务供应商之一，尽管在曝光后该品牌表示会自查，但未提供具体的隐私保护措施。该品牌官网显示，其人脸识别技术能够实现 99.81%的精准对比分析，通过人脸识别可自动注册会员，实现顾客“无感”成为会员。

这种基于用户面部识别的数据共享机制，使得消费者在不同品牌和消费场景中的行为被整合、分析，形成了更加详细的用户画像，进一步增加了隐私泄露的风险。

人脸信息被视为个人“身份证”，属于生物识别信息，同时也是个人敏感信息。市场监管总局发布的《个人信息安全规范》明确规定，收集生物识别信息时，必须告知个人信息主体收集、使用的目的、方式和范围，并取得其授权同意。《中华人民共和国民法典》也规定，处理个人信息应遵循合法、正当、必要的原则，且必须征得自然人或其监护人的同意，这赋予了公民知情同意权。

《中华人民共和国个人信息保护法》第六十六条规定，违反本法规定处理个人信息，或者处理个人信息未履行本法规定的个人信息保护义务的，由履行个人信息保护职责的部门责令改正，给予警告，没收违法所得，对违法处理个人信息的应用程序，责令暂停或者终止提供服务；拒不改正的，并处一百万元以下罚款；对直接负责的主管人员和其他直接责任人员处一万元以上十万元以下罚款。

案例 2　Clearview AI 数据泄露事件。

Clearview AI 是一家美国面部识别技术公司，通过使用 AI 搜索工具从互联网上获取了 30 亿张公开可用的人脸图片。这些图片来自 Facebook、YouTube、Venmo、Twitter 和 Google 等网站，Clearview AI 将这些人脸图片与在线数据进行匹配，编译成自己的面部识别数据库，并向执法机构提供访问权限。

根据《纽约时报》调查，该公司的工具能够识别出用户的身份，并显示他们的姓名、居住地等个人信息。截至 2019 年，Clearview AI 已将其数据库访问权出售给了美国 600 多家执法机构，用于解决包括儿童虐待在内的案件。

2020 年，Clearview AI 曾遭遇重大数据泄露事件，其发布公告称受到了黑客的非法入侵，黑客窃取了公司的所有客户名单、客户已设置的用户账户数据，以及搜索数据访问权限。尽管公司律师表示服务器未被访问，但事件暴露了其安全措施的漏洞。

其创始人坚持认为，该公司的使命是“帮助社区及其人民过上更好，更安全的生活”，并认为 Clearview AI 庞大的面部识别数据库成功地帮助执法部门打击了“令人发指的”罪行。然而，Clearview AI 未经用户允许大规模收集用户的面部数据、个人数据等行为，已经严重侵犯了用户的隐私权。Clearview AI 通过“爬虫”AI 收集的数据虽来自公开渠道，但并不意味着其对这些数据拥有绝对使用权或可免除隐私保护义务。其在数据收集与使用过程中未能给予用户隐私权以应有的重视，也没有遵守第三方平台相关服务条款与使用协议，损害了用户和合作方的利益。作为数据控制者，Clearview AI 在数据安全和隐私保护方面有着明显的责任缺失。公司忽视了个人信息和隐私权，行为也超出用户在上传图片时的合理期望，严重违反了相关的法律法规，损害了用户的权益。

美国的执法机构在运用人工智能技术办公时，未要求企业提供数据来源合法性证明与使用授权，这间接导致其参与了利用非法获取的数据，成为企业违法行为的同谋。这也启示我们，政府应加强自身的数据治理与安全防护。要求第三方服务机构提供数据来源与用途的明确说明，保证获得数据方式的合法合规，严格规范企业数据采集行为；加强对政府部门人工智能系统的数据来源审查，避免成为企业违法行为的帮凶。这不仅关乎政府的监管责任与信息安全，也关系到社会公众对政府与企业的信任度。

案例 3　某公司与 OpenAI 数据泄露事件。

2023 年 3 月 11 日起，某公司允许部分半导体业务部门员工使用 OpenAI 的 ChatGPT，随后在短短 20 天内便发生了三起机密资料外泄事件。

事件一：该公司设备解决方案部门的职员 A 在半导体设备测量资料库下载软件时，发现源代码出现错误，便将有问题的部分复制到 ChatGPT 中寻找解决方案，导致半导体设备测量资料可能被泄露。

事件二：该公司设备解决方案部门的职员 B 将用于识别产品良率的程序代码输入 ChatGPT，要求其优化代码，致使产品良率等敏感信息可能被泄露。

案件三：职员 C 为了制作会议记录，将手机上的会议内容转换为文档，之后将文档输入 ChatGPT，造成了会议内容泄露。

事件发生后，该公司警告员工注意 ChatGPT 的使用方式，因为 ChatGPT 很有可能会导致内部机密外泄。

此外，意大利个人数据保护局也于 2023 年 3 月 31 日禁止使用 ChatGPT，限制 OpenAI 处理意大利用户信息，并启动调查。此举是因 3 月 20 日 ChatGPT 平台出现用户对话数据和支付信息泄露问题，且未能提供收集和存储个人信息的法律依据。后续 OpenAI 首席执行官承认错误，表示已经修复问题并完成验证。OpenAI 在官网发布了一则道歉公告，公告中对该数据泄露事件做出了解释，称由于开源库中的一个错误，1.2% 的 ChatGPT Plus 用户隐私信息泄露。

企业员工随意获取并上传高度敏感的数据至生成式人工智能模型，导致企业的商业机密面临被泄露的巨大风险。这种行为不仅违反了企业的数据安全和隐私保护规定，还可能导致竞争对手获取关键信息，从而给企业带来严重的经济损失。这一现象暴露了企业在数据监管与信息安全培训方面的不足，以及在数据处理的可控性和安全性上的缺陷。此外，由于 ChatGPT 模型的算法具有黑箱性质，企业在引入该技术时未充分考虑到透明度和可解释性问题，增加了商业机密和关键信息在处理过程中被泄露或滥用的风险。企业与 OpenAI 之间缺乏明确的数据使用范围和期限的协议，使得企业无法完全掌控人工智能模型对关键信息的处理方式，从而加大了数据外泄的可能性。

尽管 OpenAI 在其隐私政策中声明用户可以申请删除数据并拒绝第三方共享，但由于 ChatGPT 采用了复杂的深度学习和神经网络算法，现有技术难以确保信息完全删除或销毁，存在一定程度的信息残留风险。这反映出在人工智能时代，数据安全和使用需要更为严格的管理和规制。

数据泄露事件凸显了生成式人工智能在保障企业数据安全与用户权益保护等方面面临的挑战，同时也对监管者、控制者和使用者提出了更高层次的要求。其一，要厘清数据安全和隐私保护的法律责任。作为数据的收集者与管理者，人工智能企业应当履行用户信息安全和隐私保护义务。如果企业不明确自身数据保护责任，且不采取技术与管理措施，将会面临用户隐私权、数据保护、知识产权、合同责任等方面的法律问题。如 OpenAI

的 ChatGPT 模型因一个技术漏洞而泄露用户数据，这就违反了涉及数据保护及个人信息保护的相关法律。其二，确保数据来源和用途的合法性和合规性。人工智能模型收集和处理数据的同时也在产生数据。企业和监管机构需要确保这些数据来源和用途的合法性和合规性。数据泄露问题涉及跨国用户与企业机构，数据信息的跨境流动极为庞大，但不同国家在个人信息保护、数据安全等方面的法律差异较大，这意味着全球范围内的法律监管与协作显得尤为重要。其三，需要有技术保障和制度结构来确保数据的透明度和可解释性。数据透明度和可解释性的缺乏可能会导致数据被滥用或故意生成虚假内容等结果，从而对社会、企业及用户造成严重损害。数据安全问题一直是人工智能发展中亟须解决的一个关键难题，需要各方在技术、政策、法律等层面加强合作，建立完善的法律法规和技术措施，以保护用户的隐私权和数据安全。在更广泛的学术背景下，理解和解决这些围绕数据泄露和人工智能技术的法律问题是至关重要的。

3. 数据安全领域面临的难题

（1）打破了网络安全的“攻防平衡”。

生成式人工智能的普及，尤其是大模型的应用，打破了传统的网络安全格局。水平较低的黑客现在可以通过 AI 生成高级攻击脚本，导致网络安全防线面临前所未有的挑战。类似“饱和攻击”的高密度、持续性黑客攻击让安全专业人员的防守工作变得更加艰难。

（2）加剧了数据非法获取和恶意滥用的风险。

数据不仅是黑客窃取的目标，还可能成为攻击的工具。一旦数据被恶意篡改或“投毒”，就会产生更严重的安全问题。比如，网络安全厂商的数据标注被篡改，可能导致攻击样本被误认为正常样本，进而影响防御措施。此外，随着 AI 应用的增加，敏感数据的泄露风险也在上升，如三星电子公司的多起数据泄露事件，就是工程师将敏感的源代码和会议记录输入 ChatGPT 导致的。

（3）人工智能扩大了数据暴露面，增加了数据流通的风险。

随着企业业务的数字化转型，数据在各终端、应用、云端和数据中心之间的流动变得复杂，访问者的身份难以管理。不法分子利用深度伪造技术可以模拟声纹和人脸，伪装成合法身份进行违法活动，增加了捕捉非法访问者的难度。

7.1.3 算法歧视

算法是信息技术，尤其是大数据、人工智能的基础。算法因数学而起，但现代算法的应用范畴早已超出了数学计算的范围，已经与每个人的生活息息相关，换言之，我们生活在算法的时代。算法就是一系列指令，用于指导计算机执行特定操作。算法的核心就是让计算机按照设定的指令运行，以期获得理想的结果。所有的算法都包括以下几个共同的基本特征：输入、输出、明确性、有限性、有效性。

扩展案例

1. 算法歧视的定义与起因

随着人工智能时代的到来，算法越来越多地支配着人们的生活，也给现存的法律制度和法律秩序带来了冲击和挑战。算法歧视是由不完全或不合理的数据分析所导致的对特定群体或个人实施的不公正待遇。具体表现可简单概述为种族歧视、性别歧视、消费歧视、弱势群体歧视和年龄歧视等。以消费歧视为例，互联网时代，网络服务商通过收集用户在网络平台中的活动数据，可以精准绘制消费者画像、洞悉消费者偏好，并针对其特征进行差别定价，由此来实现利润的最大化。不少消费平台都曾操纵大数据“杀熟”，在搜索某一商品时会出现“千人千价”，给予老用户以不同的产品或服务价格。

除上述歧视外，算法在媒体平台上的歧视也值得重视。基于大数据运行的算法技术对传统的把关权力的冲击是巨大的，这就使得把关权力不断向算法技术的创造者转移，根据不同用户画像有针对性地推送信息是该权力的主要运用方式，个人数据的质量高低或数据多寡会导致推送内容质量的或高或低。这种隐形歧视所导致的个人信息的窄化和信息茧房风险也是不容忽视的。

算法歧视产生的原因多种多样，主要可归结为以下四种情况：算法设计引起的初始偏见、算法运行产生的偏见、算法外部干扰导致的偏见和算法黑箱引起的偏见。

（1）算法设计引起的初始偏见。

一种是程序设计本身所导致的偏见，另一种是程序的设计者对于程序设计的干扰所导致的偏见。程序员作为有着主观意识的人，本身就有着不同的政治立场、意识形态、文化背景及学术背景，而这种差异也会被有意无意地植入到算法技术中。也就是说，因人形成的算法本身就带有偏见。算法工程师在设计和编写算法时，不可避免地受到自身职业教育、家庭背景等因素的影响，对同一事物产生不同的主观印象。为了维护积极的自我认同和尊严，他们可能无意识地将贬义的刻板印象融入算法之中，从而导致算法歧视的产生。

（2）算法运行产生的偏见。

在算法运行过程中，数据本身的偏差、不完整性或质量问题也会导致算法偏见。由于大数据的复杂性，很难保证所有输入数据都是无偏且全面的。此外，即使算法设计本身是公正的，但如果数据集中存在偏见（如性别、种族、年龄等方面的歧视性数据），算法也会学习到这些偏见并反映在其输出中。此外，自主学习算法在处理数据时，可能会过度拟合训练数据中的偏见，从而加剧歧视现象。

（3）算法外部干扰导致的偏见。

算法并非孤立存在，运行环境、用户行为、政策导向等外部因素都可能对其产生干扰，从而导致偏见。例如，某些社交媒体平台可能通过算法给用户推荐内容，但如果这些推荐机制受到广告商、政治团体或其他利益集团的影响，就可能导致用户接触到具有偏见的信息。此外，政策和法律框架的缺失或不完善也可能导致算法被滥用，产生不公平的结果。

（4）算法黑箱引起的偏见。

算法黑箱是指算法运行过程中存在的不透明、难以解释的复杂环节。在信息技术领域，由于算法往往被视为企业的商业秘密而受到保护，用户往往只能看到算法的输出结果，而无法了解其内部工作原理和决策过程。这种严重的信息不对称现象为算法歧视提供了隐蔽的温床。当算法黑箱导致用户无法对算法的初始数据搜集、自动化决策规则等进行有效监督时，算法歧视问题可能更加难以被察觉和纠正。

面对算法黑箱，不少人主张、呼吁算法透明。其理由主要有以下几点。

① 算法透明是消费者知情权的组成部分。算法的复杂性和专业性会加重应用领域中的信息不对称，应将算法透明纳入消费者知情权范畴。

② 算法透明有助于缓解信息不对称。算法的信息不对称不只发生在消费者与算法设计者、使用者之间，更发生在人类和机器之间，算法透明有助于缓解这种信息不对称。

③ 算法透明有助于防止人为不当干预。算法模型是公开的，执行策略由时间和事件函数共同触发，执行则由计算机程序自动完成，避免了人为不当干预的风险，它比人为干预更加公平、公开和公正。

④ 算法透明有助于防止利益冲突。由于算法的非公开性和复杂性，难以保证诸如投资建议的独立性和客观性，只有算法透明，才能防止这种利益冲突。

⑤ 算法透明有助于防范信息茧房。这种观点认为算法可能形成信息茧房。算法科学的外表容易误导使用者，强化使用者的偏见，从而导致错误决策。例如，算法技术为原本复杂难懂的金融披上了简单易懂的面纱，金融的高风险性被成功掩盖，轻松化的人机交互界面掩盖了金融风险的残酷本质。

⑥ 算法透明有助于打破技术中立的外衣。事实上，技术的背后是人，人类会将人性的弱点和道德缺陷等带进并融入算法之中，而它们可能隐蔽于算法背后，往往不易被发觉。

⑦ 算法透明有助于打破算法歧视。国外学者研究认为，公众不能预设智能机器人没有人类所具有的不纯动机。因为算法存在歧视和黑箱现象，因此才需要算法的透明性或解释性机制。

⑧ 算法透明有助于打破“算法监狱”与“算法暴政”。在人工智能时代，商业企业和公权部门都采用人工智能算法做出自动化决策，算法存在的缺陷和偏见可能会使大量的客户不能获得贷款、保险、承租房屋等服务，这如同被囚禁在“算法监狱”。然而，如果自动化决策的算法不透明、

不接受人们的质询、不提供任何解释、不对客户或相对人（对方当事人）进行救济，客户或相对人无从知晓自动化决策的原因，自动化决策就会缺少“改正”的机会，这种情况就属于“算法暴政”。

⑨ 算法透明是算法可归责性问题的解决工具和前提。有学者认为，算法透明性和可解释性是解决算法可归责性问题的重要工具。明确算法决策的主体性、因果性或相关性，是确定和分配算法责任的前提。

⑩ 算法透明有助于提高人们的参与度，确保质疑精神。这种观点认为，如果你不了解某个决定的形成过程，就难以提出反对的理由，只能接受最终的结果。为走出这一困境，算法透明是必要的。还有人认为，质疑精神是人类前进的工具，如果没有质疑，就没有社会进步，为了保证人类的质疑精神，算法必须公开，除非有更强的不公开的理由，如保护国家安全或个人隐私。

⑪ 公开透明是确保人工智能研发、设计、应用不偏离正确轨道的关键。这种观点认为，人工智能的发展一日千里，人工智能可能拥有超越人类的超级优势，甚至可能产生灾难性风险，因而应该坚持公开透明原则，将人工智能的研发、设计和应用置于监管机构、伦理委员会及社会公众的监督之下，确保人工智能处于可理解、可解释、可预测的状态。

2. 算法歧视案例

案例 1 Meta 住房广告算法歧视案。

美国当地时间 2022 年 6 月 21 日，美国司法部正式宣布与 Meta 公司就一起涉及“广告算法歧视”的案件达成和解协议。此前，Meta 被美国住房与城市发展部调查并指控其广告投放系统存在算法歧视问题，具体表现为利用用户的种族、肤色、宗教、性别、身体状况、家庭状况和国籍等敏感信息进行房地产广告的歧视性推送，这一行为违反了美国《公平住房法》的核心原则。《公平住房法》是美国一项重要的法律，它明确禁止在住房领域基于种族、肤色、宗教、性别、身体状况、家庭状况、国籍等特征的任何形式的歧视。美国住房与城市发展部的调查发现，Meta 的广告系统通过其“特殊广告受众”工具，支持并鼓励广告商利用这些受保护的个人信息进行目标用户的筛选，已经触犯了法律红线。

根据双方达成的和解协议，Meta 公司承诺在 2022 年 12 月 31 日之前全面停用其现有的、被认定为具有“歧视算法”的住房广告推荐工具——“特殊广告受众”。同时，Meta 将着手开发并部署一套全新的广告推荐系统，该系统旨在消除因个性化算法导致的任何形式的歧视问题。为确保新系统的合规性，协议还规定将引入独立的第三方审查机制，对 Meta 的新系统进行持续的调查和验证，并要求 Meta 向审查员提供所有必要的验证信息。此外，Meta 还需支付 11.505 4 万美元的民事罚款，作为对其过去违法行为的处罚。若 Meta 未能按照协议要求解决歧视问题，此次和解协议将自动终止，美国司法部将保留在联邦法院对 Meta 提起诉讼的权利。

此案不仅是美国司法部根据《公平住房法》处理的首例算法歧视案件，也是 Meta 首次因其广告定位和投放系统的歧视性问题而接受法院监督。它标志着算法歧视问题已在全球范围内引起高度关注，并成为监管机构和立法者的重要议题。近年来，从金融借贷平台的借贷歧视到平台型企业的大数据“杀熟”，再到人工智能领域的相貌歧视和 AI 机器人的歧视性言论，算法歧视现象层出不穷，促使各国政府和监管机构不断加强监管力度，出台更加严格的法律法规以应对这一挑战。

案例 2 亚马逊 AI 招聘算法性别歧视案例。

美国亚马逊公司曾尝试开发一款基于人工智能的简历筛选系统，旨在提高招聘效率。然而，该系统的应用却揭示了显著的“性别歧视”问题，系统倾向于将男性简历视为更合适的候选人。深入调查后发现，这一现象源于系统训练数据中的偏差——系统所分析的 5 万份简历中，绝大多数求职者均为男性，导致算法错误地将缺乏特定关键词（这些关键词在男性简历中更为常见）的女性简历视为不重要。最终，亚马逊决定解散该开发团队，并放弃使用该系统，以此作为对算法偏见问题的深刻反思。

避免 AI 招聘夹带就业歧视，首先要强化技术手段，确保算法公正。近年来，国家网信办等部门出台了《互联网信息服务算法推荐管理规定》《关于加强互联网信息服务算法综合治理的指导意见》等文件，持续开展企业算法排查整治专项行动。

其次是建立健全算法设计、部署和使用的规范体系，确保算法在开发过程中就融入公平、无歧视的原则。引入多元化、均衡化的训练数据集，减少因数据偏差导致的算法偏见。加强对算法机制的深入分析，定期评估算法的性能和潜在风险，及时修正算法缺陷。

再次是构建多维一体的监管体系。实行算法备案制度，要求企业对其使用的算法进行备案，便于监管部门掌握算法应用情况。建立健全算法安全风险监测、评估、科技伦理审查等机制，确保算法应用的合法合规性。对涉算法违法违规行为进行严厉查处，维护算法生态的健康发展。

最后是加强执法监管，提高违法成本。针对 AI 招聘歧视的隐蔽性特点，加强线上执法检查力度，及时发现并纠正歧视行为。借鉴国际经验，对涉嫌就业歧视的企业依法予以重罚，提高违法成本，形成有效震慑。鼓励公众举报和媒体监督，拓宽监督渠道，形成全社会共同参与的监管格局。

案例 3 算法推荐系统会放大偏见，并让用户喜好趋同。

或许你已经注意到了，当你在电影评分网站给刚看完的电影评完分后，网站后续给你推荐的影片风格会与你看完的电影类似。举个更常见的例子，当你在购物网站搜索过某样物品后，第二天推荐页面上显示的都是类似商品。人工智能可以帮助商家获得用户喜好，同时也在逐渐根据用户的反馈，形成喜好偏见，让用户的需求趋同化。不仅如此，在人脸识别领域，算法自带的歧视和偏见导致的问题，已经引发了诸多争议。

2021 年 10 月，国外某社交媒体平台对英国、美国、加拿大、法国、德国、西班牙和日本七个国家民选官员在 2020 年 4 月到 8 月期间发布的数百万条推文进行了研究。研究结果显示，除德国以外的六个国家，右翼政客的推文在算法上被放大的程度超过左翼。其中加拿大的差异最大（自由党为 43%、保守党为 167%）；其次是英国（工党为 112%、保守党为 176%）。此外，推特还对新闻机构的政治内容是否被放大进行了研究，主要关注美国的新闻来源，如福克斯新闻、《纽约时报》等发现右翼媒体比左翼媒体的影响力更大。

推荐系统本质上是一种信息过滤技术，其核心在于根据用户的过往行为（如评分、浏览记录等）来预测其可能感兴趣的内容，并据此进行个性化推荐。这一过程形成了所谓的“反馈循环”：用户给予推荐内容反馈，系统根据反馈调整推荐策略，再次推荐，如此循环往复。

为了深入研究反馈循环对推荐系统偏见的影响，研究人员在 MovieLens 1M 数据集上应用了三种不同的推荐算法（基于用户的协同过滤、贝叶斯个性化排序及最流行产品推荐）进行仿真实验。实验结果显示，随着时间的推移，所有算法均导致了数据平均流行度的上升和总体多样性的下降，证实了推荐系统在反馈循环中放大了偏见。更为严重的是，这种偏见不仅限制了用户接触到的内容范围，还逐渐扭曲了系统对用户真实兴趣的判断，使得推荐结果越来越偏离用户的初始偏好。长此以往，用户的偏好趋于同质化，特别是少数群体用户的独特需求更容易被忽视。

推荐系统并非完全中立，其主要的问题之一是“流行性偏见”。这一偏见表现为系统倾向于推荐已经广受欢迎的内容（如高分电影、热销商品），而忽略了那些小众但同样有价值的项目。流行性偏见的根源在于训练数据的非均衡性（热门项目自然拥有更多关注与评分）及推荐算法本身的机制。在反馈循环的作用下，热门项目因获得更多曝光与好评而进一步巩固其地位，形成“马太效应”。

案例 4 用于训练算法的数据存在巨大偏差。

PULSE 算法是一种基于隐式空间的无监督图像超分辨率算法，通俗意义上讲，它是一款“去码神器”，经过运算与处理，能够将低分辨率、模糊的照片转换成清晰且细节逼真的图像。但 PULSE 算法曾错误地将美国前总统奥巴马的模糊照片“还原”为白人面孔，这一事件凸显了 PULSE 算法中可能存在的种族偏见。

深入探究这一问题的根源，研究人员发现人脸识别算法中的偏见很大程度上源于训练数据集本身的偏差性。剑桥大学和中东科技大学的研究团队通过对 RAF-DB 和 CelebA 这两个人脸表情数据集的分析，揭示了数据集中存在的显著不平衡问题。RAF-DB 数据集包含大量来自互联网的面部表情图片，但这些图片在人口统计特征上呈现出明显的偏差。具体而言，该数据集中超过四分之三的图片为白人，而非洲裔美国人的图片仅占

7.1%，亚裔美国人的图片占 15.5%。此外，性别和年龄分布也不均衡，女性图片多于男性，且大部分图片中人物的年龄集中在 20—39 岁。这种偏差在算法训练过程中被放大，导致对少数族裔的识别准确性低于白人，同时种族和年龄的公平性也相对较低。

CelebA 数据集虽然在性别和年龄平衡性方面表现较好，但同样存在人口统计特征上的不平衡。女性图片占比显著高于男性，且年轻人占绝大多数。尽管该数据集在性别和年龄识别上的准确性较高，但数据分布的不均衡仍可能对算法的整体性能产生潜在影响。

这些发现对于人工智能技术的应用具有深远意义。例如，在招聘过程中使用辅助软件给面试者情绪打分时，如果系统本身存在偏见，将直接导致面试过程的不公平。因此，解决数据集偏差问题成为提高人脸识别算法公平性和准确性的关键。

针对这一问题，未来需要采取多种措施。一方面，应加强对数据集的监管和审查，确保数据在收集、标注和使用过程中遵循公平、公正的原则。另一方面，应推动算法设计上的创新，采用更加复杂和精细的模型来减少偏见的影响。同时，法律层面也应加强对技术滥用的防范和惩罚力度，为技术的健康发展提供有力保障。

3. 算法歧视规制措施

为了充分保护公民权益，促进人工智能产业健康发展，亟须对其进行规制。数据和算法为人工智能的两大核心，针对算法歧视的规制，欧盟形成了个人数据赋权的严格保护模式，美国形成了以算法问责为中心的模式，而日本建立了匿名加工信息制度以对抗数据的滥用。

欧盟在算法歧视的规制上，构建了以个人数据赋权为核心的严格保护体系。这一体系始于对个人数据隐私权的重视，并在《欧洲人权公约》及后续法律文件中逐步明确和强化。2018 年实施的《一般数据保护条例》（GDPR）是这一体系的里程碑，它不仅将个人数据保护权从隐私权中剥离出来，还明确规定了防止算法歧视的具体措施。GDPR 要求数据控制者采用合适的数学或统计程序进行数据处理，确保个人数据安全，并禁止基于种族、政治主张、性取向等因素的歧视性处理。此外，GDPR 赋予数据主体多项权利，如访问权、删除权、可携带权、被遗忘权及算法解释权，以限制算法权力的扩张，抑制算法歧视。

美国对算法歧视的治理采取了以问责为中心的路径。尽管早期已有相关法律意识到算法歧视问题，但直至近年，美国才在立法层面取得显著进展。2014 年，白宫发布《大数据：抓住机遇，守护价值》报告，随后纽约州、华盛顿州及国会引入《算法问责法案》，该法案标志着算法透明与问责制在立法层面的尝试。法案最初版本要求公开用于公共服务算法的源代码，后因实施难度大而调整，最终设立工作组监督算法的公平与透明，间接提及了技术信息在适当情况下向公众开放的可能性。

结合我国国情，构建具有中国特色的算法治理体系包含以下几个关键要点。

（1）算法歧视规制的法律维度。

明确并强化数据主体的算法解释权。为了有效抑制算法歧视，首要任务是明确并强化数据主体的算法解释权。鉴于算法黑箱导致的用户与平台间的信息不对称，数据主体应有权在认为算法决策影响其合法权益时，要求算法开发者或应用者解释算法的工作原理，但应排除涉及商业秘密的核心算法代码。这一权利的确立，不仅可以保障用户的知情权，还为其在遭遇算法不公时提供了救济途径。因此，需在相关法律法规中明确算法解释权的主体、内容及限制，确保其实施的可行性和有效性。

建构多层次的算法审查制度。构建完善的算法审查制度是规制算法歧视的关键。鉴于算法的商业价值和对商业秘密的保护需求，单纯的算法透明化并不可行，而应建立包括企业自我审查、行业协会自律审查和行政机关监督审查在内的多层次审查体系。企业应主动审查其算法的公正性与数据准确性，并向行政机关备案；行业协会应制定算法审查标准，作为行业准入门槛；行政机关则应组建跨领域的算法审查委员会，定期审查市场上的算法，并将审查结果纳入企业信用系统，以增强监管的权威性和有效性。

实施严格的算法问责制度。算法问责制度是将算法外部性内部化的重要手段。一方面，应鼓励用户通过诉讼途径维护自身权益；另一方面，应明确算法歧视的责任主体、因果关系、归责原则及责任方式。具体而言，责任主体应为算法开发者与使用者；因果关系判断应采用相当因果关系标准；归责原则上，鉴于算法用户的弱势地位，应采用无过错责任原则，但应设定合理的免责事由，如算法经多方审核无偏见且歧视现象在现有科技水平下无法预见；责任方式上，应根据具体情况确定民事、行政乃至刑事责任。

此外，为提升算法歧视规制的可诉性和可操作性，可将公益诉讼制度引入算法歧视规制体系，赋予特定主体在算法歧视侵害公共利益时提起诉讼的权利。同时，应完善相关法律法规，细化算法歧视的认定标准、责任划分及赔偿机制，为算法治理提供坚实的法律支撑。

（2）算法歧视规制的技术维度。

算法歧视作为技术滥用的直接后果，其规制离不开技术手段的介入。技术规制不仅是理论探讨，更是实践中的必要措施。欧盟的 GDPR 在“数据控制者责任”条款中明确要求采取适当技术措施以确保数据处理方式的合法性与公正性。从技术层面出发，规制算法歧视的技术策略包括以下几点。

扩大数据采集维度：为解决数据偏差问题，应利用技术手段拓宽数据采集的广度和深度，从源头上增加数据的多样性和代表性，确保算法训练数据的全面性和公正性。

开发反歧视数据挖掘技术：推动研发具有反歧视意识的数据挖掘算法，通过技术创新减少算法决策中的偏见和歧视，确保算法输出的公正性和准确性。

提升算法透明度：利用技术手段提高算法运行过程的透明度，通过可视化、可解释性增强等手段，使算法决策过程对用户和监管机构可见，从而有效避免算法黑箱带来的不透明和不可控问题。

综合考量法律与伦理要求：算法开发者在设计算法产品时，需全面考虑数据安全、个人信息保护、消费者权益、反垄断等法律与伦理要求，确保算法开发符合现行法律法规和伦理标准。此外，鉴于算法工程师可能对法律的理解存在偏差，应促进法律工作者与算法工程师的紧密合作，共同开发出既高效又合规的算法技术。

(3) 算法歧视规制的社会维度。

社会公正是社会制度的基石，也是中国人民不懈追求的价值目标。在规制算法歧视的过程中，必须充分发挥社会主义核心价值观的引领作用。

弘扬社会主义核心价值观：通过教育和宣传，大力弘扬富强、民主、文明、和谐，自由、平等、公正、法治，爱国、敬业、诚信、友善的社会主义核心价值观，为算法歧视的规制提供坚实的道德支撑。

培养算法工程师的公正意识：引导算法工程师树立公正的算法设计理念，将公正原则嵌入算法开发的每一个环节，确保算法决策的公平性和无歧视性。

强化算法使用者的公正意识：算法使用者应坚守诚信原则，不利用算法进行欺诈或偏袒行为，构建基于信任的人机关系，推动人工智能产业的健康发展。

执法人员的公正执法：执法人员应坚守法律底线，秉持公正道德，将公正理念贯穿于算法歧视治理的全过程，确保执法活动的公正性和权威性。通过全社会的共同努力，形成对算法歧视的全方位规制体系，促进人工智能技术的健康、可持续发展。

7.1.4 知识产权保护

生成式人工智能正在快速地被许多企业和组织应用于内容生成。这类工具一方面为企业运营提供了大量帮助，另一方面又因当前的各种不确定性而带来了法律风险，包括知识产权问题。

1. 生成式人工智能所涉及的知识产权风险

生成式人工智能可以根据用户的提示（如对期望输出的简短书面描述）创建文本、计算机代码、图像、音频、声音和视频等内容。目前生成式人工智能包括 DeepSeek、ChatGPT、Midjourney、Copilot 和 Firefly 等。

生成式人工智能以机器学习为基础，使用大量数据进行训练，这类数据通常包括数十亿页的文本或图像。训练数据集可由免费获取且无产权负担的信息（纯数据）、受保护数据（如受版权保护的作品）或两者混合组

扩展案例

成，具体取决于人工智能开发人员所采用的方式。然后，经过训练的人工智能接收人工输入的提示，触发通常高达数十亿次的一系列复杂计算，以确定输出。一般来说，无法预测输出，也无法确定训练数据的某些部分是否以及在多大程度上影响所产生的输出。

在 2023 年微软亚洲研究院“社会责任人工智能”系列研讨会上，日内瓦大学数字法学中心的雅克・德・韦拉（Jacques de Werra）教授指出，透明度在版权生态系统中正变得愈发重要。由于目前的知识产权只保护人类作者创作的作品，披露作品中非人类作者来源的部分是必要的。为了应对这一问题，法律和技术两方面的解决方案都应被考虑在内。确定人工智能生成内容的独创性门槛对于讨论其生成内容是否需要被版权法保护是至关重要的。这就要求人们进一步区分辨识人工智能生成的内容和辅助产生的内容，尤其是在二者之间的界限日益模糊的情况下。

生成式人工智能的数据训练需求体现在数据的数量、多样性、质量、领域特定性、多模态性、实时性、长期演进性、平衡性、合规性及多语言性等方面。满足这些需求，可以帮助生成式人工智能更好地适应各种场景和任务，提高其性能和应用性。

数据来源的合法性是生成式人工智能的关键，主要包括数据收集的合法性、对数据权益人的保护，以及处理个人信息时是否获得相关主体的同意等问题。生成式人工智能的数据来源主要分为两部分：一是训练数据库，内容包括公共数据、网络信息、数字化图书、自媒体对话数据集、报刊杂志、科学论文等；二是在服务用户过程中收集和输出的合成数据。前者的数据收集常常面临知识产权问题，而后者的传统知识产权风险较少。

数据训练的不同来源存在不同的知识产权法律风险，主要体现在以下三个方面：一是来自公有领域的内容，虽然不存在著作权、财产权保护问题，但可能涉及署名权、修改权等人身权问题；二是通过与著作权人签订授权协议或通过著作权集体管理机构合法授权获得的内容，但这类授权通常难以百分百准确；三是利用“爬虫”技术爬取的网络信息，这种方式最常见，但受限于网络爬虫协议条款，是否合法取决于具体使用目的和对象，尤其是出于商业目的时常受到限制。

在训练数据的输入阶段和输出阶段，最大的著作权侵权风险在于侵犯复制权和改编权。在输入阶段，使用大量受著作权保护的作品进行人工智能训练，虽然表面上出于学习目的，但最终服务于商业目的，因此难以通过现有的著作权合理使用制度规避侵权责任。在输出阶段，如果生成的内容与原作品在表达上构成实质性相似，则可能侵犯复制权；如果在保留原作品表达的基础上形成新的表达，则可能涉及改编权问题。

Midjourney 是一款著名且功能强大的人工智能图像生成工具，为用户提供了多种创意功能。其创始人大卫·霍尔茨强调 Midjourney 的目标是拓展人类的想象力，帮助用户快速生成创意，为专业人士提供概念设计支持，而非取代艺术家。霍尔茨认为，人工智能的发展将推动市场朝着更高质量、更具创意、更为多样化和深入的内容方向发展。艺术工作本身充满趣味，人工智能应该用于让人们能够自由从事更有价值、更有趣的工作，而不是取代艺术家的创作过程。

艺术家是否愿意将作品纳入人工智能模型训练数据，以及是否对版权问题感到担忧等议题，值得深入探讨。在艺术创作领域，人工智能技术作为一种有价值的工具，有助于提高创作效率和创意产出，但无法替代艺术家独特的创作能力和灵感。对于艺术家来说，关键在于如何有效地利用和平衡人工智能技术，以创作出更具深度和独特性的作品，从而实现艺术创作与技术创新的有机结合。

2. 生成式人工智能知识产权案例

案例 1 开源代码用于训练人工智能系统。

2022 年 11 月，程序员马修·巴特里克（Matthew Butterick）等人对 GitHub 及其母公司微软及人工智能公司 OpenAI 提起集体诉讼。巴特里克等人指控微软旗下的 Copilot 未经许可使用了他们上传在 GitHub 上的代码。他们声称 Copilot 的机器学习模型基于 OpenAI 的 Codex 系统，而该系统使用了受版权保护的代码。Copilot 使用了 GitHub 上的开源软件进行训练并生成输出，但未按要求进行致谢、未标明版权声明，也未附上许可证。

这起诉讼被认为是首例针对“AI 训练”类技术的法律诉讼。近年来，许多艺术家、作家、专家和隐私活动家抱怨人工智能公司正在使用他们的数据来训练人工智能系统，而未获得他们的同意或给予报酬。

巴特里克强调，他并不反对人工智能辅助编程工具，而是质疑 Copilot 的具体做法，认为 Copilot 本可以更加友好地对待开发者，如邀请开发者自愿参与，或通过有偿方式激励程序员为训练数据作出贡献。他们担心自己的工作会被新的人工智能系统不当使用，认为 Copilot 的运作方式违反了开源软件的共享精神，可能威胁全球程序员社区的活力，并使开源开发者逐渐被边缘化。

案例 2 人工智能绘画工具被指控侵犯版权。

2023 年 1 月 13 日，艺术家萨拉·安德森（Sarah Andersen）、凯利·麦克南（Kelly McKernan）和卡拉·奥尔蒂斯（Karla Ortiz）对 Stability AI、Midjourney 及艺术作品平台 DeviantArt 提起集体诉讼。他们指控这些公司未经授权，从网络上获取了大量图像用于训练其人工智能模型，侵犯了“数百万艺术家”的版权。

2023 年 1 月 16 日，全球知名图片提供商盖蒂图片社（Getty Images）对 Stability AI 提起诉讼。盖蒂图片社指控 Stability AI 在未经许可的情况下，从其网站上非法获取了 1 200 多万张图片用于训练 Stable Diffusion 系统。盖蒂图片社认为，这些图片被用于模型训练后，生成的输出图像在很大程度上复制了其版权作品或带有盖蒂品牌的标记，指责 Stability AI 利用他人的知识产权谋取经济利益，认为这是不公平的竞争行为。

面对这些指控，Stability AI 的态度显得较为消极。该公司表示，由于训练数据量庞大，他们无法排查上亿张训练图像的来源。此外，由于网络上缺乏相关的注册表，难以轻松跟踪每张图片的所有者并验证其身份。Stability AI 还指出，如果其训练材料未获授权，可能会引发内容制作者、游戏发行商和表演者的广泛抵制。

案例 3 人工智能音乐工具被指控侵犯版权。

近年来，利用 AI 模仿歌手的声音并生成翻唱歌曲的现象在全球范围内引发了广泛关注。在国外，出现了 AI 模仿蕾哈娜（Rihanna）翻唱碧昂丝

（Beyoncé）的歌曲，AI 模仿坎耶·维斯特（Kanye West）演绎 Plain White T's 乐队的 *Hey There Delilah* 等案例；在国内，也有 AI 模仿王心凌翻唱《套马杆》、AI 模仿孙燕姿演绎《七里香》等现象。这种利用歌手声音训练 AI 并生成翻唱歌曲的行为，在国内外社交平台上屡见不鲜。

2024 年，一位网友利用说唱歌手德雷克（Drake）和歌手威肯（The Weeknd）的声音对 AI 模型进行训练，并生成了一首名为 *Heart on My Sleeve* 的歌曲。该歌曲在 TikTok 平台上迅速走红，随后完整版被上传至 Apple Music、Spotify、YouTube 等平台，吸引了大量关注。截至 2024 年 6 月，该歌曲在 Spotify 上的播放量已超过 60 万次，在 TikTok 上的点击量超过 1 500 万次，在 YouTube 上的播放量也超过了 27. 5 万次。有人认为这首歌“比 Drake 本人的歌还好听”，但也有人提出，AI 生成的音乐“好到让人感到不安”。对于许多人而言，这是 AI 音乐首次进入主流视野。

歌曲的迅速走红很快引起了环球音乐的注意。作为 Drake 和 The Weeknd 的唱片公司，环球音乐发表强硬声明，指责使用旗下艺术家声音训练 AI 的行为违反了协议，并违反了版权法。在环球音乐的投诉下，这首歌曲首先被从 Spotify 和 Apple Music 下架，随后其他平台也跟进下架了该歌曲。

环球音乐指出，AI 生成内容在流媒体平台上的可用性引发了一个重要问题：音乐行业的利益相关者应当站在历史的哪一边——是支持艺术家、听众和人类创造性表达，还是纵容深度伪造、欺诈行为，剥夺艺术应得的补偿？显然，面对这一挑战，音乐行业的巨头们已不再容忍。环球音乐已正式要求 Spotify 等音乐流媒体平台移除 AI 公司的访问权限，禁止其使用受版权保护的歌曲进行模型训练和音乐生成。这标志着业内巨头对 AI 音乐的抵制正式拉开帷幕。

案例 4 Meta 使用 Books3 数据集训练 Llama 模型。

在 2023 年 7 月，喜剧演员兼作家莎拉·西尔弗曼（Sarah Silverman）与作家理查德·卡德雷（Richard Kadrey）和克里斯托弗·戈尔登（Christopher Golden）在美国加州联邦法院对 Meta 提起集体诉讼，指控其侵犯版权，使用包含大量盗版书籍的 Books3 数据集训练 Llama-1 和 Llama-2 大模型。

有相关报道披露，在上述法院的文件中，Meta 方面承认使用了 Books3 数据集的部分内容及其他材料来训练 Llama-1 和 Llama-2 大模型，但否认侵权行为。Meta 表示，其使用 Books3 数据集训练大模型属于合理使用的范畴，无须获得许可、署名或支付补偿。此外，Meta 对该诉讼的集体诉讼资格提出异议，并拒绝向提起诉讼的作家或其他参与争议的人士提供任何形式的经济补偿。

公开资料显示，Books3 是一个由 AI 研究者肖恩·普雷瑟（Shawn Presser）于 2020 年创建的数据集，包含 19.5 万本图书，总容量达 37 GB，旨在为改进机器学习算法提供更好的数据源。该数据集包含大量从盗版网站获取的受版权保护作品。

据不完全统计，自 2022 年至 2023 年，美国加利福尼亚州北区法院已受理了 10 起版权人起诉企业未经授权利用版权作品进行大模型训练的案件。2023 年 12 月，11 名美国作家在纽约曼哈顿联邦法院起诉美国人工智能公司 OpenAI，指控其滥用他们的作品来训练 ChatGPT。这些作家向法庭表示，OpenAI 在未经许可的情况下，从互联网上批量复制了他们的作品，并将这些作品纳为 ChatGPT 的训练数据，侵犯了他们的作品版权。

著作权集体管理是目前法律框架下解决大量权利许可的一种比较可行的办法，也是国际通行的做法。我国目前已有音乐、音像、文字、摄影和电影五个著作权集体管理组织。人工智能研发机构可以通过这些著作权集体管理组织对特定作品进行著作权集体授权。

在生成式人工智能训练数据的著作权授权过程中，AI 开发者可以通过著作权集体管理组织获得某一领域的作品授权，充分发挥著作权集体管理的保障效能，减少开发者的数据合法性风险。即使在无法判断某一作品权利人是否系著作权集体管理组织会员的情况下，也可以通过延展代理机制保证权利人的获酬机会，表达人工智能服务提供者尊重著作权的善意。

开放授权机制源于计算机软件领域的开源许可证，是一种著作权开放授权声明，通过许可证约定使用者的权利和义务，目的是打破一对一的低效授权。在遵循许可证条件的情况下，使用者可以自由、免费地使用和修改作品。这种开放授权机制后来扩展到文档、图片、音视频领域。知识共享许可协议（Creative Commons license，CC 协议）为传统作品的版权授权开辟了一条新路。

开放授权的共同点：承认著作权，要求署上原作者或著作权持有人的姓名，这是授权最基本的限制；允许免费的私人使用和商业使用；允许使用者修改及修改后再发布；原作者或著作权持有人不承担作品使用后的风险及产生的后果；一旦违反开放授权条件，则终止一切授权，回归传统的知识产权保护。

以主流的深度学习框架为例，目前，人工智能软件技术开发都使用开源许可证，主要有 MIT 许可证、BSD 许可证、Apache 许可证等。训练数据库也应多使用开源资源，并推动更多科学作品的开放授权，推动生成式人工智能输出数据的开放许可。

利益平衡是我国知识产权法律体系的一项重要原则。人工智能训练数据的合法性问题，本质上是个人利益与公共利益冲突的体现。如果缺少利益平衡原则，在利益分配时容易产生分歧。在公共利益方面，公众受益于智能科技产品服务，由此享受到整体社会福祉的提升。同时，得益于传统知识产权体系的保障，创作者能够获得足够的法律保护，其知识产权价值能够保持长期稳定，知识产权成果能够在市场流通赋值。当人工智能时代到来，传统的知识产权规则再一次遇到挑战，必须随着利益再平衡的需求进行调整。

《中华人民共和国著作权法》第三条规定，作品是指文学、艺术和科学领域内具有独创性并能以一定形式表现的智力成果。专家认为，判断利用 AI 软件生成的内容是否构成作品及受到著作权法的保护，“智力成果”及“独创性”这两个需要考量的要素是最关键也是最难认定的。只要是属于智力成果，都可以归纳到著作权的范围，这个智力成果有可能是人产生的，也有可能是机器产生的。但是在机器产生的过程当中，又有人的参与。什么样的情况下具有独创性，以及在什么样的情况下它是智力成果，法律并没有明确地给出规定。这也是目前 AI 生成的内容是否具有著作权、是否能够成为作品，成为一个世界性、具有争议性的问题的原因所在。

事实上，新的技术的出现，诚然改变了侵权的方式和表现，但是对于人的侵害的事实以及人的权利本身并没有改变。使用者出于一些不同的意图去使用它所带来的问题，其实在传统的法律中都有很多的表述，无论是对于知识产权，还是肖像权、个人信息权利和名誉权，民法典、个人信息保护法都有相关保护条例。

专家认为，对于人工智能带来的一些新的侵权形式，一方面，现行法律仍然可以作为处理和解决纠纷的依据；另一方面，相关部门也在陆续出台针对性的法律法规，从而更好地预防各种侵权风险，有效地保障民事主体的合法权益，促进人工智能产业的健康发展。比如，2022 年 12 月，国家网信办等三部门发布《互联网信息服务深度合成管理规定》，旨在加强对互联网信息服务深度合成管理。2023 年 7 月，国家网信办等七部门联合公布《生成式人工智能服务管理暂行办法》，在鼓励创新与发展的同时，进一步完善人工智能管理体系。

人工智能的发展一方面为社会进步带来了前所未有的推动力，另一方面也伴随着一系列亟待解决的法律风险。在推动人工智能产业高速发展的过程中，确保其安全性、可控性显得尤为重要。如何协调人工智能技术的发展与法律边界之间的关系，是一个充满挑战的议题。面对日新月异的数字化技术，一方面，需要秉持科技向善的原则，尽量避免侵权风险、不利用技术从事违法犯罪行为，另一方面，也需要有关部门完善法律法规，加强引导和监管，新技术安全、合规、可控，才能迎来更广阔的发展空间。

7.2 新一代人工智能治理

全球人工智能发展进入新阶段，呈现出跨界融合、人机协同、群智开放等新特征，正在深刻改变人类社会生活、改变世界。为促进新一代人工智能健康发展，国家新一代人工智能治理专业委员会发布《新一代人工智能治理原则——发展负责任的人工智能》（简称《治理原则》）及《新一代人工智能伦理规范》，提出了人工智能治理的框架和行动指南。

7.2.1 新一代人工智能治理原则

《治理原则》旨在更好协调人工智能发展与治理的关系，确保人工智能安全可控可靠，推动经济、社会及生态可持续发展，共建人类命运共同体。治理原则突出了“发展负责任的人工智能”这一主题，强调了和谐友好、公平公正、包容共享、尊重隐私、安全可控、共担责任、开放协作、敏捷治理等八条原则。

1. 和谐友好

人工智能的发展应以增进人类共同福祉为目标；应符合人类的价值观和伦理道德，促进人机和谐，服务人类文明进步；应以保障社会安全、尊重人类权益为前提，避免误用，禁止滥用、恶用。

2. 公平公正

人工智能发展应促进公平公正，保障利益相关者的权益，促进机会均等。通过持续提高技术水平、改善管理方式，在数据获取、算法设计、技术开发、产品研发和应用过程中消除偏见和歧视。

3. 包容共享

人工智能应促进绿色发展，符合环境友好、资源节约的要求；应促进协调发展，推动各行各业转型升级，缩小区域差距；应促进包容发展，加强人工智能教育及科普，提升弱势群体适应性，努力消除数字鸿沟；应促进共享发展，避免数据与平台垄断，鼓励开放有序竞争。

4. 尊重隐私

人工智能发展应尊重和保护个人隐私，充分保障个人的知情权和选择权。在个人信息的收集、存储、处理、使用等各环节应设置边界，建立规范。完善个人数据授权撤销机制，反对任何窃取、篡改、泄露和其他非法收集利用个人信息的行为。

5. 安全可控

人工智能系统应不断提升透明性、可解释性、可靠性、可控性，逐步实现可审核、可监督、可追溯、可信赖。高度关注人工智能系统的安全，提高人工智能的鲁棒性及抗干扰性，形成人工智能安全评估和管控能力。

6. 共担责任

人工智能研发者、使用者及其他相关方应具有高度的社会责任感和自律意识，严格遵守法律法规、伦理道德和标准规范。建立人工智能问责机制，明确研发者、使用者和受用者等的责任。人工智能应用过程中应确保人类的知情权，告知可能产生的风险和影响。防范利用人工智能进行非法活动。

7. 开放协作

鼓励跨学科、跨领域、跨地区、跨国界的交流合作，推动国际组织、政府部门、科研机构、教育机构、企业、社会组织、公众在人工智能发展与治理中的协调互动。开展国际对话与合作，在充分尊重各国人工智能治理原则和实践的前提下，推动形成具有广泛共识的国际人工智能治理框架和标准规范。

8. 敏捷治理

尊重人工智能发展规律，在推动人工智能创新发展、有序发展的同时，及时发现和解决可能引发的风险。不断提升智能化技术手段，优化管理机制，完善治理体系，推动治理原则贯穿人工智能产品和服务的全生命周期。对未来更高级人工智能的潜在风险持续开展研究和预判，确保人工智能始终朝着有利于社会的方向发展。

7.2.2 新一代人工智能伦理规范

为深入贯彻《新一代人工智能发展规划》，细化落实《新一代人工智能治理原则——发展负责任的人工智能》，增强全社会的人工智能伦理意识与行为自觉，积极引导负责任的人工智能研发与应用活动，促进人工智能健康发展，制定《新一代人工智能伦理规范》。

本规范旨在将伦理道德融入人工智能全生命周期，促进公平、公正、和谐、安全，避免偏见、歧视、隐私和信息泄露等问题。

本规范适用于从事人工智能管理、研发、供应、使用等相关活动的自然人、法人和其他相关机构等。（一）管理活动主要指人工智能相关的战略规划、政策法规和技术标准制定实施，资源配置以及监督审查等。

（二）研发活动主要指人工智能相关的科学研究、技术开发、产品研制等。（三）供应活动主要指人工智能产品与服务相关的生产、运营、销售等。（四）使用活动主要指人工智能产品与服务相关的采购、消费、操作等。

人工智能各类活动应遵循以下基本伦理规范。（一）增进人类福祉。坚持以人为本，遵循人类共同价值观，尊重人权和人类根本利益诉求，遵守国家或地区伦理道德。坚持公共利益优先，促进人机和谐友好，改善民生，增强获得感幸福感，推动经济、社会及生态可持续发展，共建人类命运共同体。（二）促进公平公正。坚持普惠性和包容性，切实保护各相关主体合法权益，推动全社会公平共享人工智能带来的益处，促进社会公平正义和机会均等。在提供人工智能产品和服务时，应充分尊重和帮助弱势群体、特殊群体，并根据需要提供相应替代方案。（三）保护隐私安全。充分尊重个人信息知情、同意等权利，依照合法、正当、必要和诚信原则处理个人信息，保障个人隐私与数据安全，不得损害个人合法数据权益，不得以窃取、篡改、泄露等方式非法收集利用个人信息，不得侵害个人隐私权。（四）确保可控可信。保障人类拥有充分自主决策权，有权选择是否接受人工智能提供的服务，有权随时退出与人工智能的交互，有权随时中止人工智能系统的运行，确保人工智能始终处于人类控制之下。（五）强化责任担当。坚持人类是最终责任主体，明确利益相关者的责任，全面增强责任意识，在人工智能全生命周期各环节自省自律，建立人工智能问责机制，不回避责任审查，不逃避应负责任。（六）提升伦理素养。积极学习和普及人工智能伦理知识，客观认识伦理问题，不低估不夸大伦理风险。主动开展或参与人工智能伦理问题讨论，深入推动人工智能伦理治理实践，提升应对能力。

7.2.3 腾讯人工智能技术伦理规范

在“科技向善”理念的引领下，亟需倡导一种面向人工智能的新型技术伦理观，由腾讯研究院和腾讯 AI Lab 于 2019 年联合研究的人工智能伦理报告《智能时代的技术伦理观——重塑数字社会的信任》认为，该伦理观涵盖三个关键层面：技术信任、个体幸福及社会可持续发展。

1. 技术信任

公众对人工智能难以形成完全信任，一方面是因为人们缺乏足够的信息，对与生活和生产息息相关的技术发展知之甚少；另一方面是因为人们缺乏预见能力，既无法预知企业对其数据的使用意图，也无法预测人工智能的行为轨迹。因此，构建一套能让社会公众信任人工智能的规制体系，以确保技术接受价值引导迫在眉睫。构建技术信任的起点在于，人工智能的发展与应用需遵循“四可”原则。

(1) 可用。发展人工智能的首要目标是促进人类发展，为人类和社会带来福祉，实现包容、普惠与可持续发展。

(2) 可靠。人工智能应具备安全性与可靠性，能够防范网络攻击等恶意干扰及其他意外后果，实现安全、稳定与可靠。一方面，人工智能系统需经过严格测试与验证，确保其性能达到合理预期；另一方面，人工智能应确保数字网络安全、人身财产安全及社会安全。

(3) 可知。人工智能应具备透明性与可解释性，便于人类理解，避免科技黑箱对信任的侵蚀。

(4) 可控。人工智能的发展应置于人类的有效管控之下，防止对人类个体或整体利益造成损害。

信任的构建依赖于一套完善的规则体系。在上述原则框架下，可探索制定标准、法律、国际公约等。对于人工智能的治理，应采取包容审慎、敏捷灵活的方式，避免过于严格、细致的法律要求，可采用事后监管或通过出台标准、行业公约、伦理框架、技术指南等手段调整人工智能的发展与应用，支持行业自律。

2. 个体幸福

各种智能机器已成为人类社会不可或缺的组成部分，与人们的生活和生产活动息息相关，这为人机关系提出了新的命题，即如何在智能社会实现人机共生。

(1) 保障个人的数字福祉，人人都有追求数字福祉的权利。一方面，需消除技术鸿沟与数字鸿沟，目前全球仍有近一半人口未能接入互联网，老年人、残疾人等弱势群体未能充分享受到数字技术带来的便利。另一方面，应减小并消除互联网技术对个人的负面影响，如网络过度使用、信息茧房、算法偏见、假新闻等现象已暴露出数字产品对个人健康、思维、认知、生活和工作等方面的负面影响，呼吁互联网经济从吸引乃至攫取用户注意力向维护、促进用户数字福祉转变，要求科技公司将对用户数字福祉的促进融入互联网服务的设计之中。

（2）保障个人的工作与自由发展，即人人都有追求幸福工作的权利。尽管短期内人工智能可能影响部分常规性、重复性工作，但从长远来看，以机器学习为代表的人工智能技术对人类社会、经济和工作的影响将极为深远，但人类的角色与作用不会被削弱，反而将得到强化与增强。未来二十年内，90%以上的工作都将涉及数字技能。当前的任务是为当下和未来的劳动者提供适宜的技能教育，为过渡期劳动者提供公平的再培训、再教育机会，支持早期教育与终身学习。

3. 社会可持续

技术创新是推动人类及人类社会发展的关键因素。新一轮技术革命蕴含着巨大的“向善”潜力，有望为人类生活与社会进步带来突破性提升。人类所具备的技术能力及这些技术所具有的“向善”潜力，是历史上任何时期都无法比拟的。换言之，这些技术本身是“向善”的工具，能够成为一股“向善”的力量，用于应对人类发展所面临的各种挑战，助力可持续发展目标的实现。

企业不能仅仅关注财务表现，单纯追求经济利益，还必须肩负社会责任，追求社会效益，服务于良好的社会目标与社会福祉，为社会带来积极贡献，实现利益与价值的统一，包括有意识、有目的地设计、研发、应用技术以应对社会挑战。

7.2.4　百度人工智能伦理四原则

早在1940年，科幻作家艾萨克·阿西莫夫（Isaac Asimov）就提出了“机器人三原则”，阿西莫夫也因此获得“机器人学之父”的称号。现在许多科幻片都会重复这三条原则。

第一条：机器人不得伤害人类，或看到人类受到伤害而袖手旁观。

第二条：机器人必须服从人类的命令，除非这条命令与第一条相矛盾。

第三条：机器人必须保护自己，除非这种保护与以上两条相矛盾。

“机器人三原则”固然贡献很大，但仅停留在三原则上，已远远不够。2018 年 5 月，在中国国际大数据产业博览会“人工智能高端对话”环节的演讲中，百度创始人李彦宏从当时 AI 进展出发，首次阐述了“AI 伦理四原则”：AI 的最高原则是安全可控；AI 的创新愿景是促进人类更平等地获取技术和能力；AI 的存在价值是教人学习，让人成长，而非超越、替代人；AI 的终极理想是为人类带来更多自由与可能。其具体内涵如下。

1. AI 的最高原则是安全可控

安全可控是 AI 发展的基石。在推动技术进步的过程中，必须始终确保 AI 系统的安全，防止其产生不可预测或有害的行为。这要求我们在设计、开发和部署 AI 系统时，全面评估其潜在风险与影响，并采取严密的安全措施，以保障系统的稳定性与可控性；在个人信息的收集、存储、使用等各环节设置边界，建立规范，尊重和保护个人隐私；确保人工智能系统运作时不会损害用户（人类、资源、环境），提高人工智能的鲁棒性及抗干扰性，并形成人工智能安全评估和管控能力。

2. AI 的创新愿景是促进人类更平等地获取技术和能力

AI 的创新不仅是技术上的突破，更应注重其对社会的深远影响。通过 AI 技术，我们可以超越地域、经济等传统障碍，使更多人享受到技术带来的便利与机遇，从而推动更为平等的社会发展。促进协调发展，推动各行业领域转型升级，使用人工智能赋能多行业生态圈；促进共享发展，避免数据与平台垄断，努力消除数字鸿沟，进行开放有序竞争；通过持续提高技术水平、改善管理方式，在数据获取、算法设计、技术开发、产品研发和应用过程中消除偏见和歧视。

3. AI 的存在价值是教人学习，让人成长，而非超越、替代人

AI 的核心价值在于其辅助与促进作用，而不是取代人类。它应成为人类学习和成长的工具，帮助我们更好地掌握知识、提升技能，激发创造力与创新精神，推动人类的发展。技术只有服务于人、服务于社会，产生更

多的正向价值和贡献，才真正有意义。

在百度智能公益试点小区，每户老人的家里都配备了定制化的小度智能屏，老人可以利用它们播放音乐、视频，进行网上购物，打发休闲时光；还可以利用智能屏检查身体情况，实时掌握健康状态，做好慢性病管理；还可以远程呼叫医疗救援，拥有十八般武艺的智能设备极大提升了老人们的生活质量。

4. AI的终极理想是为人类带来更多自由与可能

AI的最终目标是服务于人类，创造更多的自由与可能。通过智能技术的不断发展与应用，我们有望迎来一个更加自由、多元且充满机遇的未来。

遵循人类的价值观和伦理道德，促进人机和谐，服务人类文明进步应以保障社会安全、尊重人类权益为前提，避免误用，禁止滥用、恶用人工智能技术。应用过程中应确保人类知情权，告知可能产生的风险和影响，人类能够干预或监督人工智能做出的每一个决定；建立人工智能问责机制，明确研发者、使用者和受用者等的责任，防范利用人工智能进行非法活动。

7.2.5 职业伦理准则的目标

制定人工智能职业伦理准则，以达到以下目标。

（1）为防止人工智能技术的滥用设立红线。

（2）提高从业人员的责任心和职业道德水准。

（3）确保算法系统的安全可靠。

（4）使算法系统的可解释性成为未来引导设计的一个基本方向。

（5）使伦理准则成为人工智能从业者的工作基础。

（6）提升从业人员的职业抱负和理想。

人工智能的职业伦理准则主要包括以下几个方面。

（1）明确红线，防止滥用：禁止利用人工智能侵犯个人隐私、自由、尊严和权利。确保数据收集、处理和使用遵循相关法律法规，尊重数据主体的知情同意权。严格限制将人工智能用于直接伤害人类生命或大规模破坏的军事目的。

（2）数据隐私保护：生成式人工智能需要大量数据进行训练，这可能产生隐私泄露风险。因此，开发人员应确保在数据收集和使用过程中严格遵守隐私保护原则，不泄露用户个人信息。

（3）无歧视原则：如果训练数据存在偏见或社会不平等，生成的内容可能会反映这些问题。开发人员应确保生成的内容不带有任何歧视或偏见，确保公正与平等。

（4）透明度与可追溯性：生成的结果往往无法追溯到其具体的训练数据和算法，这使得追责问题变得困难。开发人员应提供关于生成式人工智能的功能、限制和使用目的的透明信息，同时提供方法来跟踪生成结果的来源，确保可能出现的问题得到纠正和解决。

（5）合法合规：开发人员应确保生成式人工智能的开发和使用符合所有相关的法律法规要求，包括但不限于知识产权、数据保护和隐私法等。

（6）用户权益保护：在开发生成式人工智能时，应以用户的需求和利益为中心，避免滥用或误用技术，确保用户的权益得到保护。

（7）持续学习与更新：随着技术的不断发展和法律法规的更新，开发人员应持续学习和更新自己的知识和技能，以确保始终遵守最新的伦理标准和法律规定。

项目拓展

1. 从电影《黑客帝国》透视人工智能的伦理治理

现阶段全球人工智能发展面临着二元悖论：一方面，我们必须认可与理解人工智能所取得的成就与未来发展的趋势，并积极参与和推进人工智能的拓展与深化；另一方面，我们对人工智能可能带来的危险后果深感忧虑或恐惧，最具冲击性的言论是在未来“硅基”生命将取代“碳基”生命、人类未来将可能成为机器人的宠物、未来世界将步入后人类时代……

《黑客帝国》探讨了人工智能的发展可能带来的灾难性的后果，人工智能一开始被人利用、造福于人类、提高人类生产力，最后人工智能反叛人类，控制、奴役人类的思想。在《黑客帝国》中，机器文明代替了人类文明，人类被圈养的同时，机器文明也遇到了发展瓶颈。机器文明的优势在于把现有资源利用到极致，弊端就是缺少创造力，最后只能用“缸中大脑”的模式培养人类以弥补自身创造力的不足。

请讨论以下问题：

（1）如何应对算法俘获、数据泄露等问题？

（2）作为学生要如何应对 AI 浪潮的冲击，用好 AI 而非被其所替代？

（3）是否可以将“电车难题”在人类领域的法律规定迁移到自动驾驶领域？

2. 案例分析

2020 年 12 月，某外卖平台被曝涉嫌利用大数据技术进行“杀熟”，即针对不同用户群体实施差异化定价策略。有用户反映，在配送地点相同的情况下，使用会员账号登录购买外卖时，配送费高达 6 元，而使用非会员账号则仅需 2 元。更令人惊讶的是，一些老客户在预订酒店时，需要支付比新客户更高的价格，如价值 300 元的房间，老客户在 App 上预订可能需要支付 380 元。这种不公平的定价机制严重侵害了消费者的公平交易权，引发了广泛的社会关注和讨论。此外，电商平台还普遍存在利用算法收集用户数据，并在不同平台间共享，以实现精准广告推送的行为。用户在某一平台浏览商品后，打开其他 App 时也可能收到相关商品的广告，这不仅侵犯了用户的隐私权，也加剧了信息茧房效应，限制了用户的视野和选择。

请讨论以下问题：

（1）如何应对算法设计引起的偏见？

（2）你认为判断 AIGC 作品是否受版权保护的关键因素是什么？

（3）分析信息茧房效应的形成原因，以及信息茧房效应的破除策略有哪些。

参考文献

［1］周苏，张泳．人工智能导论：微课版［M］．2 版．北京：机械工业出版社，2024.

［2］马月坤，陈昊．人工智能导论［M］．北京：清华大学出版社，2021.

［3］黄河燕，毛先领，李侃，等．人工智能导论［M］．北京：高等教育出版社，2024.

［4］李铮，黄源，蒋文豪．人工智能导论［M］．北京：人民邮电出版社，2021.

［5］吕云翔，梁泽众，尹文志，等．人工智能导论［M］．北京：人民邮电出版社，2021.

［6］伊恩・古德费洛，约书亚・本吉奥，亚伦・库维尔．深度学习（精装版）［M］．赵申剑，黎彧君，符天凡，等译．北京：人民邮电出版社，2021.

［7］杜辉，葛鹏，赵瑞丰．机器学习技术与应用［M］．北京：中国铁道出版社，2023.

［8］莫宏伟．人工智能导论［M］．2 版．北京：人民邮电出版社，2024.

［9］金军委，张自豪，高山，等．科大讯飞校企合编教材：人工智能导论［M］．北京：北京大学出版社，2022.

［10］李航．统计学习方法［M］．2 版．北京：清华大学出版社，2019.

［11］李云红．人工智能导论［M］．北京：北京大学出版社，2021.

［12］罗先进，沈言锦. 人工智能应用基础［M］. 北京：机械工业出版社，2021.

［13］郭福春，潘明风，王志. 人工智能概论［M］. 北京：高等教育出版社，2023.